无人系统

环境感知、规划控制与集群智能

杨 建 刘 勇 陈 龙◎编著

Unmanned System

Environmental Perception,Planning Control and Swarm Intelligence

人 民 邮 电 出 版 社
北 京

图书在版编目（CIP）数据

无人系统 ：环境感知、规划控制与集群智能 / 杨建，刘勇，陈龙编著. -- 北京 ：人民邮电出版社，2024. 9.
ISBN 978-7-115-63236-4

Ⅰ. TP18

中国国家版本馆 CIP 数据核字第 2024P6V708 号

内 容 提 要

本书从无人系统的共性技术角度出发，对目前无人系统的主要组成部分和核心技术内涵进行了归类解析，介绍了这些技术的发展现状以及未来发展趋势。本书共 10 章，主要内容包括无人系统概述，无人系统的动力系统、通信系统、任务载荷、操控终端、仿真测试、环境感知、运动规划与行为决策、自主控制，无人系统集群等。通过本书的学习，读者可以了解无人系统的基本组成部分，学习如何研制和开发无人系统、如何设计无人系统的自主性算法、如何对无人系统进行仿真测试等。

本书既可作为高等院校自动化、机械工程、计算机科学与技术、电子信息工程、机器人工程等专业研究生和高年级本科生的教材，也可作为相关从业人员的参考书。

◆ 编　著　杨　建　刘　勇　陈　龙
责任编辑　刘盛平
责任印制　马振武

◆ 人民邮电出版社出版发行　　北京市丰台区成寿寺路 11 号
邮编　100164　　电子邮件　315@ptpress.com.cn
网址　https://www.ptpress.com.cn
固安县铭成印刷有限公司印刷

◆ 开本：700×1000　1/16
印张：19　　2024 年 9 月第 1 版
字数：331 千字　　2024 年 9 月河北第 1 次印刷

定价：99.80 元

读者服务热线：(010)81055410　印装质量热线：(010)81055316
反盗版热线：(010)81055315
广告经营许可证：京东市监广登字 20170147 号

前　言

无人系统是人工智能与机器人技术以及实时控制决策系统相结合的产物。目前，无人系统大大提高了人类的感知范围，扩充了人类的行为能力，展现出了重要的应用价值。本书中的无人系统泛指无人机、无人车、无人艇、无人潜航器、足式机器人等多种形态的无人系统平台。

在多年的研究中，作者深刻体会到无人系统的技术发展日新月异，而无人系统所涉及的内容博大精深，从基础理论到工程实践均有广阔的发展空间，这也是无人系统的魅力所在。为此，编写一本介绍无人系统基础共性技术的图书迫在眉睫，并能反映该领域最新的发展方向和趋势。

本书共 10 章。第 1 章是无人系统概述，介绍了无人系统的概念、优势、发展意义和未来发展趋势；第 2 章介绍了无人系统常用的动力系统；第 3 章介绍了无人系统常用的通信系统，以及适用于无人系统的通信网络；第 4 章介绍了无人系统通常搭载的任务载荷，主要有探测类载荷、操作类载荷、武器类载荷等，还介绍了任务载荷的发展趋势；第 5 章介绍了无人系统操控终端的基本组成和功能，并对地面、空中、水中无人系统的操控终端进行分类介绍，还介绍了几种有效的辅助操控系统；第 6 章介绍了无人系统的仿真测试，包括仿真测试场景的内容构建、技术手段、数据格式标准、建模方法等，以及目前主要的仿真软件；第 7 章介绍了无人系统的环境感知，包括定位导航、单传感器环境感知、多模态信息融合 SLAM 等；第 8 章介绍了无人系统的运动规划与行为决策，包括路径规划、运动规划算法、智能运动规划、轨迹预测、行为决策等；第 9 章介绍了无人系统的自主控制，包括无人系统运动模型、无人系统运动控制、无人系统安全控制等；第 10 章介绍了无人系统集群，包括建模、协同运动与路径规划、协同控制、其他集群行为等。

在本书的编写过程中，浙江大学人机交互实验室历届研究生提出了大量改进建议，促使本书内容和结构不断优化，田博皓、郭园、郭兴伟、罗虎、郑一磊、张艳、魏文萱等在全书成稿阶段做了大量的内容检查和修订工作，王雪羽绘制了书中大量插图。此外，衷心感谢人民邮电出版社的刘盛平编辑在书稿撰写过程中给出的宝贵建议。

由于作者水平有限，书中疏漏和不足之处，敬请读者批评指正。

作者

2023 年 9 月

目录

第1章

无人系统概述

当前，新一轮科技革命和产业变革加速演进，新一代信息技术、生物技术、新能源、新材料等与无人系统技术深度融合，无人系统产业迎来升级换代、跨越发展的窗口期。世界主要工业发达国家均将无人系统作为抢占科技产业竞争的前沿和焦点，加紧谋划布局。我国已转向高质量发展阶段，建设现代化经济体系，构筑美好生活新图景，迫切需要新兴产业和技术的强力支撑。无人系统作为新兴技术的重要载体和现代产业的关键装备，正引领产业数字化发展和智能化升级，不断孕育新产业、新模式、新业态。无人系统作为人类生产生活的重要工具和应对人口老龄化的得力助手，也正在持续推动生产水平提高、生活品质提升，有力促进经济社会的可持续发展。

1.1 无人系统的概念

无人系统是指搭载各种任务载荷和功能软件的系统，具有一定自治能力和自主性，可通过遥控操作或者自主行动的平台载具，主要由无人平台（含任务载荷、动力装置以及配套控制系统等）、无人系统控制站等组成。无人系统是人工智能与机器人技术以及实时控制决策系统结合的产物。无人系统能广泛替代人类于各种环境下独立完成指定的任务，而不需要或者需要极少操作人员的控制，大大扩充了人类的感知范围，提高了人类的行为能力。无人系统包含无人机（unmanned aerial vehicle，UAV）、无人车（unmanned ground vehicle，UGV）、无人艇（unmanned surface vehicle，USV）、无人潜航器（unmanned underwater vehicle，UUV）等平台，统称为 UXV。无人系统广泛应用于电力、石化、消防、交通、物流、医疗、城市服务等民用领域和空间探测、深海测绘、极地科考等重点科技领域。下面对几个与无人系统相似的概念进行解释。

无人平台（unmanned platform）是指能够在无人系统控制站的远程控制或无人平台任务控制系统监控下，遂行各类任务的无人车、无人机、无人艇、无人潜航器等平台。

无人装备（unmanned equipment）是指平台无人驾驶、自身有动力、可重复使用、能够采用遥控/半自主/全自主等方式，部分或全部代替传统人为操控，具备各类军事用途的装备系统。

对于机器人，国际标准化组织（International Organization for Standardization，ISO）的定义为“一种自动的、位置可控的、具有编程能力的多功能机械手，这种机械手具有几个轴，能够借助可编程序操作来处理各种材料、零件、工具和专用装置，以执行各种任务”。智能机器人是基于传统机器人，在感知、决策、效应等方面进行了全面提升，并且在行为、情感和思维上模拟人的机器系统。智能机器人具有相当发达的“大脑”，既可听从人类的指令，按照程序运行完成任务，又可与人友好地交互，并在交互过程中不断学习和改进。智能机器人从应用环境的角度划分为工业机器人、服务机器人和特种机器人 3 类。

在实际应用中，单个无人系统由于自身动力、功能和性能等方面的限制，无法独立完成诸如抢险救援、军事作战等复杂任务，从而需要多个无人系统形成集群并且相互之间高效协同以保证复杂任务的顺利完成。因此，智能无人系统集群成为无人系统的一个重要发展方向。智能无人系统集群是指由一定数量的同构或者异构无人系统/装备、控制系统及人机界面组成，利用信息交互与反馈、激励与响应，实现相互间行为协同，适应动态环境，共同完成特定任务的智能联合系统。智能无人系统集群不是无人系统的简单组合，而是通过必要的系统集成使之产生集群协同效应，从而具备执行复杂多变、危险任务的能力。因此，智能无人系统集群既能最大限度地发挥无人系统的优势，提高整体的载荷能力和信息感知处理能力，又能提升整体工作效率。

1.2 无人系统的应用

在民用领域，无人系统已经产生了巨大的应用前景，并且在大量场合替代人完成了相关任务。目前，无人系统已经成功应用到农业、制造业、交通、教育、医疗、金融、电力等多个领域。例如，电力行业的无人巡检机器人系统具备自主导航、定位、充电、巡检等功能，采用红外热成像和高清视频等探测技术来识别变电站中的各类仪表读数及设备的电流、电压致热现象，起到了及时发现设备缺陷、提高巡检效率的作用；无人机广泛应用于石油天然气管线、光伏电站、电力设施、森林巡检等，提升了巡检作业的效率和准确性，保障巡检作业的安全；工业物流中的自动导引车（automated guided vehicle，AGV）通过新一代的自主导航与定位技术，实现了工厂室内环境的无人化自动物流，可显著降低工厂中物流操作人员的数量；无人驾驶插秧机、无人驾驶收割机、无人农业采集系统、植保无人机等农用无人系统，有效提升了农业生产的效率；无人驾驶环卫车可实现车辆智能排班、自动唤醒、远程调度、路线管理等功能，不需要人为干预即可完成自动充电、加水、排污、启动、泊车等日常工作，可以实现全天候行驶，效率更高，清扫工作更加严格规范；无人矿用车已经开始在矿山运营，很好地解决了运输安全和生产效率的问题，生产效率比传统人工运输提升了 30%。总之，无人系统已经真正进入落地实践阶段，正在加速改变人们的生活生产方式，诸多智能新生活梦想变为现实。

在军事领域，无人系统具有高机动、无人化等特点，在执行危险、枯燥、恶劣的任务时，不受人体生理极限约束；无人系统可省去驾驶室、环境控制和防护救生等若干面向操作人员的子系统，具有更小的体积、更轻的质量、更强的机动性、更好的隐身性能、更长的航时、更高的过载、更强的生存能力等优点，可携带各种任务载荷，作战灵活多样，从而能极大地提高作战效能。随着智能化和自动化程度的提高，无人系统的操作会变得越来越简单，作战效费比可进一步提高。

1.3　发展无人系统的意义

国务院于 2017 年 7 月发布了《新一代人工智能发展规划》，把消费类和商业类无人机等无人系统列入国家战略发展的重点任务，以加快人工智能关键技术的转化应用，促进技术集成与商业模式创新，推动重点领域智能产品创新，积极培育人工智能新兴业态，打造具有国际竞争力的人工智能产业集群。同年，工业和信息化部印发了《促进新一代人工智能产业发展三年行动计划（2018—2020 年）》，在行动目标中把智能服务机器人、智能无人机等无人系统产品作为人工智能的标志性产品要求取得重大突破，具备国际竞争的优势。2021 年 12 月，工业和信息化部、国家发展改革委等 15 个部门联合发布《“十四五”机器人产业发展规划》，目标是到 2025 年将我国打造成为全球机器人技术创新策源地、高端制造集聚地和集成应用新高地。

如今，无人系统已成为人工智能、机器人技术发展的标志性成果。无人系统智能化水平的提高可以大力推进科技与经济的快速发展、进一步提高人类的生活质量。无人系统不仅是国家战略发展重点，也是国际竞争的焦点，将作为国民经济社会的重点高新科技产业得到推广。在未来 10 年到 20 年，自主无人系统产业将成为世界经济进步的新引擎，引领智能产业与智能经济的发展。发展无人系统具有以下重要意义。

1. 改善民生，促进社会进步

无人系统的迅速发展和广泛应用能够显著推动社会进步，提高社会公共服务质量，提升人民生活幸福度，因此我国社会进步和民生改善对无人系统的发展提出了强烈需求。

首先，发展无人系统是社会治理现代化的迫切需求，未来社会的现代化治理依赖于无人系统的科技进步和广泛应用。以人工智能技术为支撑的智能革命推动的生产力革命，可能会有效解决人类社会长期面临的资源紧缺问题。发挥智能技术推动力，发展无人系统相关的智慧经济，完善智慧公共服务体系，将有效促进智慧社会建设。

其次，发展无人系统是优化社会劳动力、提高社会生产效率的现实需求。智能无人系统生产能够有效应对人口老龄化等社会问题，优化社会生产力结构，提高生产效率。随着全球地区局势复杂、极端天气频发等问题日益凸显，在治安维护、抢险救灾、水下勘探、高空作业等高危场景中，无人系统可以部分甚至全部替代人工作业，在安全性、时效性、保质性等方面可有效满足需求。

最后，发展无人系统是人民对幸福生活向往的强烈需求。仓储运输、智能工厂、医疗康复、智能家居等服务类无人系统在社会生活中的广泛深入应用，将创造更加智能的工作方式和生活方式，能够显著提升人民的生活品质，保障和改善民生质量。

2. 助力经济，促进产业升级

无人系统产业保持高速、稳定增长，成为我国经济发展新动能，未来有望发展成为我国经济新的增长极。现阶段，我国劳动力成本快速上涨，人口红利逐渐消失，生产方式向柔性、智能、精细转变，构建以智能制造为核心的新型制造体系迫在眉睫，对具有更高智能化的无人系统的需求将呈现井喷式的增长趋势。无人系统可推动制造业产业模式和企业形态的根本性转变，促进我国产业不断升级，迈向全球价值链中高端。

3. 维护安全，提高国防和军事现代化水平

复杂的国际形势对先进的作战理论和高性能的武器装备提出了非常迫切的需求。无人作战理论和装备能改变战场规则，形成不对称战争优势。

当前无人系统自主技术发展迅猛，并加速向军事应用领域转移，以无人装备、智能装备为代表的新型武器装备，在近几次战争和区域冲突中得到突出应用，已成为决定未来战争胜负的重要力量。无人化作战力量逐步成为大国军队打赢现代化战争的必然选择，这种发展趋势必将导致一种全新的无人化作战形态的出现，各类无人系统与作战平台将在地面、空中、水面、水下、太空、网络空间以及人的认知空间获得越来越多的应用，重塑作战形态和作战概念。

1.4　无人系统的未来发展趋势

未来，随着技术的升级、消费群体的扩大，无人系统应用领域也会逐渐拓展，这些都将为无人系统行业带来广阔的发展空间。从宏观角度来讲，无人系统将向着自主化、群体化和大型化/微小型化方向发展。首先，随着人工智能、大数据、云计算等热点技术的迅猛发展，无人系统的自主能力也将不断提升。其次，无人系统将由个体智能向群体智能方向发展，表现出更加复杂的群体行为。最后，随着无人系统的应用领域不断扩展，应用程度不断深化，无人系统平台只有同时向“更大、更小”两个方向发展，并在此基础上形成完整的产品谱系，才能充分满足各种细分任务场合的需要，最大程度地提高效费比。

第2章 无人系统的动力系统

人们希望无人系统能在无能源补充的情况下运转更长时间、执行更多的任务，因此对无人系统的动力系统也提出了长寿命、高速、低油耗、高推重比的要求。目前，无人系统主要使用的动力系统包括重型燃料或汽油动力发动机、喷气式发动机、燃料电池系统、太阳能及混合动力系统。从长远发展来看，单纯对现有动力系统进行改型并不能完全满足无人系统对速度、续航时间等指标的要求，开发适合无人系统应用的动力系统十分必要。与有人系统相比，无人系统的动力系统得到了很大改进，但是仍需寻找更有效的动力系统以实现更长航时、更快速度和更远的距离。此外，开展太阳能、燃料电池、液氢燃料等新型能源的应用研究，也可为无人系统提供更高效的动力源。

2.1 无人车的动力系统

无人车常见的动力系统主要有内燃机、电动机、燃料电池系统和混合动力系统4种。

1. 内燃机

无人车主要以内燃机（柴油机或汽油机）作为原动机。内燃机具有成熟度高、成本低等优点，主要应用在重型、中型和轻型无人车上。内燃机和驱动轮之间通常采用齿轮传动等刚性连接，导致无人车的总布置灵活性差，而且无人车在运行时，内燃机必须不间断运行，从而导致无人车的噪声大、红外特征明显、隐蔽性差。现役的大型无人车，如美国的“粗齿锯 MS1”无人车、俄罗斯的“天王星-6/10”无人扫雷车等主要采用柴油机。“粗齿锯 MS1”无人车及其配备的 Duramax 6.6 L

V8 柴油机如图 2-1 所示。

（a）“粗齿锯MS1”无人车

（b）Duramax 6.6 L V8柴油机

图 2-1　“粗齿锯 MS1”无人车及其配备的 Duramax 6.6 L V8 柴油机

2. 电动机

纯电驱动多采用铅酸电池或锂离子电池为车载能量源，通过电动机驱动无人车行驶。电动机驱动具有动态响应快、噪声低、红外特征低、柔性连接结构布置相对灵活等优点，同时不需要考虑油源、油路等问题，因而被各国重视并广泛使用。电动机主要应用于轻型、微型、小型无人车和仿生机器人等。受限于铅酸电池、锂离子电池的能量密度和功率密度，纯电驱动容易出现无人平台的续航能力不足，以及野外的能量补给困难等问题。欧洲轮毂电动机的开发商 Elaphe（依拉菲）公司，与德国 HFM 公司联合开发的自动驾驶车辆平台——Motionboard，如图 2-2 所示，该平台由 Elaphe L1500 轮毂电动机提供动力。

图 2-2　Motionboard

3. 燃料电池系统

燃料电池系统指的是直接将化学能转化为电能的装置，具有能量转换效率高、噪声低、红外特征低等优点，但是也存在输出特性偏软、动态响应速度慢等缺点。目前，燃料电池系统技术尚未成熟，还处于初级的应用研究阶段。

4. 混合动力系统

混合动力系统主要由内燃机和电力装置（发电机、电动机、动力电池或超级电容等）连接在一起，根据动力形式不同，可分为串联、并联和混联 3 种。无人车由于需要实现较高的动力学性能，多采用分布式驱动，在并联和混联混合动力系统中，内燃机动力均参与车辆直接驱动行驶，因此都需要传动装置实现功率的耦合，并把内燃机动力传递至车轮或履带，从而导致驱动系统构型较为复杂，不利于布置和制造。串联混合动力系统中的内燃机不参与车辆直接驱动而仅用来发电，通过线缆实现了动力源到驱动单元的电能传递以及功率的柔性传递，带来了底盘布置的灵活性以及底盘和动力源易于模块化设计的优势。

混合动力系统兼具内燃机和电动机的技术特征，在结构上具有布置灵活和模块化优势，在性能上其综合了多类型动力源优势，技术相对成熟，符合无人车对动力的高功率密度、续航时间长、模块化、低噪声和低红外特征的要求。油电混合［燃料（汽油、柴油）和电池的混合］动力系统在轻型、中型和重型无人地面平台中均有应用，也是目前无人车动力的主流方案。

图 2-3　泰坦无人车

美国的泰坦无人车（见图 2-3）、俄罗斯“天王星-9”等近期发展的大型无人车主要采用柴电混合动力装置。

2.2　无人机的动力系统

无人机市场巨大、产品种类丰富，且有大量新兴市场待开发，因而对动力的需求也是极其多样的。按照结构不同，无人机动力系统可分为活塞发动机、涡轴/涡桨发动机、涡扇发动机、涡喷发动机、转子发动机、电动机等；按照推力/功率范围不同，无人机动力系统可分为小推力/功率发动机（推力小于 10 kN，功率小于 500 kW）、中等推力/功率发动机（推力在 10 ~ 50 kN，功率在 500 ~ 1000 kW）、大推力/功率发动机（推力大于 50 kN，功率大于 1000 kW）。

1. 活塞发动机

目前，国内大多数的无人机采用活塞发动机。活塞发动机是无人机最早、最广泛使用的动力装置，技术较为成熟。鉴于其良好的经济性和可靠性，活塞发动机一直在中低速无人机和长航时无人机领域占据主导地位。根据所应用的机型不同，活塞发动机的功率小至几千瓦，大至 300 kW 以上，其适用的无人机速度一般不超过 300 km/h，升限一般不超过 8000 m。根据所应用的燃料不同，活塞发动机分为汽油活塞发动机和重油活塞发动机。例如，美国的 RQ-1“捕食者”无人机采用的是罗塔克斯 914 涡轮增压汽油活塞发动机，功率为 78 kW，如图 2-4 所示。

（a）RQ-1“捕食者”无人机

（b）罗塔克斯914涡轮增压汽油活塞发动机

图 2-4　RQ-1“捕食者”无人机及其使用的罗塔克斯 914 涡轮增压汽油活塞发动机

相较汽油活塞发动机，重油活塞发动机具有更高的燃油效率，在长航时无人机以及舰载无人机应用领域，受到越来越多的关注，需求也越来越大。航空活塞发动机所用的重油区别于传统石化行业的重油，它专指煤油型和柴油型燃料。由于重油相较于汽油具有更高的密度、闪点和更低的挥发性，所以将重油作为航空活塞发动机的燃料可以使运输和储存更安全，降低了发生爆炸和被引燃的风险，这对军用无人机尤为重要。采用重油还有以下几点优势：后勤保障更简易；燃料的通用性更强；高度特性更好（高度特性是指在给定的飞行速度或飞行马赫数、发动机工作状态和控制规律下，发动机的推力和耗油率随飞行高度的变化关系）。与功率相同的汽油活塞发动机相比，重油活塞发动机具有体积小、质量轻、升功率高、结构简单、操作维护方便等诸多优点，作为中小型无人机的动力系统在整体上具有优势。然而，重油也有以下不足：重油较汽油具有更高的运动黏度和更低的饱和蒸气压，会导致燃油雾化变差，发动机冷启动困难，燃烧质量恶化；重油辛烷值比汽油低很多，抗爆性较差，容易发生爆震导致飞机动力性降低；重油的闪点和燃点较高、挥发性差，导致点火较为困难。未来重油发展的关键技术研究也是围绕这些问题展开的。

重油活塞发动机的成熟产业化应用，将具备极大的战略意义。重油一直是唯一允许上舰的油品，而中小型航空发动机领域的重油活塞发动机一直都是各国投入研制的热点和焦点。重油活塞发动机可以大大提高无人机的飞行高度，提升无人机在高原高寒地区地质勘探、紧急救援、输送物资等方面的任务执行能力。彩虹-5 无人机配置了安徽航瑞航空动力装备有限公司的“金鹰”重油活塞发动机（见图 2-5），航程和续航时间从原来的 6500 km 和 60 h 分别增加到超过 10 000 km 和 120 h，飞行性能有了巨大的提升。

图 2-5 “金鹰”重油活塞发动机

2. 涡轴/涡桨发动机

相比活塞发动机，同样以功率形式输出动力的涡轴发动机具有功重比大、结构紧凑、振动小、高原飞行性能好、燃料适用性好、便于维修等优点，已成为直升机的主要动力装置。目前，世界上所有最大起飞重量在 1.5 t 以上的直升机都采用涡轴发动机作为其主动力装置，最大起飞重量在 0.7 ~ 1.5 t 的直升机有一半以上采用涡轴发动机，而最大起飞重量在 0.7 t 以下的直升机也会根据不同的应用场景使用涡轴发动机。例如，美国的 RQ-8B“火力侦察兵”无人直升机（最大起飞重量 1.4 t）采用了罗尔斯-罗伊斯公司的 RR-250-C20W 涡轴发动机［见图 2-6（a）］，其最大功率为 313 kW；加拿大 CL327 无人直升机（最大起飞重量 0.35 t）采用了威廉姆斯 WTS-125 涡轴发动机［见图 2-6（b）］，其最大功率为 92 kW。

（a）RR-250-C20W涡轴发动机

（b）WTS-125涡轴发动机

图 2-6 不同型号的无人机涡轴发动机

涡桨发动机同样具备上述优点，广泛应用在中大型固定翼无人机中，如“捕食者”B 无人机选用的霍尼韦尔公司的 TPE331-10T 涡桨发动机（见图 2-7），其最大功率为 700 kW。

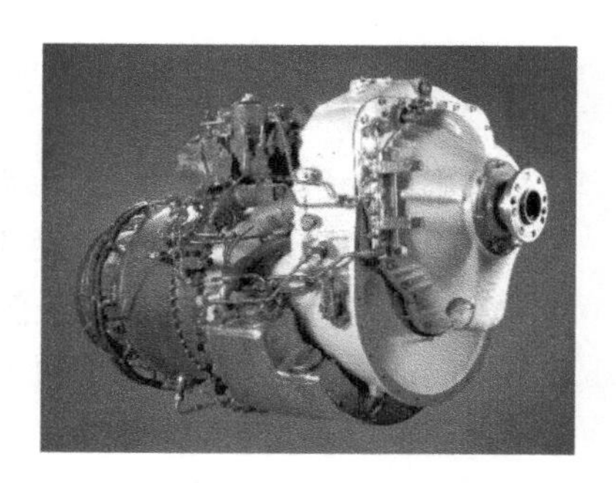

图 2-7　TPE331-10T 涡桨发动机

3. 涡扇发动机

涡扇发动机具有耗油率低、寿命长、易于实现系列化等优点，其质量和推力等级能与无人机实现较好匹配，非常适合无人机对动力的需求。目前，涡扇发动机主要作为高空长航时无人机和亚声速远程巡航导弹的动力系统。例如，美国的 X-47B 舰载无人战斗机配备了普拉特·惠特尼集团公司的 F100-220U 涡扇发动机［见图 2-8（a）］，其最大推力为 64.9 kN；RQ-4“全球鹰”无人机配备了罗尔斯-罗伊斯公司的 AE3007H 涡扇发动机［见图 2-8（b）］，其最大推力为 32 kN；RQ-3“暗星”无人机装备威廉姆斯公司的 FJ-44-1A 涡扇发动机［见图 2-8（c）］，其最大推力为 8.6 kN。可以看出，配备涡扇发动机的无人机基本上都代表了世界无人机的最高水平，其升限一般在 10 000 ~ 20 000 m，最大飞行马赫数可以达到 0.85。

（a）F100-220U涡扇发动机

（b）AE3007H涡扇发动机

（c）FJ-44-1A涡扇发动机

图 2-8　多种型号的无人机涡扇发动机

4. 涡喷发动机

涡喷发动机具有结构紧凑、质量轻、尺寸小、推重比大、响应快和相比涡扇发动机成本低等显著优点，能使飞行器实现高速飞行。高空、高速无人机一般将涡喷发动机作为首选动力系统。例如，美军 BQM-34A“火蜂”无人机采用特里达因公司的 J69-T-29A 涡喷发动机（见图 2-9），其推力为 7.6 kN。

图 2-9　J69-T-29A 涡喷发动机

涡喷发动机的耗油率较高，在推力为 2 kN 以上和长航程的无人机应用场景下已经被涡扇发动机替代，但是小推力涡喷发动机在靶机、靶弹等特殊的应用领域仍然具有独特的地位。

5. 转子发动机

转子发动机是一种无活塞回旋式发动机。转子发动机的基本结构是在一个椭圆形的空间中，置入一个勒洛三角形的转子，转子的 3 个面将椭圆形空间划分为 3 个独立的燃烧室。由于转子为偏心运转，因此这些被分隔的独立燃烧室容积在转子运转过程中会不断发生改变。此型发动机就是利用密闭空间变化的特点来达成四冲程运转所需要的进气、压缩、点火与排气过程。转子发动机的特殊结构使其具有结构简单、功重比大、振动与噪声小等优点，特别适合作小型无人机的动力装置。例如，Austro 发动机公司研发的 AE50R（功率为 41 kW）转子发动机（见图 2-10）已于 2011 年获得欧洲航空安全局（EASA）的适航认证，并应用于西贝尔公司的 S-100 无人直升机。

图 2-10　AE50R 转子发动机

6. 电动机

微小型无人机（质量小于 100 kg）一般自带锂电池，并采用电动机带动旋翼作为动力装置，如图 2-11 所示。电动机结构简单，成本低廉，功率大小可随意选择。例如，大疆创新科技有限公司（简称大疆公司）的消费级无人机均采用电动机作为其动力装置。但是目前电池自身的能量密度太低，采用电池带动电动机的动力形式无法保证无人机的长时间（大于 1 h）飞行，极大地限制了它的应用场景。将太阳能转化为电能为电动机供电，优势是可实现长航时，缺点在于太阳能转换效率较低。有研究表明，太阳能转换效率在实验室环境可达 27%左右，但实际应用很难超过 25%。因此，目前主要是通过寻找合适的材料，减少光的反射损失和透射损失，研究纳米结构、级联太阳能电池和最大功率点跟踪等方法来提高太阳能转换效率。

图 2-11　电动机带动旋翼作无人机的动力装置

7. 其他新概念发动机

由于没有人类生命保障的限制，因此，无人机的应用范围大大增加，特别是在超高过载、超长航时、高超声速等非传统有人机应用领域大放异彩。因此，各国在继续发展传统航空发动机技术的同时，都在积极探索基于未来无人机应用的新概念发动机架构，如针对未来高超声速飞行器、空天飞机等应用场景发展出的超燃冲压发动机、脉冲爆震发动机、涡轮基组合发动机、火箭基组合发动机等（见图 2-12），针对未来全电和多电无人机研发的混合动力系统和核动力发动机等。

（a）超燃冲压发动机

（b）脉冲爆震发动机

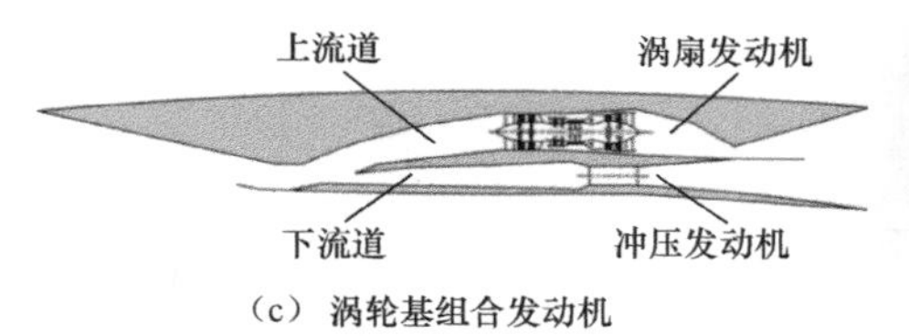

（c）涡轮基组合发动机

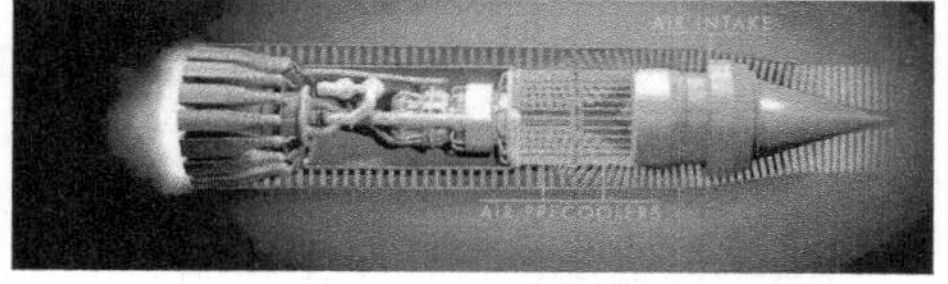

（d）火箭基组合发动机

图 2-12　部分新概念发动机

2.3 无人艇的动力系统

2.3.1 无人艇的推进方式

无人艇的推进方式主要有螺旋桨推进和喷水推进。

1. 螺旋桨推进

螺旋桨推进在船舶推进中占有统治地位，发展历史长达 300 多年，螺旋桨推进技术越来越成熟，螺旋桨的性能也逐步提高。统计资料表明，使用螺旋桨作为动力的无人艇，在低速时比喷水推进更有效率，制造和维修成本也更低。目前，大多数无人艇采用螺旋桨产生推力（见图 2-13），并采用舵来调节转向。无人艇只有在适当的航速下才能保证舵面具有充足的操纵力和力矩，因此为了适应某些船舶的特殊性能，各类 360°全回转推进器不断出现，其最大的好处是省去舵控，具有较好的方向调整性，从而大幅提升船舶的操纵性能。

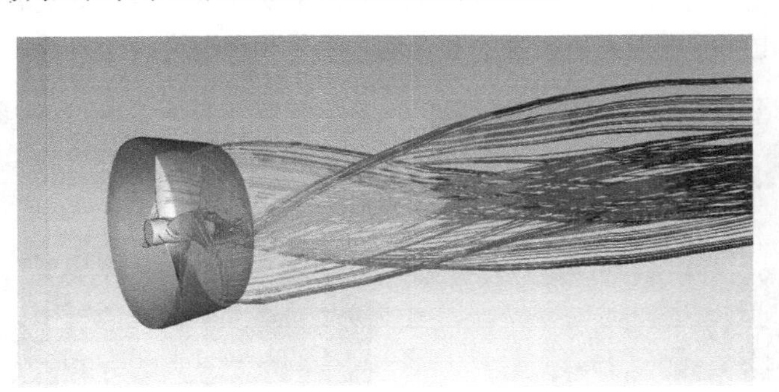

图 2-13　螺旋桨工作时的推力

2. 喷水推进

喷水推进是一种在小型船舶当中常用的推进方式。与一些常见的螺旋桨推进方式不同，喷水推进利用叶轮高速旋转产生的高压水向后喷射产生的反向推力推动船舶运动，并且可以通过调节喷射角度调节反推方向，所以喷水推进集推进和操纵于一身，如图 2-14 所示。喷水推进在高速时具有优异的推进效率和操纵性能，而且现在多喷口矢量设计的推进器更是让操作性能达到新的高度。

喷水推进的理论较为完善，并且在高速小型船舶的推进应用中已经占据了一定的地位。喷水推进装置不需要反转，船舶的倒航可以通过倒航装置使水流向前喷射来实现。通过倒航装置与喷口的相对位置的变化，可以达到前后任意分配喷射流量。所以在一定的原动机转速下，船舶可实现正航、驻航以及倒航。通过转向舵的作用，可以使船舶在正航和倒航时具有原地转向的操纵性能。小豚智能技术有限公司推出的小豚动力-WJ064 电控一体化喷水推进器（见图 2-15），具有全数字接口、控制角度精度高、集成度高、功率密度大的优点。随着水压传动技术的发展，采用中高压容积式液压泵成为喷水推进泵的重要发展方向，可以广泛用作小型水下机器人的喷水矢量推进系统。

图 2-14　喷水推进

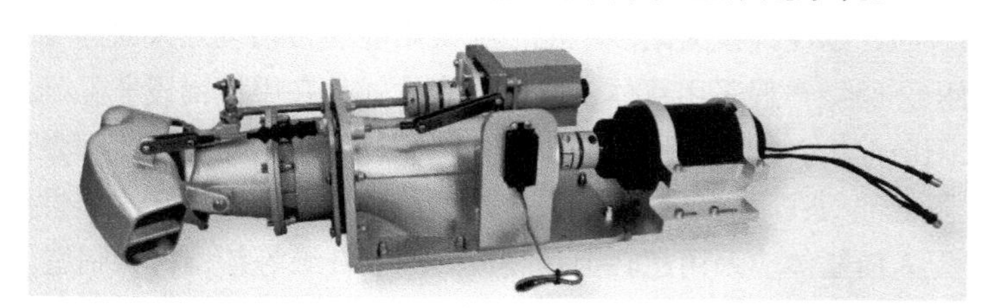

图 2-15　小豚动力-WJ064 电控一体化喷水推进器

喷水推进具有传动机构简单、机动性和操纵性好、浅水效应小、附体阻力小、吃水浅、原动机无须反转和保护性能好等优点，已成为小型高速无人艇的主要推进方式。

2.3.2　常见的无人艇动力系统

无人艇的常见动力系统主要有内燃机、动力电池、太阳能电池、波浪能系统以及混合动力系统。

1. 内燃机

无人艇采用内燃机（柴油机或燃气轮机）作原动机是早期普遍采用的方案。

柴油机具有高可靠性、高燃油经济性的特点，技术成熟，但其属于往复式机械，振动噪声较大。燃气轮机尺寸和质量小，可靠性和燃油经济性与柴油机相比较低，但其属于旋转机械，振动噪声较小。总体来说，柴油机可靠性好、油料热效率高，目前在无人艇中依然被广泛采用。

2. 动力电池

电力推进方式具有高空间配置、高操作性、高自动化和维护成本低的优势，因此采用动力电池给电动机提供能量是小型无人艇常用的方案。常用的动力电池主要是锂电池。锂电池能量密度高、循环性能优良、输出功率大，主流种类有磷酸铁锂电池和三元聚合物锂电池。磷酸铁锂电池安全性高、热稳性好、价格较低，但能量密度较低，是目前动力电池的主流。三元聚合物锂电池主要是镍钴铝酸锂电池和镍钴锰酸锂电池，具有稳定性好、容量高等优点，但安全性较差且成本高，电池包中大量单体电池的连接、散热和管理系统开发是其应用的难点。

3. 太阳能电池

太阳辐射的能量密度小，因此为了获得足够的能量，无人艇上应有较大面积的摄取阳光的表面，以便铺设太阳能电池。在太阳能动力系统无人艇体中，为获取更大的光照面积，船型一般采用双体、三体或多体式，在甲板铺设非晶硅太阳电池板及单晶硅太阳电池板，并可实现单边小幅升降，从而使太阳电池板尽量面对太阳方向，保持太阳电池板在限制条件下的最佳角度。同时，为提高无人艇性能，增加有效装载量，无人艇艇体应采用超轻但强度极大的碳纤维等新型材料制造。

4. 波浪能系统

利用波浪能可实现无人艇的长航时作业。美国波音公司和液体机器人公司共同开发的SHARC 无人艇动力系统由水面太阳能系统和水下波浪能系统两部分构成，如图 2-16 所示。其中，水面太阳能系统长 3.05 m，水下波浪能系统长 2.13 m，连接部分长 8 m（标准版）。其安装的 3 个太阳电池板主要负责负载电子设备的电力支持，推进动力主要依靠水下波浪能系统。SHARC 无人艇的水下波浪能系统部分采用了特殊设计结构，当无人艇随着波浪上下起伏时，能将无人艇

图 2-16　SHARC 无人艇动力系统

承受的垂直方向的力转化为向前的动力，从而推动无人艇前进，使该艇能够长时间不依赖外部能源补给自主航行。通过太阳能和波浪能两套动力系统的协作，该艇在没有船员或维护的情况下可在海上航行长达一年之久。

5. 混合动力系统

混合动力系统通常由两种或两种以上动力装置组成。例如，采用油电混合动力系统的天行一号无人艇（见图 2-17）既改善了电动无人测量船续航能力不足的问题，又克服了柴油机动力无人测量船油耗大、碳排放量高的缺点；采用风能和太阳能混合动力系统的 MAS 号三体船（见图 2-18），同时还配备了柴油发电机作为应急动力，促进了可再生能源的有效利用，极大提高了无人艇的续航能力；采用风力发电机、太阳电池板、燃料电池和蓄电池等构成混合动力系统的 Energy Observer 号双体船（见图 2-19）为氢燃料电池在船舶领域的推广提供了参考案例。

图 2-17　天行一号无人艇

图 2-18　MAS 号三体船

图 2-19　Energy Observer 号双体船

第3章 无人系统的通信系统

通信链路是无人系统的生命线，必须具有高可靠性、高吞吐量、低时延的特点，才能保证无人系统可靠工作。很多无人系统工作在山区、仓库、隧道和建筑物中，通信链路条件的不断变化会带来严峻的射频挑战，同时无人系统本体移动、倾斜和翻滚，以及多路径反射和天线阴影等因素也都会极大地影响无人系统与控制站之间的通信链路质量。为了有效控制无人系统，控制站上行链路的命令在传输到无人系统时需要高可靠性和低时延，而从无人系统到控制站的下行链路通常携带大量的传感器数据，并且很多公共安全、国防领域和许多商业无人系统都要传输高度敏感的数据，因此通信系统必须安全可靠，以保护无人系统不受恶意干扰和影响。无人系统通常具有独特而复杂的体系结构，这些体系结构随系统设备的组合而变化，通信系统必须易于集成以适应不同的无人系统。另外，无人系统通常还会要求设备具有较小的尺寸、质量和功耗。在实际应用环境中，无人系统的各种设备往往会产生多种电磁噪声，并且许多设备都运行在同一频带上，这会对无人系统的通信链路造成极大的干扰。因此，对无人系统来讲，具有强大的非视距传输能力，能够有效抗击障碍物的遮挡，使网络通信畅通无阻，是保障无人系统通信的重要标准之一。

3.1 无人系统通信系统应具备的功能

无人系统通信具有以下特点。

① 平台类型多样化：无人系统类型多样，包括 UGV、USV、UUV、UAV 等，通信系统需要针对不同类型的平台分别考虑，并实现各种无人平台间的指挥与控制、集群协同通信。

② 通信手段多样化：各无人系统的承载能力存在差异、分配任务不同、通信需求和通信手段也有区别，通信系统需要对超短波、卫星、水声等典型通信手段进行分析，进而实现无人平台组网以及有人平台与无人平台的综合组网。

③ 应用区域立体化：无人系统分布于陆、海、空各个不同的立体化空间域，通信系统需要适应不同的任务区域，并实现平台之间的协同通信和协同工作。

④ 服务应用多样化：数据、语音、图像等不同信息在传输时延、可靠性等方面的传输需求是不同的，通信系统需要针对业务传输需求，提供相应的传输服务质量保障，实现按需用网。

基于无人系统通信的特点，通信系统应具备以下功能。

① 动态拓扑：无人系统通信网络中的节点经常处于移动状态，移动路径没有一定的规律可循，移动速度也在随时变化，加上通信信道易受干扰和不稳定，导致各节点间的连接关系会时刻发生变化，从而网络拓扑结构也在不断变化，因此通信系统应具备网络拓扑结构自适应快速变化的能力。

② 支持无中心结构：在复杂环境中，通信系统应支持无中心的网络结构，各无人系统在通信上承担的功能是对等的，不存在中心节点，节点的加入、退出、失效不应影响到通信系统的存在和性能。

③ 多跳信息转发：节点受发射功率限制和环境的影响，通信覆盖范围很有限，而通信系统中的通信目标有时处于单节点、单手段的通信信号覆盖范围之外，因此通信系统应支持数据包经过一个或多个中间节点、一种或多种手段的自动转发。

④ 无线带宽适应：有人系统与无人系统之间的通信主要依赖于无线信道，而无线信道所能提供的带宽比有线信道小很多，通信稳定性和质量也较差，因此通信系统应支持受限于无线信道下的高效组网。

⑤ 抗毁生存能力：通信系统应在不需要任何其他预置网络设施的情况下，快速展开并自动组网，即使某个节点的无人平台受到攻击，也可以自动重构网络拓扑，具有高度的自治性和自适应能力。

⑥ 信息按需传输：有人系统与无人系统之间传输的信息类型多样，各类信息在传输时延、传输可靠性等方面的传输要求不同，通信系统应针对信息传输要求，采用综合的传输质量保障机制，具备信息按需传输的能力。

⑦ 网络综合管理：有人系统与无人系统协同涉及多类通信手段，通信系统应具备网络综合管理能力，并可根据任务动态调整网络资源配置，灵活用网。

⑧ 信息安全防护：通信系统应具备无人平台信息安全防护能力，确保信息防窃取、防篡改。

3.2 无人系统常用的通信手段

3.2.1 无人车的通信系统

无人车内部通信系统大多采用有线通信方式。例如，CAN（controller area network）总线、FlexRay 总线、媒体导向系统传输（media oriented systems transport）总线以及车载以太网等。对于无人车来说，重要的通信方式就是车载以太网。车载以太网是一种用以太网连接车内电子单元的新型局域网技术。与传统以太网使用 4 对非屏蔽双绞线电缆不同，车载以太网在单对非屏蔽双绞线上可实现 100 Mbit/s，甚至 1 Gbit/s 的传输速率，以适应车载传感器、高级驾驶辅助系统（advanced driving assistance system，ADAS）等需要的带宽，同时还具备高可靠性、低电磁辐射、低功耗、带宽分配、低时延以及同步实时性等特点，以适应自动驾驶系统对网络管理的需求。

外部控制信息传输大多依托视距链路，使用的通信手段包括数据链、蓝牙、UWB、Zigbee、Wi-Fi，以及 3G、4G、5G 移动通信技术。目前，地面无人车的通信手段主要依托民用无线通信设施。例如，美军无人装甲车“黑骑士”装备了大量的摄像头、传感器和雷达系统，其通信系统为增强型高速战术数据链设备，通信操控比无人机要复杂得多。

3.2.2 无人机的通信系统

目前，无人机已进入体系化、规模化发展阶段。无人机的内部通信系统一般采用有线通信方式和总线式结构，外部通信系统多采用“三合一”和“四合一”的综合信道体制。“三合一”主要指的是跟踪定位、遥测、遥控信息采用统一的载波体制，进行一体化设计，共用一个传输信道，另外使用单独的下行信道传输各类业务信息；“四合一”指跟踪定位、遥测、遥控信息和业务信息共用一个信道传输。“三合一”综合信道体制针对控制信道传输率一般较低、可靠性要求高的特点，可分别采用窄带信道和宽带信道，同时针对不同频段信道特性设计适宜的传输体制，具有一定的应用灵活性。“四合一”综合信道体制集成度高，对通信资源的利用率高，在现代无人机数据链中广泛应用。

小型战术无人机一般在小区域内应用，多采用视距链路（配有窄带和宽带两种链路），一般不装备卫星通信链路。例如，美国的“影子”200 无人机，配有 UHF、S 频段窄带视距链路和 C 频段宽带视距数据链路。其中，UHF、S 频段窄带视距链路用于传输指挥控制信息，链路传输速率达每秒几十千字节量级，C 频段宽带视距数据链路主要用于传输业务信息和传感数据，传输速率可达每秒兆比特量级。

中高空、长航时无人机，通常都会配备视距、超视距多条通信链路来满足任务执行的通信需求。其中，视距通信链路主要用于起降站的本地操作。例如，美国的“全球鹰”无人机有 5 条通信链路保证：3 条窄带是“全球鹰”无人机指挥控制信息传输的主要链路；2 条宽带（一条是与通用数据链兼容的全双工、宽带、空地数据链，另一条是 Ku 频段、全双工、宽带卫星通信链路）主要用于业务数据的传输。

另外，无人机通信系统越来越强调和有人飞机之间的协同通信能力。例如，Link-16、机间数据链等成为美国越来越多无人机，特别是大中型无人机、无人作战飞机通信载荷的标准配置；又如，美军 X-47 作战无人机通信系统配装了 Link-16、VHF/UHF 数据链、机间数据链等视距通信链路载荷，以及 AEHF 频段和 Ka 频段等超视距通信链路载荷。

无人机主要采用卫星、微波、超短波等通信手段，并发展综合化通信中继载荷，以适应多种通信保障需要。作为卫星通信的有效补充，无人机中继通信可实现特定区域的信息无缝覆盖。“全球鹰”无人机搭载“战场机载通信节点”设备，具备 UHF、L、Ku、Ka 多频段通信中继能力，支持图像、视频、语音和数据电文的无缝传输。

3.2.3　无人艇的通信系统

无线电波在水面的通信特性和在陆地上有很大区别。海上障碍物遮挡比较少，电波传播余隙大，绕射损耗比陆地上小，但电波在水面的反射率比陆地大，同时水面高湿、高雾环境还存在大气吸收衰减、云雾衰减以及雨衰等不利因素。此外，无人艇的天线一般不高，贴近水面，其接收的信号强度将由各直射波和反射波叠加合成，形成多径效应，从而引起信号衰落。

无人艇的通信技术主要涉及无线电通信、光学通信和水声通信，通信应用场景主要有无人艇与母船之间、无人艇之间；通信的内容主要有母船向无人艇发出的指令信息、无人艇实时回传的运动状态信息以及视频信息等；通信媒介在近距离可依靠甚高频通信，远距离可依靠卫星通信。

在实际作业过程中，无人艇通常距离母艇较远且处于不断运动中，因此一般选用微波通信、卫星通信、4G/5G 通信构建无人艇无线通信系统。其中，微波通信抗干扰能力强，适合大量的数据传输；卫星通信频带很宽，能提供高质量的信息；4G/5G 通信覆盖面积大，可适用于不同用户。

3.2.4 无人潜航器的通信系统

水下通信一直是困扰世界各国的难题，而无人潜航器还需要在水下实现高速数据传输，这对通信技术提出了更高要求。为此，世界各国研究利用低频通信、水声通信、激光通信、卫星通信等多种手段来满足其水下通信需求，并建设水下信息网以提供更高速、快捷的通信接入。

海水良好的导电性导致传统通信频段电磁波在水下的传输损耗要比在水面大气环境中大很多。因此，和有人作战潜艇一样，无人潜航器的通信问题是一个国际性的难题。按使用场景来看，目前常用的解决方案主要有：当无人潜航器与母船（控制站）距离较近时，采用水下光纤通信和水声通信；当无人潜航器与母船（控制站）距离较远时，采用短波、卫星通信，但要求无人潜航器定时上浮至水面才能建立传输信道，这种通信方式容易暴露无人潜航器的位置。

水声通信可用于完成水下目标之间、水下目标与水面目标之间的双向通信，因此被配置于几乎所有的无人潜航器和部分无人艇上。水声信道与无线电信道不同，水下声波的传播速率比电磁波的传播速率低几个数量级，导致水环境中的数据传播速率较低，从而增加了传播时延。

无人潜航器还可能采用一类特殊的无线电通信——低频通信。低频通信采用频率低于 300 kHz 的电磁波进行无线通信，目前主要有甚低频和超低频两种手段。由于低频电磁波的发射需采用大功率发射机和超大尺寸天线，因此无人潜航器上不安装发射设备，仅单向接收低频信号。

3.3 适用于无人系统的通信网络

3.3.1 移动自组织网络

移动自组织网络（mobile ad-hoc network，MANET）是两个或多个无线设备的集合，这些设备能够在没有任何集中式管理员帮助的情况下相互通信。移动自组织网络中的每个移动节点都同时充当主机和路由器，如图 3-1 所示。

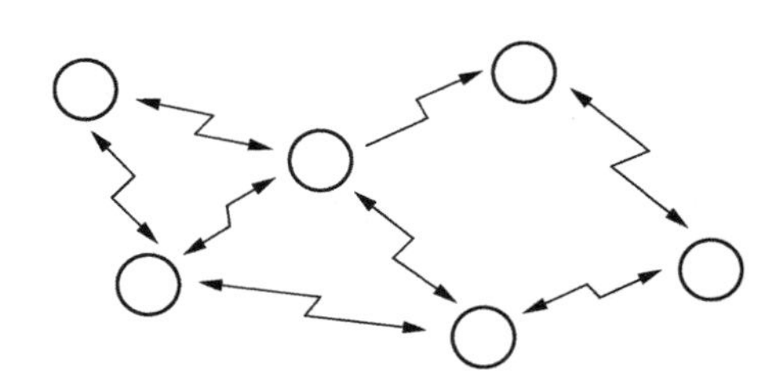

图 3-1 移动自组织网络的网络连接

1. MANET 的特点

（1）部署方便。在 MANET 中，移动节点具有动态自治、自愈的特点，同时 MANET 对固定基础设施的依赖也较小。因此，MANET 可以在没有固定基站以及较少人工干预的情况下实现快速部署。

（2）动态拓扑。MANET 是典型的多跳网络拓扑结构，节点的移动会引起 MANET 拓扑结构的变化，因此节点之间的无线链路总是随机变化，并形成单向或双向链路。

（3）高度自治。MANET 没有集中的服务器或计算机来管理网络，网络管理分布在所有操作节点之间。数据交换、路由等功能是通过节点间的协作来实现的，每个节点都可以作主机和路由器，并且每个节点也都是独立运行的，因此 MANET 具有显著的自治性质。

（4）带宽受限、容量较低。与有线网络相比，MANET 的可靠性、效率、稳定性和带宽容量通常较低。

（5）能量受限。在 MANET 中，部分或所有节点都依靠电池或其他方式来获取能量，无论什么样的能量，节点都必须有效地利用。

（6）有限的安全性。安全、路由和主机配置操作的分布式特性使得 MANET 没有集中式防火墙。与固定网络相比，MANET 节点的流量可能会不安全地通过无线链路，这就意味着存在更高的安全风险。窃听、欺骗和拒绝服务攻击是安全的主要威胁。

2. MANET 的路由协议

MANET 的拓扑是动态拓扑，节点不知道其网络的拓扑结构，必须自己发现它。路由协议的基本规则：新节点无论何时进入 MANET，都必须宣布其到达和存在，并且还应收听其他节点发出的类似通知广播。MANET 路由协议分为主动路由协议、反应式路由协议和混合路由协议 3 种，如图 3-2 所示。

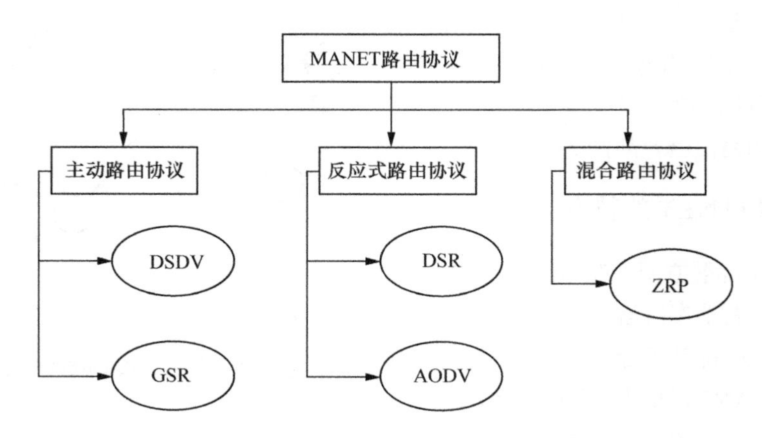

图 3-2　移动自组织网络的路由协议

（1）主动路由协议。主动路由协议也称为表驱动路由协议。每个移动节点维护一个单独的路由表，路由表包含节点到所有可能目的地的路由信息。由于 MANET 的拓扑结构是动态的，因此这些路由表的内容也会随着网络拓扑结构的变化而定期更新。当路由表的条目变得太大，需要维护的节点路由信息过多时，主动路由协议就不适用了，也就是说主动路由协议不适用于大型网络。

① 目的节点序列距离矢量协议。目的节点序列距离矢量（destination-sequenced distance-vector，DSDV）协议是一种主动路由协议。由于存在计数到无穷大的问题，距离矢量路由协议不适合移动自组织网络。因此，作为解决方案的 DSDV 协议应运而生。

DSDV 协议为每个节点维护的路由表中的每个路由条目添加了目的地序列号。只有当条目更新到具有更高序列号的目的地时，节点才会在表中被更新。

② 全局状态路由协议。全局状态路由（global state routing，GSR）协议也是一种主动路由协议。GSR 协议基于 Dijkstra 的路由算法。链路状态路由协议不适合移动自组织网络，因为在这种网络中，每个节点都要将链路状态路由信息直接泛洪到整个网络，即全局泛洪，这可能导致网络中控制包的拥塞。

因此，作为解决方案，GSR 协议出现了。全局状态路由不会将链路状态路由数据包全局泛洪到网络中。在 GSR 协议中，每个移动的节点要维护 4 个表，即邻接表、拓扑表、下一跳表和距离表。

（2）反应式路由协议。反应式路由协议也称为按需路由协议。与表驱动路由协议相反，反应式路由协议并不事先生成路由，而是仅在源节点需要时才这样做。因此，路由表信息是按需建立的，可能仅仅是整个拓扑结构信息的一部分。

① 动态源路由协议。动态源路由（dynamic source routing，DSR）协议是一种按需路由协议，只有当网络中的节点有发送数据包请求时才会建立路由状态。DSR 协议中的每个节点都具有转发和存储功能，节点间的地位也独立平等，任意节点都可以动态发现到达目标节点的路由信息。与传统路由协议不同，当中间节点失效或丢失时，DSR 协议中经过此节点的路由信息会被重新建立，DSR 协议中的节点不对路由信息进行周期性广播，也不对节点的路由信息进行定期维护。DSR 协议按需的思想避免了网络中节点对路由信息周期性更新的缺点，进而减少了网络存储计算资源和带宽的消耗。DSR 协议的工作过程分为路由发现和路由维护两个阶段。

路由发现：此阶段确定在源节点和目标节点之间传输数据包的最佳路径。

路由维护：这个阶段执行路由的维护工作，主要监测网络中节点拓扑结构的变化情况，此维护机制可检测出当前路由路径中包含的节点是否失效。

② 无线自组织网络按需平面距离向量路由协议。无线自组织网络按需平面距离向量路由（ad-hoc on-demand distance vector routing，AODV）协议是一种按需路由协议，是动态源路由协议的扩展，有助于消除动态源路由协议的缺点。在动态源路由协议中，当源节点向目标节点发送数据包时，它的报头中也包含完整的路径。因此，随着网络规模的增加，完整路径的长度也会增加，数据包的头部大小也会增加，导致整个网络传输速率变慢。

AODV 协议将路径存储在路由表中，并以同样类似的方式在路由发现和路由维护两个阶段运行。

（3）混合路由协议。混合路由协议基本上结合了反应式路由协议和主动路由协议的优点。这些协议本质上是自适应的，并根据源节点和目标节点的区域和位置进行调整。最流行的混合路由协议之一是区域路由协议（zone routing protocol，ZRP）。

ZRP 将整个网络划分为不同的区域，然后观察源节点和目标节点的位置。如果源节点和目标节点位于同一区域，则使用主动路由协议在它们之间传输数据包。如果源节点和目标节点分别位于不同的区域，则使用反应式路由协议在它们之间传输数据包。

3. MANET 的拓扑结构

MANET 的拓扑结构分为平面结构、层次结构和混合结构。

（1）平面结构。在平面结构网络中，所有节点都是平等的，各个节点之间没有区别，如图 3-3 所示。平面结构的优点是网络结构简单。当网络中成员较少的时候，节点的移动几乎不需要维护，所有节点可以相互连通，安全性较高，信息的传输也很快。但是当网络的规模不断加大的时候，节点的移动就会导致网络维护的开销剧增，从而降低网络传输速率，所以平面结构只适合于节点较少的情况。

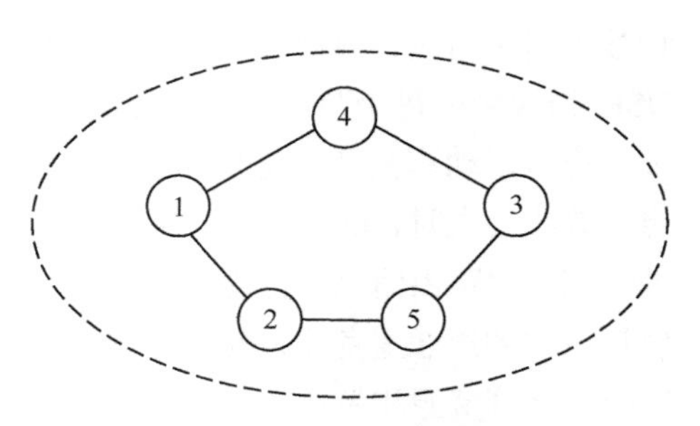

图 3-3　平面结构网络

（2）层次结构。层次结构网络以簇（cluster）为单位划分网络。每个簇由一个簇头节点（主节点）和多个成员节点（普通节点）组成。簇头节点负责簇间业务的转发。层次结构网络通常由多个簇组成，每个簇代表一个网络，所有簇都连接在一起，如图 3-4 所示。

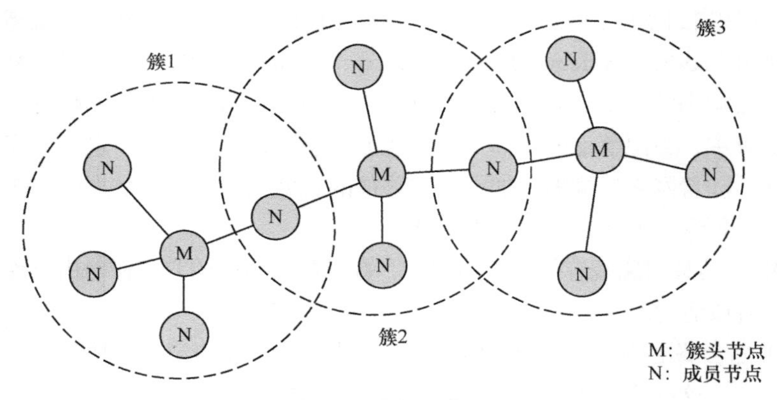

图 3-4　层次结构网络

簇头节点管理簇间的通信，负责在不同簇之间切换通信连接，并将数据从一个簇传递到另一个簇。成员节点主要负责在簇内直接通信，并在簇头节点的帮助下与其他簇中的节点通信。如果大多数通信（控制消息）发生在簇内，而不同簇之间只有一小部分通信，那么在簇内通信时，就不需要转发簇间的通信流量。

层次结构提供了一种更具可伸缩性的方法，更适合于低移动性的情况。其最大的优点就是可以组成大规模的网络，通过分级让网络规模不断加大，成员节点进入或者离开簇只会对组内的连接产生非常小的影响，而不会对外部簇产生任何影响；当一簇中的簇头节点发生移动的时候，只需要重新找到一个新的簇头节点就可以继续通信，从而降低了因为簇头节点移动而产生的维护费用。与平面结构相比，层次结构的算法较复杂，当相邻两个簇的簇头节点要通信时，就需要将信息上传到上一层，这会增加一些传输开销。

（3）混合结构。混合结构网络将一组节点聚集到一个区域中，因此网络被划分为一组组区域。每个节点都属于两个拓扑级别：低级别（节点级）拓扑和高级别（区域级）拓扑。此外，每个节点可以由两个 ID 号（节点 ID 号和区域 ID 号）来表征。在混合结构中，可以找到区域内结构和区域间结构，而区域内结构和区域间结构又可以支持平面结构或层次结构。在图 3-5 中，左图是网络的拓扑结构，右图是聚集形成的自组织网络结构。

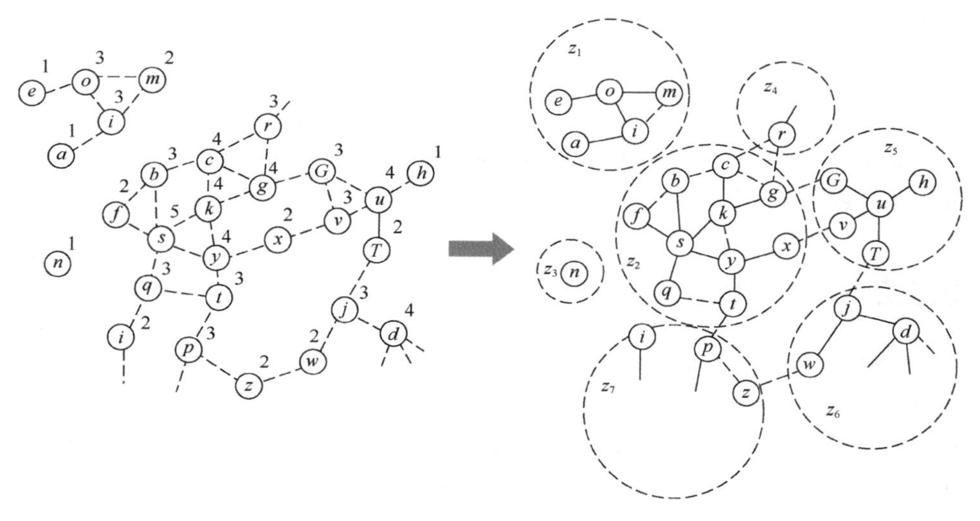

图 3-5　混合结构网络

4. MANET 产品

Persistent Systems 公司的波中继移动自组织网络（wave relay MANET）技术是一种商用移动自组织网络解决方案。波中继移动自组织网络能够快速适应地形和其他困难环境条件的变化，从而最大限度提高连通性和通信性能，同时采用专有路由算法可让用户将大量网状连接设备纳入网络中，并由这些设备本身构成通信基础设施。波中继移动自组织网络易于架设和部署，并且具有自愈和自组织特性，让用户可以无缝离开和进入网络。该系统还可以让无人机实现更高的数据传输速率。波中继移动自组织网络具有很强的通用性，可在 L、S 或 C 频段链路间快速切换，以满足不同任务需求。

MPU5 是一款基于安卓系统（Android）的通信电台（见图 3-6），集成了波中继移动自组织网络技术，可以让无人机充当网状网节点，拓展网络范围。

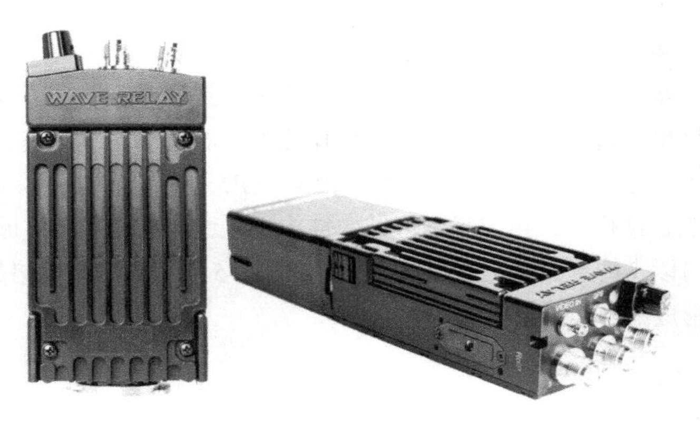

图 3-6　MPU5

Resolute Eagle 无人机装载了 Persistent Systems 公司的 MPU5，由于 MPU5 配置了自动跟踪天线系统，从而使该无人机的通信距离达到约 209 km。

3.3.2　无线网状网络

无线网状网络（wireless mesh network，WMN）的核心思想是将传统 MANET 中既充当路由器又充当主机的对等节点，在物理上分离为无线网状路由器（wireless mesh router）节点和无线网状客户端（wireless mesh client）节点，并且通过无线网关将无线网状路由器接入因特网，如图 3-7 所示。

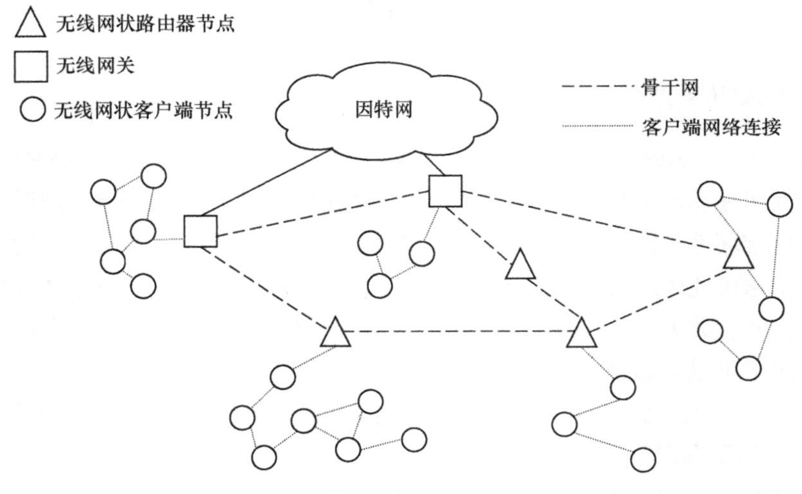

图 3-7　无线网状网络

1. 无线网状网络的优点

（1）自组织。网络节点和授权最终用户可即时加入无线网状网络，扩展网络覆盖范围，并可连接至所有其他节点。

（2）自配置。无线网状网络的接入点具备自动配置和集中管理能力，简化了网络的管理维护。

（3）自愈合。如果无线网状网络中的某台设备发生故障或从其拓扑位置上被拆卸，无线网状网络会自动适应这种改变。即使发端与收端之间的连接涉及多台中继设备，无线网状网络也会找到从发端到收端的新路由。

（4）多跳式。数据包均能由每个无线网状网络的节点和用户端设备（无线通信单元）转发或路由发送至另一个收端。无线网状网络还能选择并确定一个从发端到收端的最佳路由。

（5）点对点网络。无线网状网络由包括一组呈网状分布的无线接入点构成，接入点均采用点对点方式通过无线中继链路互联，将传统局域网中的无线“热点”扩展为真正大面积覆盖的无线“热区”。

（6）高带宽。将传统局域网的“热点”覆盖扩展为更大范围的“热区”覆盖，消除了原有的局域网随距离增加导致的带宽下降。另外，采用无线网状网络结构的系统的信号还能够避开障碍物的干扰，使信号传送畅通无阻，消除盲区。

（7）高利用率。高利用率是无线网状网络的另一个技术优势。在单跳网络中，一个固定的接入点被多个设备共享使用，随着网络设备的增多，接入点的通信网络可用率会大大下降。在无线网状网络中，每个节点都是接入点，根本不会发生此类问题，一旦某个接入点可用率下降，数据将会自动重新选择另一个接入点进行传输。

（8）可扩展性强。无线网状网络访问接入点之间能自动相互发现并发起无线连接的建立请求，如果需要向网络中增加新的接入点，只要安装新增节点并进行相应的配置即可。

（9）高可靠性。传统局域网模式下，一旦某个接入点上行有线链路出现故障，则该接入点所关联的所有客户端均无法正常接入局域网。无线网状网络中各接入点之间实现的是全连接，从某个无线网状网络接入点至门户节点通常有多条可用链路，从而可以有效避免单点故障。

2. 无线网状网络的拓扑结构

无线网状网络可以分为 3 种基本类型的拓扑结构：骨干网结构、客户端结构和混合结构。

（1）骨干网结构是由网状路由器组成的可自配置、自愈的链路，通过网状路由器的网关功能与互联网相连，为客户端提供接入服务的网络结构，如图 3-8 所示。终端节点设备通过下层的网状路由器（相当于各接入网络中的中心接入点）接入上层网状结构的网络中，实现网络节点的互联互通。这样，通过网关节点，任何终端都可与其他网络连接，从而实现无线宽带接入。这样不仅降低了系统建设的成本，也提高了网络的覆盖率和可靠性。该网络结构能够兼容市场上现有的设备，但任意两个终端节点间不具备直接通信的功能。在这种拓扑结构中，客户端扮演被动角色，不参与网状网络的构建。

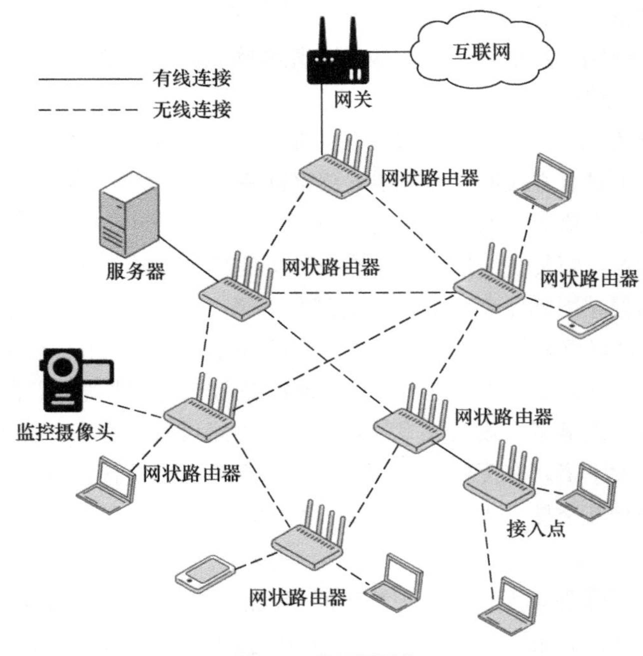

图 3-8　骨干网结构

（2）客户端结构是在用户设备间提供点到点服务的无线网状网络结构，如图 3-9 所示。客户端组成一个能提供路由和自配置功能的网络，支持用户的终端应用。无线网状网络中所有的节点是对等的，具有完全一致的特性，即每个节点都包含相同的介质访问控制（medium access control，MAC）、路由、管理和安全等协议。由于客户端节点本身构成了网络，这些节点不仅具有客户端节点的功能，也具有能够转发业务的路由器节点的功能，因此客户端节点在功能和功耗方面具有更高的要求。客户端结构本质上与传统的移动自组织网络相同。

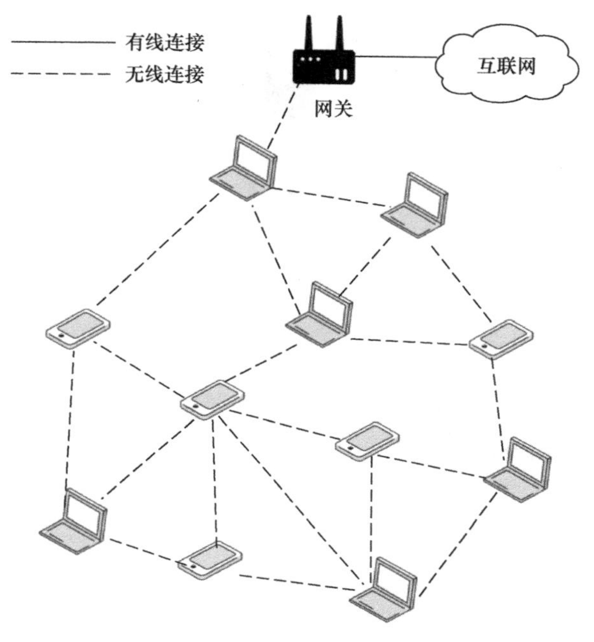

图 3-9　客户端结构

（3）混合结构结合了骨干网的概念和客户端结构。混合无线网状网络由构成网络主干的网状路由器组成，如图 3-10 所示。客户端可以通过网状路由器接入骨干网状网络。这种结构提供了与其他网络的互联功能，如因特网、局域网、全球微波接入互操作性、蜂窝和传感器网络。同时，客户端的路由能力可增强网状网络的连通性，扩展网络覆盖范围。这时的终端节点已不是现有的仅支持单一无线接入技术的设备，而是增加了具有转发和路由功能的网状设备，设备间可以直接通信。通常要求终端节点设备具备同时支持接入上层网络网状路由器和本层网络对等节点的功能。因此，混合结构非常灵活，具备骨干网结构和客户端结构的优点。

3. 无线网状网络产品

美国 DTC 公司推出的战术 IP 网状网络技术，可共享和交流视频、语音和数据，能够在苛刻的环境中实现实时态势感知。该技术提供了一种无缝的自我形成、自我修复的移动自组织网络功能，即使在恶劣的条件下也可以提供超低时延、端到端加密的数据服务，实现超视距无人机、无人车或无人艇通信，如图 3-11 所示。

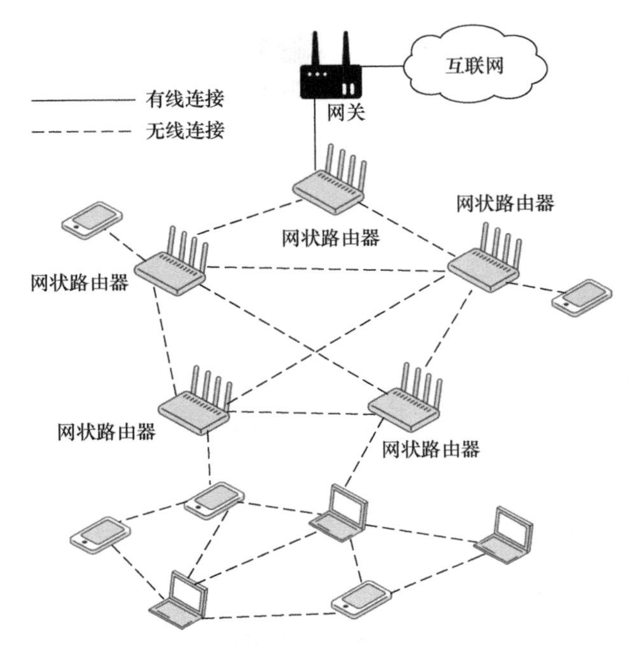

图 3-10　混合结构

图 3-11　战术 IP 网状网络适用于多种应用场景

DTC 公司的 MeshUltra 战术 COFDM IP 网状网络波形可提供更高的吞吐量和更高的频谱效率，数据传输速率高达 87 Mbit/s，自适应调制高达 64QAM，带宽达到 1.25 MHz。MeshUltra 利用编码正交频分复用（COFDM）调制，将要传输的信息分摊到多个载波信号上，每个载波信号都以非常高的数据速率传输，实现了快速大容量信息通信，如图 3-12 所示。这种方法显著增强了抵御多径干扰的能力。

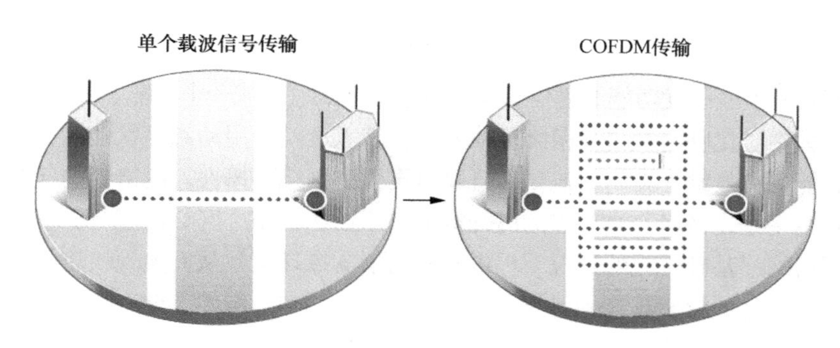

图 3-12　COFDM 调制原理

MeshUltra 还利用多输入多输出（multiple-input multiple-output，MIMO）技术来提供更高的频谱效率和链路鲁棒性，如图 3-13 所示，以水平（V）和垂直（H）极化方式传输数据，并将通道中的数据拟合为传统单输入多输出（single-input single-output，SIMO）网络的两倍。MeshUltra 还可以根据需要在 MIMO 和 SIMO 操作之间自动无缝过渡，从而确保在任何情况下都可以实现稳定的数据链路。

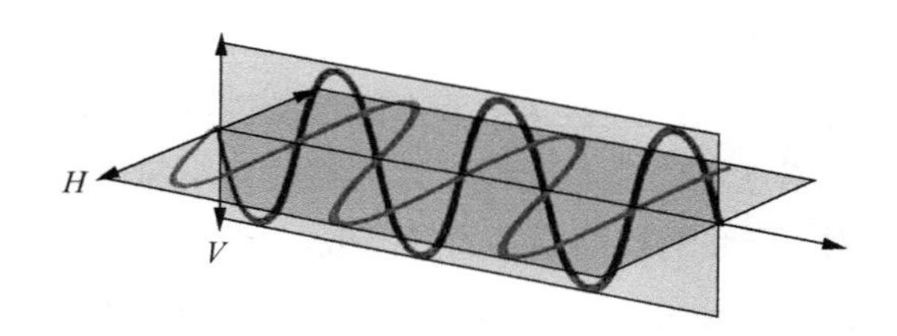

图 3-13　多输入多输出技术

DTC 公司的 MeshUltra 利用基于令牌的受管信道访问机制，只发送持有信道访问令牌的无线电波。这完全消除了自我干扰，并允许网络以极高的效率运行，具有低且可预测的延迟。该技术具有良好的超视距功能，单频网络上最多可以连接 80 个节点，具有高达 87 Mbit/s 的吞吐量。每个节点都可以充当数据源和转发器[见图 3-14(a)]。透明 IP 网络允许连接任何通用 IP 设备 [见图 3-14（b）]。自动自适应调制可保持移动应用程序中的连接性 [见图 3-14（c）]。

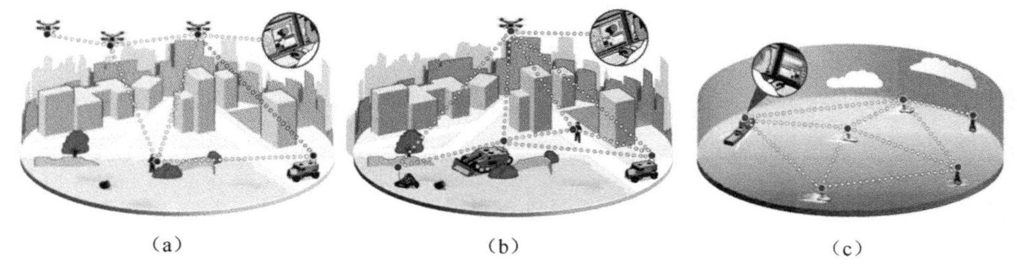

（a）　（b）　（c）

图 3-14　网络连接

上海自足网络科技有限公司推出的 NexFi MF-M 系列小尺寸自组织网络模块，是一套具有无线收发功能的通信装置。若干个节点可组成一个智能、多跳、移动、对等的去中心化临时性自治网络通信系统，节点之间采用动态网状连接，无中心节点，能更有效地分摊网络流量，且具有更强的网络鲁棒性。网络中的任意终端节点互相平等，任何一个节点的离开或消失不会影响整个网络的运行。在不依赖任何通信网络基础设施的情况下提供一种通信支撑环境，从而实现快速的网络部署。针对应急通信所具有的时间不确定、地点不确定的特性，该网络所有节点之间通过链路层自动协商路由，不需要人工配置，即开即用，适合在公安执法、森林防火、抢险救灾、军队演练、反恐特勤等领域的应用。

3.3.3 移动自组织网络与无线网状网络的主要区别

移动自组织网络的节点都兼有独立路由和主机功能，节点地位平等，连通性是依赖端节点的平等合作实现的，鲁棒性比无线网状网络差。无线网状网络由无线路由器构成的无线骨干网组成。该无线骨干网提供了大范围的信号覆盖与节点连接。无线网状网络节点的移动性低于移动自组织网络中的节点，所以无线网状网络注重的是“无线”，而移动自组织网络更强调的是“移动”。从网络结构来看，无线网状网络多为静态或弱移动的拓扑，而移动自组织网络多为随意移动（包括高速移动）的网络拓扑。从业务模式来看，无线网状网络节点的主要业务是来往于因特网的业务，移动自组织网络节点的主要业务是任意一对节点之间的业务流。从应用来看，无线网状网络主要是因特网或宽带多媒体通信业务的接入，而移动自组织网络主要用于军事或其他专业通信。

第4章
无人系统的任务载荷

无人系统的任务载荷（task payload）是指装备到无人平台上完成各种任务的设备，但并不包括无人系统为实现自主行驶所需的传感器、分系统，如激光雷达、数据链路、路径规划系统、行驶控制系统等。无人系统的尺寸大小和载重能力决定了它可以配备什么样的任务载荷，无人系统执行任务的能力主要由各种类型的任务载荷决定。因此，任务载荷是无人系统执行任务能力的关键，也极大地扩展了无人系统的应用领域。

|4.1 无人车的任务载荷|

根据任务要求，无人车可以配备光电载荷、穿墙雷达、遥控消防水炮、工程机械设备、机械臂、气象设备等，还可以安装化学、生物、放射性及核（chemical，biological，radiological and nuclear，CBRN）探测设备以及各种武器系统等。

4.1.1 光电载荷

无人车配备的光电载荷通常包括 3 类光电传感器：可见光光电传感器、红外光电传感器和激光光电传感器。其中，可见光光电传感器（CCD 摄像机、微光电视）和红外光电传感器（热像仪、行扫描仪、成像光谱仪）主要用于对地面目标及场景进行详细探测；激光光电传感器主要用于测距、目标照射、目标指示等。

以色列CONTROP 公司推出了 SIGHT Box 光电载荷，如图 4-1 所示。它集成了连续变焦镜头的高清彩色可见光摄像机、热像仪和 Eyesafe 激光测距仪，具备画中画功能，可在白天和夜间条件下使操作人员稳定观测目标。SIGHT Box 光电载荷专为无人车设计，可在灰尘、极端温度、冲击与振动、剧烈运动等各种极端条件下使用。

CONTROP 公司的陆地监视摄像机系统（见图 4-2）具有远程夜视和移动目标自动检测功能，可用于无人车和小型船只，以保护边界、港口、机场、海岸线等。陆地监视摄像机系统配备了先进的传感器套件和图像处理技术，即使在恶劣的天气条件下，也可以快速获取目标图像并对其进行处理。该系统具有长达 15 km 的视距，以及良好的视线保持能力，可用于武器瞄准以及情报、侦察、监视等任务，适用于各种固定站点以及无人平台。

图 4-1　以色列 CONTROP 公司的 SIGHT Box 光电载荷

图 4-2　CONTROP公司的陆地监视摄像机系统

美国菲力尔公司推出的产品 TacFLIR 230 系统（见图 4-3）也是一款可应用于无人车的光电任务载荷。TacFLIR 230 系统集成了具有弱光功能的高分辨率彩色变焦电视摄像机、640 像素×480 像素冷却 MWIR 热像仪以及可选的激光指示器和测距仪。TacFLIR 230 系统的质量约为 18.5 kg，直径约为 22.9 cm，可以安装在伸缩桅杆上，便于扩展操作人员的视野范围。TacFLIR 230 系统的云台还配备了陀螺以确保其在无人车行驶时保持稳定运行。

图 4-3　美国菲力尔公司的 TacFLIR 230 系统

4.1.2　穿墙雷达

穿墙雷达是一种通过 S 频段以下电磁波信号探测墙体或者其他掩蔽物后方目标

的设备。通过对回波信号进行处理和分析，穿墙雷达可以对墙体后方的目标进行定位和追踪，并且还可以穿透障碍物探测到包括心跳、呼吸等的微弱信号。穿墙雷达普遍体积小、质量轻、便于携带。在工作中，穿墙雷达可穿透非金属介质（如土壤、砖墙废墟等）进行生命探测，并可智能判断有无生命体存在，自动给出探测结果。如果探测到存活人员，穿墙雷达可以给出目标的距离信息，对目标进行定位，并且会将探测到的生命体目标，以仿生人眼的观察效果显示在屏幕上。

穿墙雷达适合快速、大范围、远距离、穿透型环境感知需求，可有效提升无人车非视距目标感知能力，广泛应用于军事巷战、丛林搜捕、公安反恐、人质营救等特殊场景下的环境感知任务。

4.1.3　遥控消防水炮

目前，广泛应用于无人车上的消防设备是遥控消防水炮（见图 4-4）。遥控消防水炮是一种带有电子控制系统和机械驱动机构，并允许消防人员通过操控终端进行远程遥控的消防设备。遥控消防水炮能够根据消防需要对消防水喷射的方向进行调整，也可以改变消防水喷射的方式。遥控消防水炮可以安装在无人车上代替消防员进入危险的火场进行喷水灭火，其突出的优点是允许消防人员进行远距离遥控消防作业，降低了危险的火灾现场对人员的安全威胁。安装遥控消防水炮的无人车可以广泛应用于港口、码头、油库等场所，与火灾探测设备联动，达到快速预警、快速出动、快速灭火的目的。

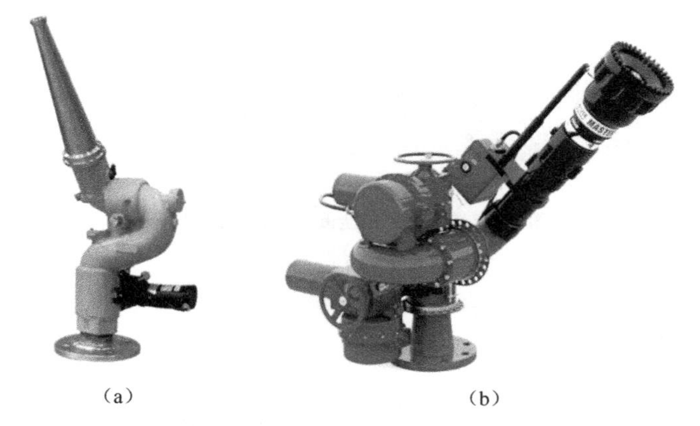

（a）　　　　　　　　（b）

图 4-4　两款典型的遥控消防水炮

LUF-60 是一款无人柴油机动消防车（见图 4-5），其上安装的遥控消防水炮配有鼓风机和水束雾，可吹送水雾进行灭火。遥控消防水炮喷嘴的流速约为 180 m^3/h，可以将水柱吹到 80 m 远的地方。为了增强其机动性，LUF-60 还配备了橡胶履带系统，可以爬上楼梯。

图 4-5 LUF-60 无人柴油机动消防车

4.1.4 工程机械设备

安装在无人车上的工程机械设备包括挖掘机械、铲土运输机械、工程起重机械、压实机械、钢筋混凝土机械、路面机械等。徐工集团开发了全遥控挖掘机 XE15R，高度为 1.35 m，宽度为 1.08 m，如图 4-6 所示。XE15R 将机械、电子和液压控制技术与 CAN 总线接口设计集成在一起，具有 100 m 范围的无线控制功能，操作人员可以通过遥控方式进行挖掘操作。采用遥控挖掘的方式降低了操作人员的劳动强度，在恶劣的工作环境（如有毒或极端温度）下更具优势。

图 4-6 徐工集团的全遥控挖掘机 XE15R

4.1.5 机械臂

机械臂能够模仿人的手臂的某些动作，是一种可抓取、操作、搬运物体的装置。机械臂的应用使无人车可以完成多样化的任务，并且环境适应性、协作能力以及工作效率都得到提升。配置机械臂的无人车可以在工业领域高效准确地完成各种复杂操作；在社会服务领域更好地实现人机交互；在军事领域完成高强度的危险任务等。

美国RE2公司作为模块化机器人操纵系统的开发商，推出了 DM4-A2 机械臂（见图 4-7），其具有高度模块化、功能多样和轻巧的特点。DM4-A2 机械臂由一个4 自由度操纵器和一个 2 指抓手组成，2 指抓手通过末端执行器接口连接。DM4-A2 机械臂可以方便地安装在无人车上，以增强其与环境进行交互的能力。

图 4-7　DM4-A2 机械臂

虽然单臂无人车可以胜任某些特定任务，但双臂系统更接近于人的手臂，在执行乏味、肮脏和危险的任务时，可以为用户提供更加敏捷的操作手段。RE2 公司推出的双臂系统 HDMS（highly dexterous manipulation system）（见图 4-8）能在狭小和杂乱的空间完成检查、操纵电线，打开袋子或包，拧下容器盖等操作。

HDMS 可以采用多种自由度配置方案。例如，11 自由度配置方案：包括 2 个 5 自由度手臂以及 1 个 1 自由度躯干；15 自由度配置方案：包括两个 7 自由度手臂以及 1 个 1 自由度躯干；16 自由度配置方案：包括两个 7 自由度手臂以及 1 个 2 自由度躯干。

HDMS 具有较高的强度质量比。例如，11 自由度 HDMS 的质量不到 18 kg，但可以举起 54 kg 的重物，是其体重的 3 倍。该手臂大幅度降低了举升过程中的能耗，减少了用于执行给定任务的关节数量。HDMS 具有比单臂系统更多的有效载荷端口，可以添加额外的有效载荷，如摄像机、热成像传感器、导航和通信系统等，进一步增强了 HDMS 的可用性。

美国 HDT 公司用的 HDT 机械臂（见图 4-9）比大多数笔记本计算机轻，防水等级达到 IP67，可在较宽的温度范围内使用。HDT 机械臂可以用于数十种不同的移动机器人（包括轮式、足式机器人）。该机械臂易于集成，并可以通过机器人操作系统（robot operating system，ROS）和互操作性配置文件进行控制。

图 4-8　HDMS

美国 HDT 公司的 Adroit 双臂系统具有 25 个自由度，自重约 23 kg，可提起 50 kg 以上的重物，如图 4-10 所示。Adroit 双臂系统的每个执行器均具有真正的力感应和绝对位置感应功能，可以逐关节或通过端点控制驱动手臂，并根据位置、速度或力向手臂发出命令，可变阻抗在所有模式下均可用，从而使手臂具有广泛的顺应性。

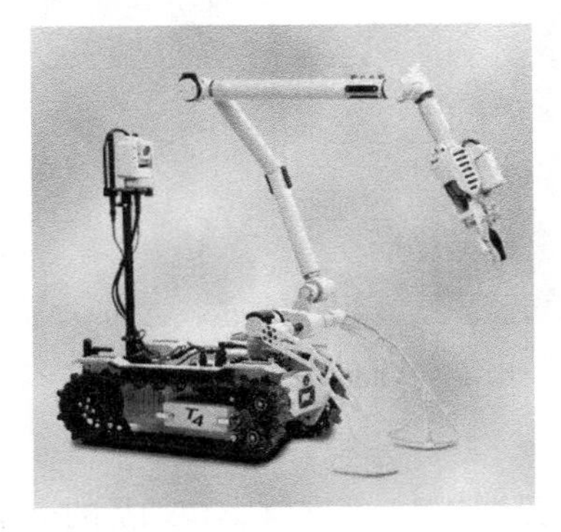

图 4-9　安装了 HDT 机械臂的小型无人车

图 4-10　Adroit 双臂系统正在举起一个混凝土砌块

Adroit 双臂系统的模块化特性使其可以通过配置臂来满足应用需求。该双臂系统非常灵巧，可以打开软袋上的拉链并搜索里面的东西，如图 4-11 所示。

图 4-11　机械臂打开软袋上的拉链并搜索里面的东西

4.1.6　气象设备

美国艾尔玛（AIRMAR）技术公司推出的 WeatherStation 系列气象设备专为气象监测而设计，如图 4-12 所示。WeatherStation 系列气象设备借助内置的全球定位系统、电子罗盘（2 轴指南针），可以实时采集地面的位置、俯仰和滚转角度、载体速度和路线轨迹等。借助内置的三轴加速度计、超声波换能器、气压计、热敏电阻、湿度传感器等，该气象设备可以测量视在风速、风向，大气压力，空气温度，相对湿度等气象参数。根据视在风速、载体速度和行驶方向，可进一步计算理论风速和风向。

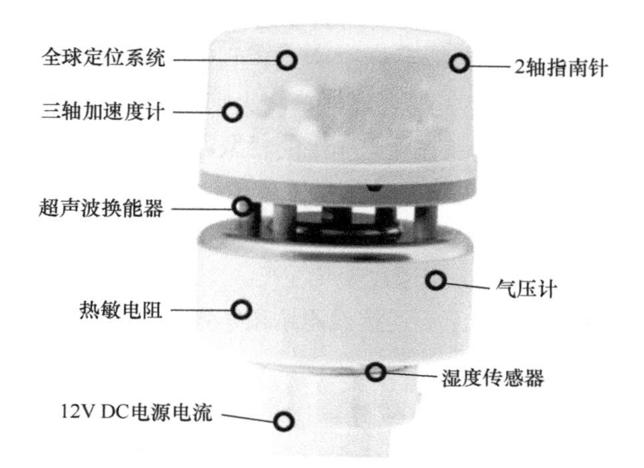

图 4-12　艾尔玛技术公司可用于无人车的气象设备

4.1.7　CBRN 探测设备

CBRN 探测设备可以开展 CBRN 物质、有害气体和其他有害物质的采样，定性、定量、定位检测。搭载 CBRN 探测设备的无人车，可以有效避免 CBRN 有害物质对检测人员生命安全的危害，提高处置突发事件的应急保障能力。

美国菲力尔（FLIR）公司的 IBAC 1 是一种全自动生物制剂检测器（见图 4-13）。当探测到生物威胁时，该探测器可在 60 s 内报警。它利用紫外激光诱导荧光技术，对背景颗粒中的生物进行鉴别，能在 100ACPLA（每升空气中含有的生物战剂粒子数）以下的浓度下，可靠地检测出 4 类生物制剂。IBAC 1 可以集成到无人车上，或作为网络配置的一部分来构成建筑物/关键基础设施的“第一层”保护系统。IBAC 1 可以探测 4 类生物（孢子、病毒、

图 4-13　IBAC 1 全自动生物制剂检测器

细胞和毒素蛋白）气溶胶，同时收集和保存样本以进行确认分析，并将数据传输到指挥控制中心，在检测到威胁时发出警报。

4.1.8 武器系统

遥控武器站是指可以安装在多种平台上的相对独立的模块化、通用化武器系统，一般由全电驱动的无人武器系统和操控单元两大部分组成，可以配备各类机枪、榴弹发射器等轻武器，也可以配备小口径火炮或者单兵导弹等。

图 4-14 所示为一款可安装在无人车上的轻型遥控武器站，它可支持 8 路影像传输，5 路实时传输以及 360°视景，内置的图像识别软件可以实现自动指向、侦察、识别和跟踪目标等功能。

爱沙尼亚米勒姆机器人公司通过安装在无人车上的 PROTECTOR 遥控武器站发射标枪导弹，如图 4-15 所示。遥控武器站和导弹上的视频图像以及控制和发射信号通过安全通信链路传输。

图 4-14 轻型遥控武器站

图 4-15 轻型遥控武器站发射标枪导弹

以色列 UVision Air 公司和爱沙尼亚米勒姆机器人公司合作，在米勒姆无人车上安装了多筒巡航导弹发射装置，如图 4-16 所示。两家公司提出的新作战概念旨在为前线部队提供新的独立作战能力，使其能够在无总部支持的战场条件（包括 GPS 拒止的环境和通信干扰）下实现远距离定位、跟踪并准确消灭重型装甲目标。

图 4-16 米勒姆无人车与 UVision 多筒巡航导弹发射装置

| 4.2　无人机的任务载荷 |

无人机的任务载荷（一般叫机载任务载荷）需要适应机载条件下的特殊环境。低气压会影响机载任务载荷的机械性能、电气性能、散热性能和气密性能。因此，机载任务载荷必须能够适应高空低气压环境；机载任务载荷能经受高低温骤变的影响，不产生物理损坏和性能下降，温度恢复后应能保证其安全性、结构完整性和使用性能；机载任务载荷在高温、高湿条件下工作时，能保证各部件不发生腐蚀或其他损坏；机载任务载荷产生凝露时，不能发生电气短路、光学表面模糊、热传导特性变化等情况；安装在机外的机载任务载荷，在沙尘环境中不能发生卡住、阻塞、磨蚀等情况；暴露在日光辐射环境下的机载任务载荷，应能耐受日光辐射诱发的循环热效应和光化学效应；无人机在加速、制动、偏航、俯仰、滚转、着陆或遭遇突风等情况会产生振动、冲击、过载等，因此机载任务载荷还需要具有良好的力学性能。机载任务载荷包括光电吊舱、激光雷达、多光谱照相机、合成孔径雷达、气体检测仪、雷达生命探测仪、播撒系统、声光设备、应答器等。

4.2.1　光电吊舱

光电吊舱通常采用球形稳定转塔结构形式，光电传感器安装在球形稳定转塔内，采用陀螺稳定平台技术隔离载机振动，实现视轴稳定和目标搜索。随着光电传感器尺寸小型化和分辨率的提高，光电吊舱装载的光电传感器越来越多，形成了多频谱光电载荷。无人机光电吊舱一般由可见光相机、红外机芯、信号处理单元、图像压缩单元、稳定平台单元等组成，有拍照和摄像的功能，可实现全天候对远距离目标的追踪、摄像和监控。

多光谱瞄准系统（MTS）是美国雷神公司为捕食者无人机系列研制的光电吊舱，由转台单元和电子处理单元组成。转台单元内部装有红外/可见光电视、激光测距机、惯性测量单元、激光指示器和激光照射器，其内部还可提供多波长传感器、近红外和彩色可见光摄像机、照射器、人眼安全激光测距机、光斑跟踪器等一系列安装选项。MTS 具备探测、测距、跟踪、远程监视、目标捕获、激光指示等功能。

其中，MTS-B 光电吊舱（见图 4-17）是美国雷神公司研制的一种多用户、数字式、光电/红外传感探测设备，具备了红外、光电、激光指示等能力，可以实现远程空中监视、高空目标截获、跟踪、测距。

图 4-17 MTS-B 光电吊舱

以色列埃尔比特系统公司推出了用于无人机的光电吊舱（见图 4-18），它将短波红外技术集成到现有的电荷耦合器件（charge coupled device，CCD）电视传感器中，即使在高湿度、烟尘或高沙尘的情况下也具备观察性能。吊舱内部集成了惯性导航系统（inertial navigation system，INS）和全球定位系统（global positioning system，GPS），可以通过高精度的定位功能来增强和提高目标情报的生成质量。

图 4-18 埃尔比特系统公司的光电吊舱

美国菲力尔公司推出的 UltraFORCE 350 HD 光电吊舱（见图 4-19）是一款用于无人机的光电吊舱。其具有 28 kg 的大型万向接头，并配置了 640 像素×512 像素的扩展性能光学红外照相机、1920 像素×1080 像素的高清照相机，白天可以在更远的检测范围内检测并识别目标，低光功能扩展可在夜晚或黄昏时获取图像。

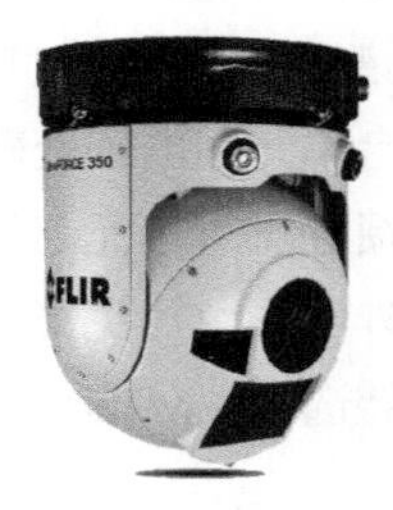

图 4-19 UltraFORCE 350 HD 光电吊舱

4.2.2 激光雷达

激光雷达利用所发射的激光信号经目标反射后被接收系统接收，实现对目标的测量及成像跟踪，是主动式传感器系统。激光雷达通过多个或连续的激光波束扫描测量地面物体的三维坐标，可以生成高精度的数字地面模型、等高线图及正射影像图等数据影像，不仅可以精确测距，而且能高精度提取目标形状和动态特征，实现对目标的精确测速和精准跟踪。激光雷达的优点是分辨率高、抗干扰能力强、隐蔽性好，缺点是受大气及气象影响大，同时激光雷达的波束窄，难以搜索和捕获目标。

澳大利亚 Emesent 公司主要提供适用于小型无人系统的激光雷达，旋图（Hovermap）是其核心产品，如图 4-20 所示。Hovermap 具有可 360°旋转的三维激光雷达传感器、板载实时激光数据处理芯片，此外还集成了即时定位与地图构建（simultaneous location and mapping，SLAM）算法，可以提供不依赖 GPS 的可靠而准确的定位和导航，因此可以在无 GPS 信号环境（如室内环境、地下环境、地上遮挡环境等）下实时建立三维模型。Hovermap 的激光雷达测量范围为 100 m，精度达到 30 mm，近距离扫描时可以达到 5 mm，角视场范围为 360° × 360°，数据采集速度为 300 000 点/s，雷达数据的 SLAM 误差为 0.03%。Hovermap 可以发现诸如电信塔、围栏、树木、电线杆、电线和人之类的障碍物，可以安装到车辆上，在 40 km/h 的行驶速度条件下使用，或者安装到无人机上，在地面 18 km/h 或地上 7 km/h 的飞行速度时使用。Hovermap 重 1.8 kg，易于携带，可与 DJI M210 等小型无人机兼容。Hovermap 具有 3 种自主等级，自主级别为 0 时，仅提供基本的 SLAM 功能；自主级别为 1 时，具备基于激光雷达的全向避碰功能，可以在 GPS 受限环境下实现位置保持和速度控制，可以在室内、地下或靠近建筑物的地方随无人机进行视线内的安全飞行；自主级别为 2 时，除了具备以上功能外，还可以在 GPS 受限的环境中随无人机实现视线之外的自主飞行，并将构建的三维地图信息实时传输到平板计算机上。

图 4-20　Hovermap 及其扫描数据

图 4-21 所示为CHC 导航公司生产的 AlphaAir 450 激光雷达系统。它内部集成了惯性测量单元（inertial measurement unit，IMU）、卫星导航定位器件、三维扫描仪、照相机等，易于使用且可在现场快速部署。AlphaAir 450 激光雷达系统的质量为 1 kg，适合无人机的有效载荷要求，便于安装在无人机上。通过将工业级卫星导航定位器件与高精度惯性导航系统相结合，AlphaAir 450 激光雷达系统可以在较小的测量区域内实现垂直方向 5 cm 和水平方向 10 cm 的测量精度。

图 4-21　AlphaAir 450 激光雷达系统

4.2.3　多光谱照相机

多光谱照相机是在普通航空照相机的基础上发展而来的。多光谱照相是指在可见光的基础上向红外光和紫外光两个方向扩展，并通过各种滤光片或分光器与多种感光胶片组合，使其同时分别接收同一目标在不同窄光谱带上所辐射或反射的信息，即可得到多张目标在不同光谱带的照片。

美国 SlantRange 公司的 4P 系列多光谱照相机（见图 4-22）具有高空间分辨率和高光谱分辨率的特点，内嵌的图像智能处理技术可以检测植物在整个成熟阶段的形态、化学和物理组成，特别适用于农业领域。

4P 系列多光谱照相机具有 6 个频段的高分辨率成像能力，光谱范围为 410 ~ 950 nm，支持精确的农作物测量。该照相机集成了 GPS/IMU 导航定位模块，可提供的信息包括植物数量和大小分布、冠层密度、植物的高度、开花密度、成熟度指标、叶绿素指数、杂草密度、潜在产量等。根据这些信息就可以预测产量，获得更精确的除草剂用量以及检测植物的健康状况。在 20 m/s 飞行速度下，使用 4P 系列多光谱照相机在 5 cm 分辨率下扫描时，几分钟内就可以得到面积超过 6.4×10^5 m^2 的土地的农作物数据。4P 系列多光谱照相机质量仅为 350 g，便于安装到消费级无人机上。

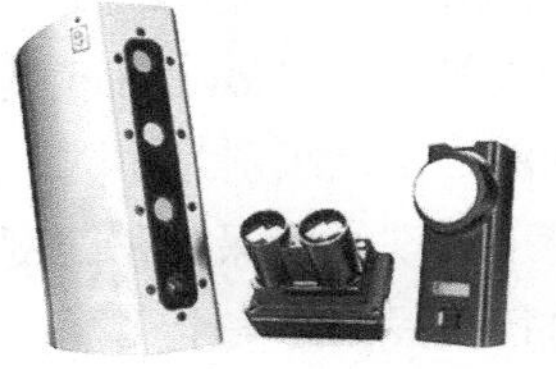

图 4-22　4P 系列多光谱照相机

长光禹辰信息技术与装备（青岛）有限公司推出的无人机机载多光谱照相机 MS600 PRO 能够同时获取 6 个通道的多光谱数据，每个通道均拥有 120 万像素的全局快门 CMOS 传感器，保证每个细节精准同步，如图 4-23 所示。MS600 PRO

多光谱相机标配 6 种特征波长，通道带宽更加优化，覆盖农业资源调查、农作物估产、防灾减灾、生态环境调查等大多数多光谱遥感应用场景。“双红边”植被敏感频段设计有效提升了植被、作物等的识别精度。MS600 PRO 多光谱相机允许用户根据应用需要在 400 ~ 900 nm 范围内预设的 17 种中心波长中任选 6 种组配。外壳采用航空铝金属，光学级蓝宝石窗口，工作温度范围为–10 ~ +50 ℃，能够适应恶劣的外作业环境。MS600 PRO 多光谱相机内置高精度 IMU 传感器和定位精度为 2.5 m（CEP）的 GPS 芯片，同时支持满足 NEMA0183 协议的第三方 GPS 信息接入并同步记录于影像文件中。

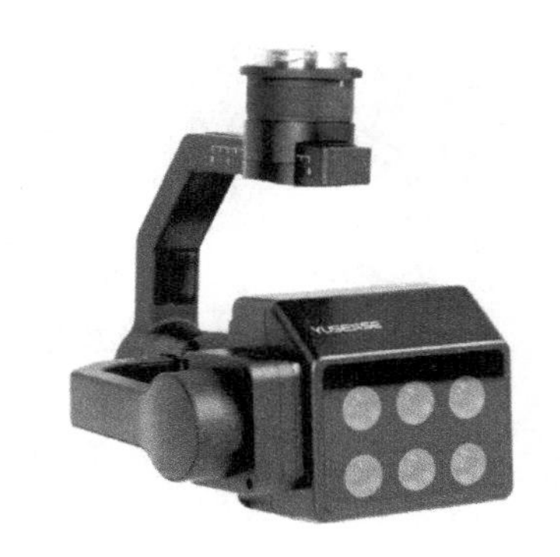

图 4-23　多光谱照相机 MS600 PRO

4.2.4　合成孔径雷达

合成孔径雷达（synthetic aperture radar，SAR）首先向目标区域持续发射电磁脉冲，并接收来自目标区域的回波信号，接着对接收到的目标回波信号进行一些处理，最后通过成像技术就可得到目标区域的形状。与其他光学、光电仪器设备等相比，合成孔径雷达能够在恶劣的环境或气候条件下实施主动探测，受云、雨、烟雾、暮霭等外部因素影响小，在执行特殊任务对特定目标或地域进行侦察与实时监视时，还可以利用天气和天时条件隐蔽自己、提高生存能力。合成孔径雷达工作在微波频段，获取的目标回波包含了目标在微波频段的反射特性，利用这一特点就可以提高合成孔径雷达对特定目标的探测能力和目标识别概率。在无人机机载探测中，光学设备多是对平台的正下方的范围实施探测，而合成孔径雷达则多是对平台下半空间的四周方向实施探测。因此，与普通光学设备相比，合成孔径雷达的探测区域更广，并且能通过叠加无人机平台的工作距离和合成孔径雷达的作用距离来提升系统的总体探测、侦察半径。

无人机搭载了全天时、全天候的 SAR 系统后能够有效应用在军事与民用领域。按照无人机的规格不同，合成孔径雷达可分为高空高速 SAR 系统、中高空 SAR 系统、中低空 SAR 系统以及微小型 SAR 系统。高空高速 SAR 系统（见图 4-24、图 4-25）质量在 35 kg 以上，中高空长航时、中近程无人机的 SAR 系统（见图 4-26）的质量一般都在 35 kg 以内，搭载在超近程微小型无人机上的 SAR 系统（见图 4-27、图 4-28）的质量一般在 5 kg 以内。先进的、轻小型化的多功能 SAR 系统在各类飞行平台上的应用无疑是 SAR 技术在无人机领域的重要发展方向。

我国在无人机机载 SAR 技术领域也紧跟国际发展趋势、突破了多项系统关键技术，近年来形成了系列化无人机机载 SAR 产品，并投入到不同应用领域。

图 4-24　MP-RTIP 雷达系统

图 4-25　Lynx 雷达

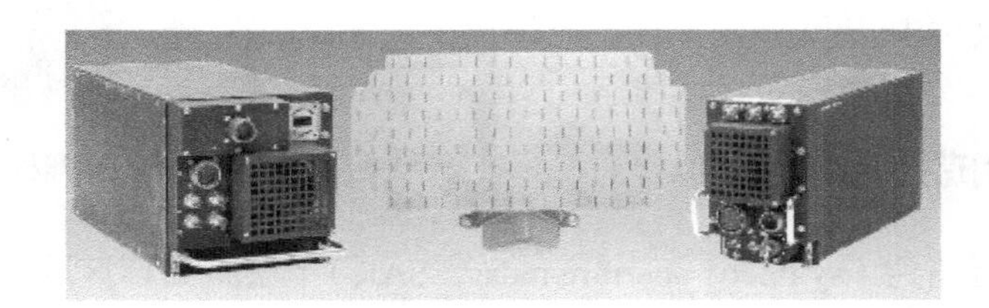

图 4-26　RDR-1700B 雷达

图 4-27　搭载 NSP-3 合成孔径雷达的超近程微小型无人机

图 4-28　中科宇达微小型合成孔径雷达系统

4.2.5　气体检测仪

传统的气体传感器往往体积较大、笨重，并不适合大气移动监测。研制适合于无人机搭载、集成多种气体传感器的轻小型气体检测仪，是实现无人机监测大气污染的重点。

美国菲力尔公司开发的 MUVEC 360 是一种完全与无人机集成在一起的多气体探测器，可在移动过程中实时连续地监控化学危害，如图 4-29 所示。该探测器传感器模块具有 8 个检测通道，包括 1 个光电离检测器、1 个爆炸下限检测器和其他 6 个传感器。集成式通气管延伸到螺旋桨上方对空气进行采样，以消除旋翼对气流扰动造成的影响。MUVE C360 多气体探测器可快速安装在无人机上的专有集成底座上，其传感器校准站具有和无人机相同的底座，因此可以轻松连接以进行常规传感器的精度校准。该探测器会根据检测情况进行优先排序并发出警报，检测数据可以在 FLIR VueLink™应用软件界面上实时显示。

深圳可飞科技有限公司开发的“灵嗅”V2 大气移动监测设备，最多可以同时采集 9 种空气污染物（如 SO_2、CO、NO_2、O_3、VOCs、H_2S、NH_3、CO_2、PH_3 等）的浓度分布数据。其质量在 400 ~ 500 g，如图 4-30 所示。“灵嗅”V2 大气移动监测设备可以采集精确、带有经纬度与时间标记的空气污染数据，并且内建 4G LTE 通信能力，支持多点对多点通信，将数据传输至检测现场、指挥中心的配套软件上进行智能可视化分析。“灵嗅”V2 大气移动监测设备可以用于机载、车载、单人背负等。

图 4-29 集成在无人机上的 MUVEC 360 多气体探测器

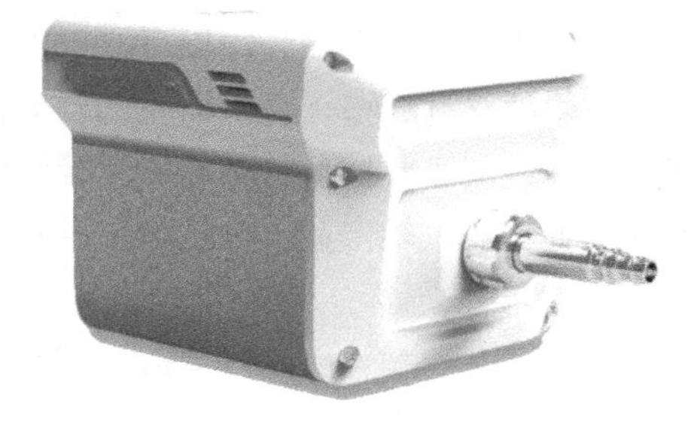

图 4-30 “灵嗅”V2 大气移动监测设备

4.2.6 雷达生命探测仪

雷达生命探测仪的核心科技是超宽带技术。它通过人体运动或者呼吸对电磁波产生的多普勒效应，从而判断有无生命特征。当雷达生命探测仪发射电磁波后，如果遇到静止的物体（如墙壁、碎石块），那么电磁波返回的信号没有变化；如果遇到生命活动（如呼吸或运动），那么电磁波返回的频率会发生变化。雷达生命探测仪接收器接收到反馈信号后，会对信号进行积累、微分、放大、滤波等技术处理，并在接收器上显示出异常点（可能是生命体的位置），从而达到探测被困人员的目的。

湖南华诺星空电子技术有限公司开发的无人机机载雷达生命探测搜救系统 DN-UAV，是一款针对地震塌方等灾害现场废墟埋压目标的大范围快速搜索定位系统，如图 4-31 所示。该系统配备二维定位生命探测雷达，可穿透建筑废墟探测定位多个受困目标，二维定位精度小于等于 1 m，多目标探测数量大于等于 3 个，能适应恶劣的光照气象环境。系统配备的可见光/红外相机，可对搜索区域地上目标实时扫描成像并回传。

图 4-31　无人机机载雷达生命探测搜救系统 DN-UAV

4.2.7　播撒系统

随着无人机的普及，集施药、播种、撒肥等功能于一体的农业无人机日渐成为智慧农业新热点，播撒系统就是其中的关键设备。播撒系统一般包括料箱、搅拌器及落料控制机构等，可完成高效、可靠、稳定的播撒作业。

广州极飞科技股份有限公司推出的 JetSeed 智能播撒系统（见图 4-32），是针对农业生产中的播种、植保环节研发的自动化播撒设备，可以配合植保无人机平台，通过高速气流高效地将种子、肥料等固体颗粒精准投放至所需环境。该播撒系统设计了独特的滚轴定量器，让撒出的颗粒不结块、不粘连，落地分布均匀，满足精准播撒需求。

该播撒系统包括一个 11 L 的标准料箱，适合直径为 1 ~ 10 mm 的种子、化肥、农药等固体颗粒；十字形的搅拌器可以有效分离结块和粘连的颗粒，保证其下落均匀；定量槽可将颗粒均匀分拨至播撒涵道，调整滚轴式定量器转速，就可以精准控制亩用量及播撒密度；通过使用气流喷射技术，涵道扇能产生 18 m/s 的高速气流，从而将颗粒通过播撒涵道快速吹向目标区域。涵道扇可根据不同颗粒类型调节气流喷幅播幅（最大可达 5 m），使播幅内的颗粒分布均匀；喷口经过特殊设计，使气流进一步加速，保证物料播撒顺畅。

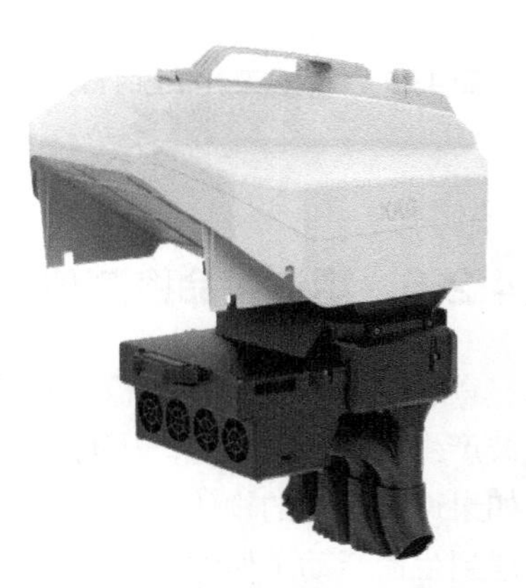

图 4-32　JetSeed 智能播撒系统

大疆公司推出的 MG 播撒系统（见图 4-33），是大疆农业植保无人机的重要配件，可实现干燥物料的播撒作业。MG 播撒系统内置搅拌装置及落料口舱门控制机构，可有效控制落料速率，防止落料堵塞，提高播撒作业的准确性及可靠性。舱口大小、播撒盘转速等可通过软件设置，以满足不同作业场景需求。

图 4-33 MG 播撒系统

MG 播撒系统主要针对直径为 0.5 ~ 5 mm 的颗粒状物质设计，颗粒药剂、肥料、种子、饲料、融雪剂等在满足颗粒直径的条件下均可使用 MG 播撒系统。MG 播撒系统 2.0 拥有 20 L 大容量，流量达到 15 kg/min，播幅达到 7 m。这款播撒系统还支持快速换装，3 min 即可装配至 T20 农业植保无人机上，支持多种作业场景，如水稻直播、油菜籽播撒、草原补播、虾稻田饲料播撒作业等。

4.2.8 声光设备

无人机远程喊话系统主要用于人员无法及时达到的地区，通过大功率扩音器实现远程空中喊话，执行现场指挥、交通路况疏导、被困人员救援等任务。喊话系统要求具有喊话清晰、音质稳定、声音穿透力强、传输距离远、体积小、质量轻、功耗低等特点，既能支持实时喊话，也可以循环播放警告、通知、音乐等有关内容。

广州成至智能机器科技有限公司开发的 MP130 系列数字语音广播系统，由喊话终端及手持麦（见图 4-34）、手机 App、遥控器 App 等组成，具备较高声压，能清晰地将语音传递至远处，音量超过 130 dB，有效扬声距离达到 500 m，并具有良好的磁屏蔽性能，可有效减小对无人机磁罗盘的干扰。该系统可通过 DJI SkyPort 接口与大疆相关系列飞行平台无缝兼容，即挂即用，并能跟随云台相机自动同步俯仰。手持麦具有防啸功能，可有效降低环境噪声干扰。该系统具有实时喊话、录音上传、音频文件播放、文字转语音等多种播放模式，背景音乐根据喊话内容可以自动减弱，在山林搜救、公园广播、应急预警、消防救援、抢险调度、交通疏导、军警执勤、环保宣传等场景能发挥重要作用。

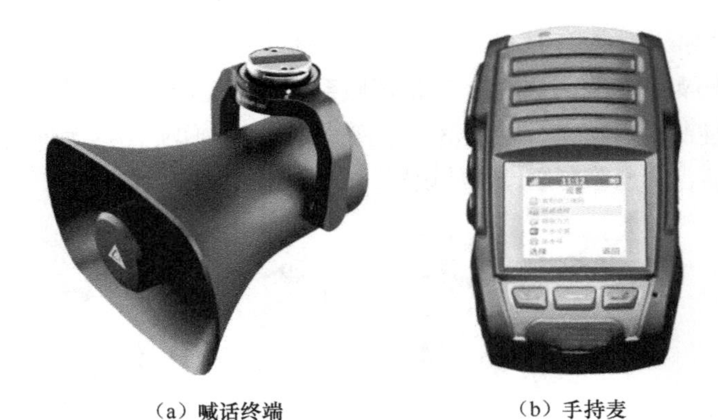

（a）喊话终端　　（b）手持麦

图 4-34　MP130 系列喊话终端及手持麦

广州成至智能机器科技有限公司还针对抛投、相机、照明等组件进行了更新设计，与 MP130 系列语音广播系统喊话终端构成一套具有喊话、抛投、拍照和照明功能的 4 合 1 挂载组件设备，成为综合性的无人机救援系统，如图 4-35 所示。

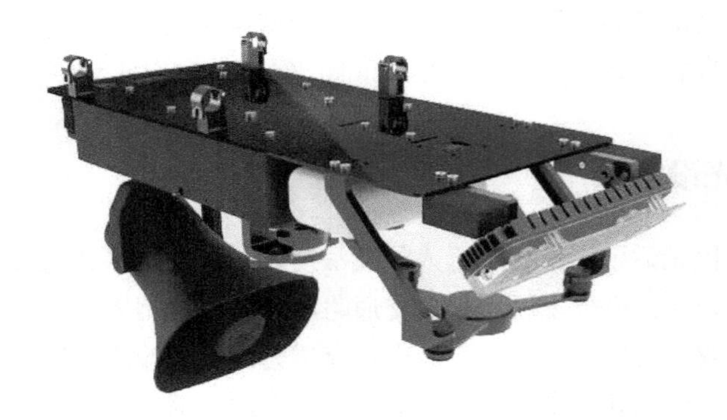

图 4-35　具有喊话、抛投、拍照和照明功能的 4 合 1 挂载组件设备

4.2.9　应答器

航空电子设备公司 uAvionix 为无人机设计了尺寸小、质量轻、功率低的 ping200X 微型应答器，如图 4-36 所示。ping200X 的质量仅为 50 g，平均功耗为 1.5 W，并提供 200 W 的发射功率。ping200X 适用于各种小型无人机，支持更长的飞行时间和更大的有效载荷，而能耗却很小。当与 uAvionix 的 SBAS GPS 接收器 truFYX 配对时，ping200X 能满足全球受控空域的要求，可以向空中交通管制（ATC）、交通防撞系统（TCAS）和检测与避开（DAA）系统提供安全的隔离信息。

ping200X 可以轻松地与各种无人机自动驾驶仪集成，从而能从地面控制站对其进行动态控制，配备的行业标准的串行协议和物理协议转换器，让其具有更广泛的适应性。ping200X 还可以与 uAvionix 微型控制器配对，作为“一劳永逸”的有效负载进行集成。

ping200X 具有模式 S 应答器、ADS-B 输出和高度编码器，可在全球范围内进行空域访问，得到监管机构和空中航行服务提供商的认可，可使无人机被辅助监视雷达、交通防撞系统和 ADS-B IN 接收器探测到。

图 4-36　ping200X 微型应答器

4.3　无人艇的任务载荷

无人艇适合诸如海洋和水产研究、海洋学和气象监测、环境监测、水文学监测、数据网关和数据收集、移动浮标和定位、安全和态势感知等应用。相对于陆基、空基、天基载体，无人艇常年在河流、湖泊、海洋中航行和执行任务，长期受到太阳辐射、温度、湿度、盐雾等气候环境以及倾斜、摇摆等振动和冲击等机械环境带来的影响。无人艇上的任务载荷需要适应风、雨、雪气候环境和特殊的舰船机械环境。

4.3.1　光电载荷

美国菲力尔公司推出的海洋环境多光谱监测系统 SeaFLIR 230（见图 4-37）是一款专为海上任务设计的光电载荷，可为海上无人艇提供最佳的态势感知和中程监视。SeaFLIR 230 集成了 18 倍的连续变焦、640 像素×480 像素的冷却 MWIR 摄像机，还有 30 倍变焦的彩色/弱光摄像机，以及最远测量距离达到 10 km 的激光测距机。SeaFLIR 230 的质量约为 18.59 kg，直径为 22.86 cm，能够部署在无人艇上。SeaFLIR 230 的云台配

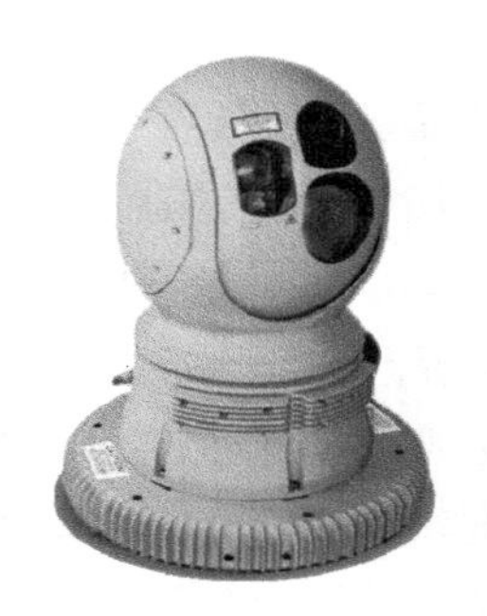

图 4-37　SeaFLIR 230

备了陀螺，可在平台行驶时保持 SeaFLIR 230 稳定运行。

4.3.2 激光雷达

激光雷达利用激光测距，其点云坐标采集原理为测定水平角与垂直角，以及激光发射与回收的时间差值求取间距，进而计算出待测点坐标。三维激光雷达能完整高精度地重建扫描实物数据，快速完成逆向三维数据采集与模型重构，其特点就是精度高、速度快，与研究对象表面空间分布一致，可将其应用于地表信息采集、航道沿岸地形数据快速提取等工作。根据点云坐标采集方式的不同，激光雷达分为脉冲激光雷达、相位激光雷达和脉冲相位组合激光雷达。其中，脉冲激光雷达测距范围最大，但精度较低，受外界环境影响较小，适合低精度室外大范围观测；相位激光雷达扫描范围较小，但精度较高，易受光线等因素制约；脉冲相位组合激光雷达兼具二者优点，能长距离、高精度采集数据，抗外界因素能力强。相比现有声呐，激光雷达基于光学原理工作，分辨率更高，可以提供更为详细的数据。

Carlson 公司的 Merlin 船载激光雷达（见图 4-38）可以实现 250 m 大范围的人眼安全激光扫描，能快速精确地捕捉、处理和分析地理空间的点云数据，以便规划和管理复杂项目。作为测量船舶已有硬件和软件设施的补充设备，Merlin 船载激光雷达能够与水下传感器无缝集成，同时快速、有效地采集水上和水下的带有时间同步标记的测量数据，用于离岸施工、海岸线侵蚀监测、离岸设施退役、航海图更新、油气作业、运河和内河航道测绘、洪涝灾害管理、港口测绘、风电设施安装、桥梁测绘、岩石防波堤扫描、基础设施规划等任务。

图 4-38　Merlin 船载激光雷达

加拿大 2G 机器人公司的 ULS-500 水下激光雷达（见图 4-39）是一款中近程激光测距系统，扫描范围为 1.5 ~ 20 m，其最小分辨率达到 1.3 mm，数据捕获率达到 61 440 点/s，深度等级为 4000 m。ULS-500 水下激光雷达提供了环境光过滤（AF）技术，能够将数据中周围环境造成的噪点删除。除了采用环境光过滤技术之外，ULS-500 水下激光雷达还采用一定算法来处理淤泥中水造成的干扰。

图 4-39　ULS-500 水下激光雷达

4.3.3　前视声呐

前视声呐的声波发射基阵一般以一个扇面向前或者向垂直方向（向上、向下）发射脉冲信号，如图 4-40 所示。因此，前视声呐主要应用于导航避碰、特定目标物的扫描检测等任务。

无人驾驶海上交通工具行业的生产商 Teledyne Marine 的 BlueView 系列多波束前视声呐结构紧凑，可以实时传输图像和数据，为水下识别、导航、监视和检查提供实时的声呐影像。BlueView M450 前视声呐（见图 4-41）视角为 90°或 130°，最大范围为 300 m，波束角度为 0.18°，距离分辨率为 2.7 cm。

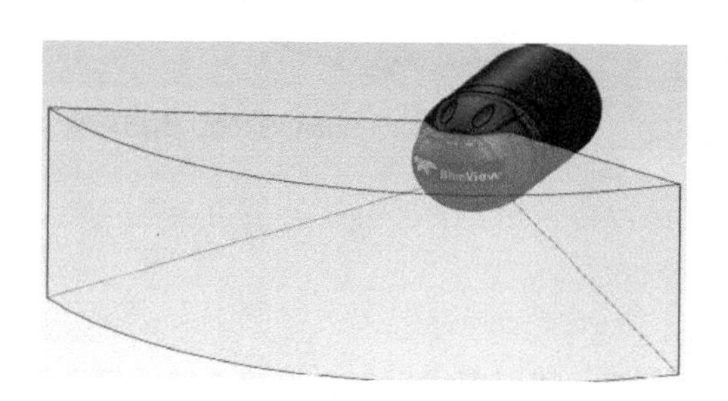

图 4-40　前视声呐扫描

图 4-41　BlueView M450 前视声呐

4.3.4　侧扫声呐

侧扫声呐利用声线的反向散射信号获取水下地形地貌信息，并生成直观反映水下微地形地貌的图像，同时还可根据海底回波的强度定性分析海底地质成分。侧扫声呐可分为船载式和拖曳式。其中，船载式侧扫声呐的探测幅度宽、效率高，但分辨率较低；拖曳式侧扫声呐可根据探测任务的需求调节拖体距水底的高度，以获取高精度和高分辨率的水下地形地貌信息。侧扫声呐探测的最大有效作用距离取决于声呐设备的工作频率，探测分辨率则与脉冲宽度（距离分辨率）和水平波束开角（水平分辨率）有关。

EdgeTech 4205 三频侧扫声呐系统（见图 4-42）采用全频谱线性调频技术，可获得高分辨率地貌图像，覆盖范围比在同等频率下的非线性调频侧扫声呐大 50%。该声呐的最大量程可达到 600 m，三频侧扫声呐允许调查人员同时选择三频系统中的任意两个频率工作。双频工作方式可以同时满足扫测范围和局部高分辨率的要求。同时，EdgeTech 4205 三频侧扫声呐系统拖鱼的耐压深度级别为 2000 m，内置的横、纵摇和方位姿态传感器在拖曳作业时能对拖鱼进行姿态实时校正，从而保证数据的准确性。

北京蓝创海洋科技有限公司开发的 Shark-S450U 侧扫声呐（见图 4-43）是一款小巧轻便、便携易用、超低功耗的高分辨率声呐，具备 450 kHz 的线性调频信号处理技术，每侧量程为 150 m，沿航迹方向的波束开角为 0.3°，保证高分辨率的成像。Shark-S450U 有一体版和分体版两个版本，可供无人艇或水下机器人嵌入使用，满足多样化需求。拖鱼结构可靠耐用，小巧轻便，水下耐压深度达到 500 m。

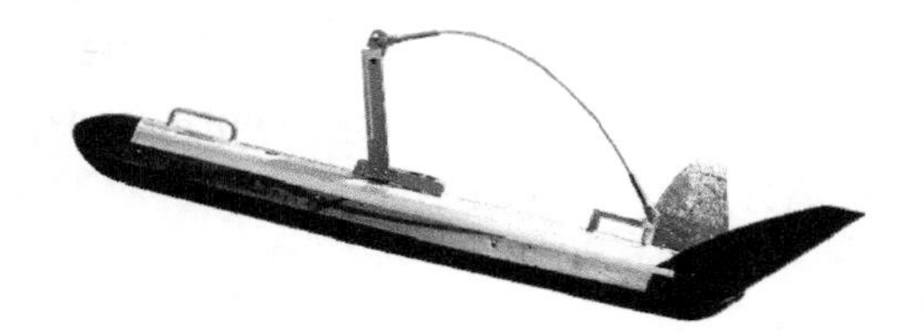

图 4-42　EdgeTech 4205 三频侧扫声呐系统

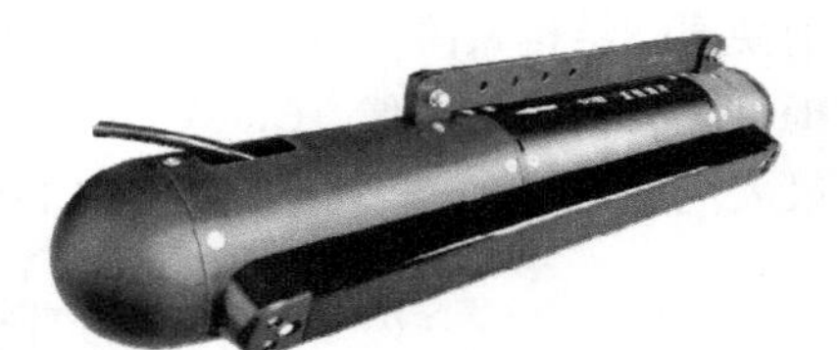

图 4-43　Shark-S450U 侧扫声呐

4.3.5　浅地层剖面仪

浅地层剖面探测技术基于水声学原理，利用声线反射，连续走航式探测海底地形地貌、浅层沉积地层和基底、特殊目标以及浅表层灾害地质体，具有效率高、分辨率高和成本低等优势，且探测所得的声学记录剖面在形态上与真实地质剖面极其相近。随着非线性声线传播和实时海底追踪时延记录等技术的发展，浅地层剖面探测技术能实现高精度和高分辨率水下地形地貌探测，并应用到深层水域。

德国 Innomar 公司生产的 SES-2000 智能型浅地层剖面仪（见图 4-44）适用于无人艇应用，可以在水下 100 m 深的浅水域进行

图 4-44　SES-2000 智能型浅地层剖面仪

近海测量，也可以在沿海地区使用。其工作水深范围为 0.5 ~ 100 m，泥沙渗透可达 20 m（取决于沉积物类型和噪声），层分辨率为 1 ~ 8 cm。

4.3.6 多波束测深系统

多波束测深系统（multibeam bathymetric system）是可实现海底全覆盖扫测的水声设备，能够获得几倍于水深的覆盖范围。它以一定的角度倾斜向海底发射声波脉冲，接收海底反向散射回波，并从海底反向散射回波中提取所需要的水深信息和海底地形图像信息。相对于侧扫声呐，多波束测深系统具有探测范围大、效率高、精度高等优势。

Teledyne RESON 公司的超高分辨率多波束测深仪 SeaBat T20-R（见图 4-45）专为小型船只的快速运动而设计，可确保较小的接口和空间需求。该探测仪具有 200 kHz、400 kHz 两种频率宽带声呐阵列，测深分辨率达到 6 mm，作业水深可到 575 m，可以选配集成惯性导航系统，以实现准确的时钟同步及姿态稳定。

图 4-45　多波束测深仪 SeaBat T20-R

4.3.7 合成孔径声呐

合成孔径声呐是一种新型的高分辨率水下成像声呐，其原理是基于小孔径基阵及其运动形成等效的大孔径，通过合成的大孔径波束形成过程，实现高分辨率成像。合成孔径声呐的分辨率与探测频率和距离无关，可比常规声呐高出 1 ~ 2 个数量级。合成孔径声呐可以实现水下地形地貌全覆盖探测，能提取确定目标的精确信息并完成三维成像，适用于水下目标的探测识别、海底测量、水下考古、搜寻水下失落物体和高分辨率海底测绘等任务。

法国 iXblue 公司的合成孔径声呐 SAMS（见图 4-46）是一个集软硬件于一体的完整声呐系统：除了声呐传感器本身，该系统还包括基于网络的计算机系统以及具有功能强大的数据处理中心和一个或多个用户工作站。该计算机系统包含一个综合的软件包，覆盖从数据采集到分析以及最终结果输出的整个过程。SAMS 采用合成孔径声呐技术生成扫描图像，利用物理阵列的前向运动生成合成（虚拟）阵列、单目标多脉冲等核心技术实现高分辨率成像。

加拿大 AQUAPIX 公司的 MINSAS（见图 4-47）是新一代的小型合成孔径声

呐，可安装于各种载具上，最大耐压深度能够达到 3000 m。整个系统使用了模块化设计，包含新型电子元件、换能器阵和信号处理软件。MINSAS 在海底全覆盖范围内具有纵向 3 cm、横向 1.5 cm 的分辨率，最小满量程大于 100 m。MINSAS 能提供高精度（纵向 25 cm、横向 25 cm、高度 5 cm）的三维测深数据，并且图像中同时含有位置坐标和地理参考坐标。用户得到的清晰海底图像的分辨率超过国际测量标准（IHO SP-44）的三维数字海底地形图。MINSAS 生成图像的三维空间分辨率能够达到厘米级，提升了探测、目标分类和识别海底较小目标的性能。MINSAS 在航速 3 节（约等于 5.56 km/h）情况下，波束覆盖范围大于 200 m；在拖曳的条件下，MINSAS 波束覆盖范围更大。

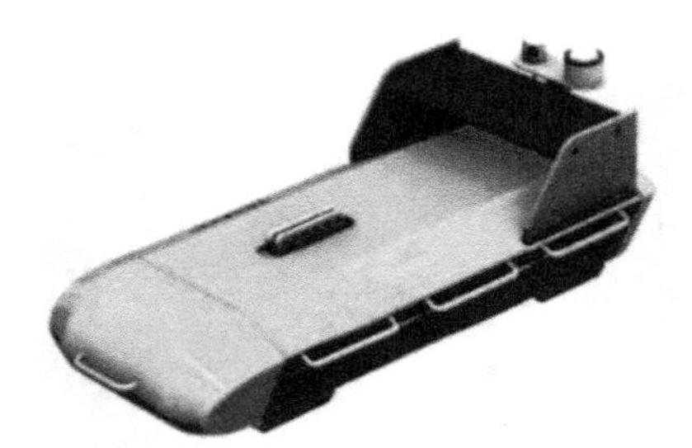

图 4-46　合成孔径声呐 SAMS

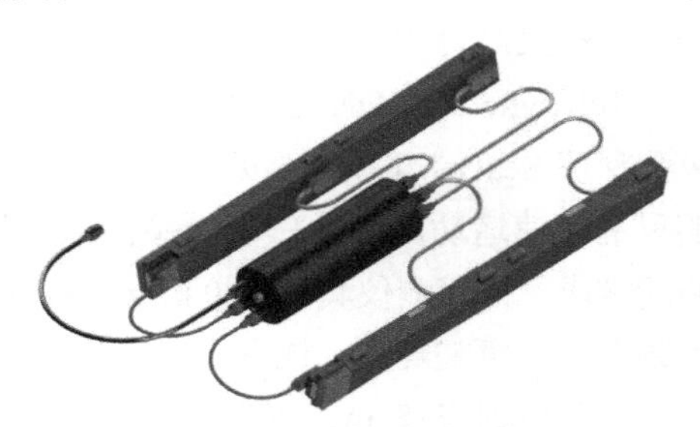

图 4-47　小型合成孔径声呐 MINSAS

4.3.8　水文监测传感器

1. 声学多普勒流速分析仪

声学多普勒流速分析仪（acoustic Doppler current profiler，ADCP）是用于测量水流速度的声呐系统。声学多普勒流速分析仪采用多普勒效应测量一定深度范围内的水流速度，能直接测出断面的流速剖面，具有不扰动流场、测试历时短、测速范围大等特点，广泛应用于海洋、河口的流场结构调查、流速和流量测试等。图 4-48 所示为一款典型的声学多普勒流速分析仪。

图 4-48　“瑞江”牌河流 ADCP

2. 浊度传感器

浊度传感器光源组件发出的白炽光在遇到水体样品中的悬浮颗粒后会产生散射光，采用光电检测器检测与入射光束呈 90°角的散射光作测试信号，根据该散射光强度就可判断水体样本的浊度。低量程浊度测量的最主要干扰是气泡，通过气泡消除系统可以去除样品中夹带的空气泡，以提高抗流速及压力干扰的误差。图 4-49 所示为一款典型的浊度传感器。

3. 光合有效辐射传感器

光在植物和农作物的生长中发挥着至关重要的作用。吸收的光（主要由叶绿素）驱动光合作用的进行，二氧化碳和水转化为葡萄糖和氧气，使用光的这个过程称为光合有效辐射。光合有效辐射传感器可以安装在无人艇上，获取完整的光合带图像，分析收集有关光辐照度的高度敏感数据。图 4-50 所示为一款典型的光合有效辐射传感器。

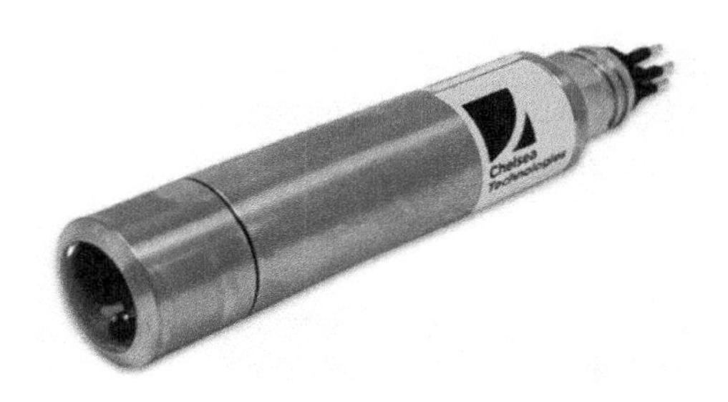

图 4-49　浊度传感器

图 4-50　光合有效辐射传感器

4. 藻华监测传感器

不同的藻类物种因其特定的颜料成分而具有不同的感应光谱。不同波长的荧光可以激发不同的藻类色素，从而检测不同类型的光合作用生物，如红藻、硅藻和蓝细菌。研究每种色素的相对浓度就可以提供有关藻类群落内存在的物种类型的信息，从而用于流域监测、藻类种群特征研究等任务。图 4-51 所示为一款典型的藻华监测传感器。

5. 多参数水质分析仪

多参数水质分析仪主要采用离子选择电极测量法来实现精确检测，测量指标包括 pH、氧化还原电位、温度、电导率、溶解氧、浊度、氨氮、蓝绿藻、叶绿素等。分析仪上一般配有 pH、氟、钠、钾、钙、镁等电极以及参考电极。每个电极都有一个离子选择膜，会与被测样本中的相应离子产生反应。离子选择膜是一种离子交换器，在与离子电荷发生反应后会改变膜电势，通过检测液、样本和膜间的电势便可判断相应的指标浓度值。水质数据与 GPS 定位数据相结合就可以很好地反映测量区域之内的整体水质状况和水质情况分布。图 4-52 所示为一款典型的多参数水质分析仪。

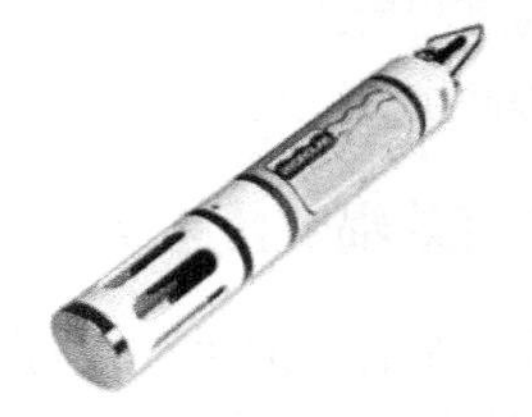

图 4-51　藻华监测传感器　图 4-52　HYDROLAB DS5X 多参数水质分析仪

6. 温盐深系统

温盐深系统也被称作 CTD 仪或温盐深仪，用于测量水体的电导率、温度及深度 3 个基本的水体物理参数。根据这 3 个参数，还可以计算出其他物理参数（如声速）。因此，温盐深系统是海洋及其他水体调查的必要设备。图 4-53 所示为一款典型的温盐深系统。

图 4-53　美国 Sea-bird 公司的温盐深系统

4.3.9　吊放绞车

吊放绞车可实现海水及沉积物采样器的吊放、原点锚定作业等功能。无人艇用的吊放绞车需要实现从人工操控到无人控制的技术升级，使吊放绞车具备无人操作功能，以适用于无人艇上使用。吊放绞车包括减速机、卷筒、缆绳、排绳滑块等。减速机连接绞车电机，卷筒上缠绕有缆绳，缆绳的出绳侧设有排绳滑块，缆绳穿过排绳滑块连接吊装设备；靠近出绳端的卷筒上方设有压绳装置，可以解决无人艇上小型绞车吊放取样器时缆绳的缠绕松弛、排列不整齐、相互挤压等问题，保障绞车吊放过程的顺利进行。图 4-54 所示为一款典型

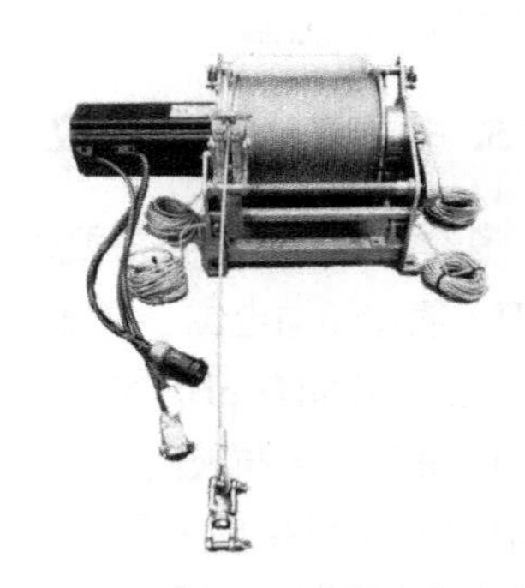

图 4-54　中船绿洲研制的电动吊放绞车

的电动吊放绞车。

4.4　无人系统任务载荷的未来发展趋势

无人系统的任务载荷正朝着多样化、小型化、模块化、集成化等方向发展。

1. 多样化

随着无人系统应用场景的不断拓展，任务载荷的种类更加多样，具备的能力也日益增长。任务载荷从早期的拍摄功能，逐渐发展到监控、巡视、架线、投放、通信、探测、消防、环境监测、科学实验等方面。可以预见，随着无人系统应用场景的不断发掘，任务载荷将会更加多样。

2. 小型化

目前，成熟的无人系统以轻小型为主，承载空间有限，所安装的任务载荷的体积、质量、功率等也受到相应限制。随着制造技术和工艺的不断成熟、制作材料也更加合理，无人系统的任务载荷向小型化发展是趋势。

3. 模块化

采用符合工业标准的开放式系统结构协议，对任务载荷进行模块化设计，将提高无人系统作为多功能平台的性能。当无人系统执行不同任务或升级传感器时，模块化能够迅速地重新安装各种传感器，以更好地满足执行特定任务的需要。

4. 集成化

在实际应用中，仅搭载单种任务载荷的无人系统无法满足复杂场景中多种任务的执行要求。为此，将多种载荷进行综合集成，以更经济的平台来执行任务是任务载荷发展的方向。同时，无人系统的载荷体积越来越小，质量越来越轻，也具备向集成化方向发展的基础。目前，已经有集成喇叭、探照灯、相机、投放装置、挂载板的多合一任务载荷，以及集成相机、轻小型 SAR、定位定姿系统及座架的一体化新型航测系统等产品面市。

第5章
无人系统的操控终端

无人系统操控终端是指对无人平台（集群）进行远程控制，并可根据需要部署在地面或舰船、飞机、潜艇等平台上的系统。操控终端可用于处理无人系统获取的数据，如图像、视频等，实现链路控制、载荷控制、航迹显示、参数显示、载荷信息显示、任务规划、任务分配、任务进程监视、路径规划、临机规划记录和分发等功能。在使用无人系统的过程中，操作人员负责复杂、高级的功能，如监视、控制、授权、在智能辅助系统辅助下快速做出决策等；操控终端负责传输视频、音频、指令、数据等，为操作人员提供一个“友好”的人机界面，帮助操作人员完成监视无人系统、任务载荷及通信设备的工作，方便操作人员完成各种任务。

无人系统经历了从遥控到半自主的发展历程，操控终端也随之不断演变。早期的操控终端采用电缆进行通信，遥控范围在视距之内。无人系统性能极大地依赖于操作人员和人机交互环节的相互作用，人机交互的功能和质量直接关系到操控终端能否高效、准确、安全地完成任务。随着技术进步，遥控距离实现了超视距，操控终端可以让操作人员更全面、准确、及时地获得包括视觉、力觉、触觉等感知信息在内的现场工作信息，以便操作人员能对现场作业情况做出及时、准确的判断，并发出相应的指挥、操作动作和命令，改善了可操作性。随着无人系统自主能力的不断提高，操控终端所提供的信息更加丰富，操作人员能够像在现场一样实时、准确地获得有关平台运动和环境状态的各种信息，并以更加方便、自然的方式与无人系统交互，降低了操作人员的负担。

5.1 操控终端的基本组成和功能

操控终端一般包含中央处理单元、平台控制系统、任务载荷控制系统、数据分发系统和网络通信系统，如图 5-1 所示。

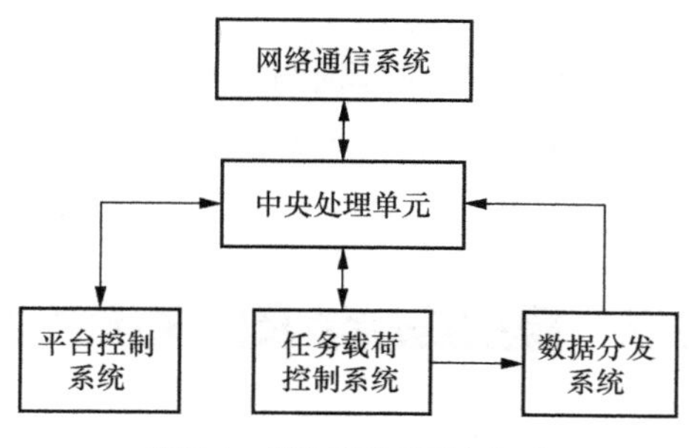

图 5-1　操控终端的基本组成

1. 中央处理单元

中央处理单元对操控终端进行统一协调，调配资源，并进行系统自检和故障诊断。通过网络通信系统，中央处理单元接收上级指挥控制中心发来的指令，或者控制数据分发系统将数据汇总上传。

2. 平台控制系统

平台控制系统规划路线让无人系统进行自主导航，或者直接采用遥控方式向无人系统发送控制指令。为了保障无人系统安全行驶的功能，尤其在通信出现故障的情况下，平台控制系统必须具有紧急停车的功能。平台控制系统还需要反馈无人系统的传感器数据、载体状态、环境信息等，便于操作人员及时了解无人系统的相关信息。

3. 任务载荷控制系统

任务载荷控制系统控制无人系统携带的任务载荷。例如，打开可见光摄像头或红外摄像头对目标区域进行搜索、识别、跟踪；打开激光测距仪对目标区域进行测距，并进行瞄准、打击。

4. 数据分发系统

数据分发系统通过任务载荷收集目标视频、声音、武器系统状态、火力打击效果等信息，并根据需要将这些信息和无人系统的状态、位置等信息结合在一起，转发到上一级指挥控制中心。

5. 网络通信系统

操控终端采用远距离、大带宽、短延时与高可靠性的通信系统，传输视频、语音、文字、图形、数据、指令等各种信息。网络通信系统通常采用无线方式进行传输。

5.2 操控终端涉及的关键技术

1. 地理信息技术

地理信息可以使操作人员根据需要随时选择显示区域的各种地理环境信息（包括查阅目标的信息），实时生成三维立体地形图，快速进行地形的量化和分析，为操作人员决策提供相应数据，如选择最佳行驶路线、计算距离和时间、量算坐标和方位角、确定完成各种任务的地域等。三维立体地形图需要具备缩放、测距、视图控制、分层设计、便于查询、易于交互等特点。

2. 通信技术

通信技术为操控终端与无人系统提供迅速、安全和可靠的通信保证，能够传输文字、数据、图形、图像、声音等各种信息。高带宽、短延时与高可靠的通信技术，可以使操控终端能够及时、准确地获取无人系统所处的环境信息。通信技术需要具备防止干扰与拦截、安全性、机动性管理、兼容性等能力。

3. 数据融合技术

采用配准、关联、相关、估计、分类与信息反馈等数据融合技术，对各类传感器所收集的大量信息和情报进行分析、处理、综合与决策，将可见光或热成像摄像头图像、激光雷达提供的距离信息、导航定位系统提供的目标和载体自身位置和姿态信息、车载地理信息、任务载荷状态信息、目标跟踪系统测定的目标的各种信息等进行处理，可提供更全面、精确的模型，在执行战场情报侦察、监视和目标捕获等任务时具有现实意义。

4. 人机交互技术

人机交互技术包括人通过输入设备给机器输入交互信息，机器通过输出或显示设备给人提供大量交互信息，最终实现人机互动。目前，人机交互技术已从传统的鼠标、键盘、手柄、操纵杆、触摸屏等发展到多通道用户界面，综合采用触摸、语音、手势、脑机接口等新的交互通道、设备和交互技术。人们可以利用这些技术以自然、并行、协作的方式进行人机交互，使得人机交互逐步贴近人们的自然交互习惯。

5. 界面设计技术

随着无人平台智能水平的提高和应用范围的扩大，操控终端也日益复杂，人机界面也面临诸如控制按钮多、布局不合理、操作复杂、容易引起误动作、自动化程度低、反应速度慢、人员容易疲劳等问题。提高界面设计技术可以改善操控终端的面貌，依靠信息共享、功能综合的途径，可达到简化结构、弱化矛盾、增强整体性的目的。

5.3 无人车的操控终端

按照应用方式和所控制无人车质量大小的不同，无人车的操控终端可以分为车载式操控终端、便携式操控终端、手持式操控终端、穿戴式操控终端等。

5.3.1 车载式操控终端

车载式操控终端具有待机时间长、通信距离远、显示屏幕大等特点，不仅可以采用触摸屏、按键和遥杆操控，还可以与手柄相结合进行操控，其功能更加强大，显示的信息量也更全面，主要应用在中型或重型无人车上。

车载式操控终端一般都配备操作人员的座席及控制台，具有大量通信设备。破碎机和黑骑士（Black Knight）均采用车载式操控终端。

破碎机重 6.5 t，上面安装了摄像机阵列，用于拍摄周围环境，能够提供 202°×31°的视场。操控终端安装在一个车载控制室里，4 个高分辨率显示器环绕在驾驶员周围，每个显示器单独显示一路摄像机图像，如图 5-2 所示。操控终端和破碎机通过光纤连接。驾驶员通过转向盘和脚踏板对它进行控制。

图 5-2　破碎机的操控终端

黑骑士是一款质量为 12 t、可以用 C-130 运输机运输的无人车。它的操控终端安装在一辆装甲车上。图 5-3 所示为黑骑士操控终端的主要人机接口，其上方是一个综合信息显示屏，可以显示无人车的位置、路径、代价地图，以及获得无人车的速度和方位；下方是一个操控计算机，主要用于远程遥控驾驶，显示屏采用触摸屏。整套操控终端没有键盘和鼠标。黑骑士采用类似于电子游戏中的手柄进行操控，在侦察模式下，操作人员可以使用手柄来控制黑骑士的侦察摄像头方向和转向速度。

图 5-3　黑骑士操控终端的主要人机接口

操作人员从两块显示屏获取车辆和环境信息，并采用手柄对车辆进行操控。手柄上的数十个按键，可实现对黑骑士上各部件的精确控制。例如，手柄直接控制车辆行驶控制组件，可完成行驶、转向、倒车等操作。在需要进行侦察或监视时，则将触摸屏切换到炮塔顶端的广域摄像头，采用手柄控制其转向的角速度和俯仰角度，从而精确指向目标并进行监视。当出现问题时，下方的操控计算机会闪烁警告信号，操作人员可以中止当前操作或者忽略警告继续操作。

5.3.2　便携式操控终端

便携式操控终端多采用触摸屏、按键、摇杆等进行组合操控，实现对无人车的控制。其具有轻便、小巧、易携带的特点，但同时也存在显示屏幕小、强光下不易辨识等缺点。因此，该操控终端适用于信息不大、功能相对单一、近距离的轻型或小型无人车的操控，此外也可以用于大型无人车的应急备份操控。便携式操控终端一般需要具有高亮度的显示屏，以适应野外强光环境使用，同时指令按键应采用防误操作按键，以保证指令的正确性。

iRobot 公司的 710 型移动机器人具有多种任务功能模块和超强的能力。它的操控终端由军用笔记本计算机和手柄组成，可以控制机器人执行多种任务，如穿越恶劣地形、攀爬楼梯等，如图 5-4 所示。

图 5-4　iRobot 公司的 710 型移动机器人及其操控终端

iRobot 公司的 Packbot 510 是一款便携式的移动机器人，机器人和用户通过 Wi-Fi 进行通信。Packbot 510 随机配置的标准操控终端包括 1 台笔记本计算机、1 个操纵杆和 1 个控制红外灯光、缩放、速度及摄像机的键盘。操控终端可以显示电池剩余电量、电机温度、罗盘指向、GPS 位置、滚转和俯仰角度，如图 5-5 所示。

图 5-5　iRobot 公司的 Packbot 510 移动机器人及操控终端

5.3.3 手持式操控终端

手持式操控终端可以放在手掌上执行无人车的操控任务，一般采用通用的掌上平台，如手机、平板计算机等，通信、显示和人机接口都使用掌上平台通用的模块，在此基础上开发相应的操控软件。

2015 年，iRobot 公司推出了 uPoint 多机器人控制系统，其操作界面如图 5-6 所示。它是一款 Android 应用软件，是该公司国防和安全机器人产品线的通用控制系统，可以控制该公司旗下的所有国防和安全机器人。操作人员在系统操作界面上点击目标地点，机器人就会向目标移动。该系统易于使用，可以安装在带有触摸屏的平板计算机上，使用平板计算机来控制机器人。uPoint 多机器人控制系统能随时显示机器人自带摄像头捕捉到的画面，这些画面以及各种传感数据都可以随时分享给不同地区的人们。

图 5-6 uPoint 多机器人控制系统的操作界面

uPoint 多机器人控制系统有以下功能。

（1）虚拟操纵杆允许操作人员触摸和拖动主视频源上的任意位置以操纵机器人移动。

（2）预测性传动线可帮助指导操作人员穿越狭窄区域。

（3）自主驾驶模式包括用于保持所需航向的矢量驱动。

（4）可通过直接控制虚拟模型上的手臂来简化操作。

（5）与其他团队成员或远程观察员进行数据共享。

（6）在同一平板计算机上可轻松切换控制附近不同的机器人。

（7）捕获视频并将其上传到云端，可以在其中管理、检索和共享文件。

（8）借助远程软件更新，嵌入培训教程和内置维护功能，增强了产品的维护能力。

（9）能够从 Android 设备执行重要任务，包括查阅参考资料、检查电子邮件以及使用其他与机器人无关的任务应用程序。

（10）具备智能通信网络系统，具有自动摆脱拥挤频率的能力，可使机器人、操作人员和观察员无缝协同工作。

5.3.4 穿戴式操控终端

与便携式操控终端和车载式操控终端相比，穿戴式操控终端具有独特的优势：

一是将眼罩、背包等作为承载平台，配装头戴显示器，配合手柄使用，操控终端在体积、质量方面大大减小，方便携行；二是利用头盔显示器操控方式，可将操作人员的双手解放出来从事更为重要的工作。

iRobot 公司开发了一种穿戴式操控终端，如图 5-7 所示。该终端是基于一台 650 MHz 超低容量的赛扬计算机开发，其中包括一张小的用于替代硬盘的 Flash 存储卡，一个小的光学 SV-6 眼视监视器，一个罗技无线游戏手柄。整套系统可以集成在背心里。

美国福斯特 · 米勒公司的模块化先进武装机器人系统（modular advanced armed robotic system，MAARS）采用了头盔式操控终端，如图 5-8 所示。利用该终端，士兵可从头戴单目镜中看到无人作战装备拍摄到的影像。士兵的头部转向一个方向时，装在无人作战装备上的摄像机就会转向同一个方向，即由头部的转向控制摄像机的转动，从而使士兵腾出双手，使用非常方便。

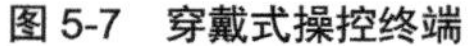

图 5-7　穿戴式操控终端

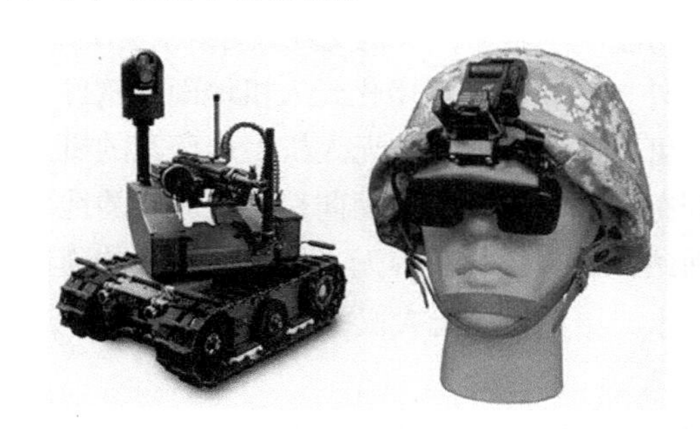

图 5-8　头盔式操控终端

法国萨基姆公司推出的无人车也应用了头盔式操控终端。该终端以头盔显示系统为基础，主要结构包括内置运动检测器的头盔式装置、语音传输的骨导器件以及双目显示器。无人车的行驶仍采用传统的操纵杆遥控，但车上的小型摄像机则通过操作人员的头部运动进行控制，使其可以随着操作人员头部转动，操作人员可通过头盔显示器观察周边情况。

5.4　无人机地面站

无人机地面站又叫无人机控制站，是整个无人机的指挥控制中心，具有对无人机飞行平台和任务载荷进行操纵、监控的能力。根据技术难度、任务需求及系统的复杂程度不同，无人机地面站可分为军用级无人机地面站、行业级无人机地面站、消费级无人机地面站以及通用化无人机地面站软件。

军用级无人机地面站技术难度大，可完成情报侦察、军事打击、信息对抗、通信中继、后勤保障等多种高级功能，研发成本高。

行业级无人机地面站在公共安全、环境保护、林业防护、通信中继、交通管理、气象服务等多领域发挥着举足轻重的作用。行业级无人机地面站具备军用级无人机地面站的一些优点，如强调功能的多样性、系统的高可靠性、操控的冗余性等。通常，行业级无人机地面站的模块化程度高，并且可控制多种有效载荷，其复杂程度比消费级无人机地面站更高，能够实现消费级无人机地面站的绝大多数功能。

消费级无人机地面站多以航拍功能为主，强调的是航拍功能的稳定性，功能较为单一，通常使用个人计算机或者便携设备即可实现对无人机的操作，整个地面站的功能简单明了，人机交互人性化，用户体验良好。

此外，还有一类通用化无人机地面站软件，通常由无人机厂商之外的第三方开发，可以兼容多种主流无人机生产厂家的机型，下载软件可以直接使用。这类软件既有功能相对简单的面向消费级应用的地面站，又有功能丰富面向专业应用的地面站，甚至还有兼容无人机和无人车的通用地面站。作为专注开发通用地面站的厂家，更加重视无人机的互操作性。

5.4.1 军用级无人机地面站

Block 50 地面站由通用原子航空系统公司研发，主要用于远程操控无人机，如图 5-9 所示。Block 50 地面站采用玻璃座舱设计，任务信息显示清晰，减轻了无人机操作人员的工作负担，提升了任务的执行效率；具有模块化设计和标准的定义语言；增加了可现场更换单元的数量，减少了维修时间；换装了高安全级别的综合通信系统，可通过升级的网络设施与分布全球的地面控制站进行信息共享，以提升态势感知能力。Block 50 地面站可以对 MQ-9 无人机的飞行进行控制，支持对 MQ-9 无人机所有传感器和附加有效载荷的控制，改进的通用作战图和显示技术大大提高了

图 5-9　通用原子航空系统公司的 Block 50 地面站

态势感知能力，可以帮助操作人员更迅捷、更轻松地识别潜在危险，快速做出决策。Block 50 地面站有利于减少人力需求并支持在复杂操作环境中执行任务。

通用原子航空系统公司开发的便携式无人机地面站是一款坚固耐用的小型地面站，能够执行飞行前和飞行后的所有操作，如图 5-10 所示。它以功能齐全、结构紧凑且经济高效的解决方案代替了标准的飞机维护和控制地面站，可随身携带并进行低空部署。便携式无人机地面站具有 3 个带疏油涂层的 24 in（1 in≈2.54 cm）触摸屏显示器，其 USB 手柄控制器和触摸屏取代了大型地面控制站中标准操纵杆和油门控制台，可以在–10～60 °C 的温度范围内稳定运行。基于卫星通信自动滑行、起飞、着陆能力，便携式无人机地面站可控制无人机在世界任何地方进行滑行、发射和回收。

图 5-10　通用原子航空系统公司的便携式无人机地面站

通用原子航空系统公司还提供了基于笔记本计算机的无人机地面站（见图 5-11），可以用于控制“灰鹰”无人机，大大减轻了安装、运输和操作后勤负担。地面站上的指挥控制软件可以控制“灰鹰”无人机的飞行前检查、滑行、起飞、着陆、健康和状态监控。地面站软件应用程序减少了操作人员的工作量，并优化了操作人员的操控步骤，从而使操作人员能够专注于作战任务，满足了陆军“有监督的自主权”的要求，使陆军在执行多域作战任务时更具有灵活性。

图 5-11　通用原子航空系统公司基于笔记本计算机的无人机地面站

美国 AeroVironment 公司推出的 Crysalis 无人机地面站（见图 5-12），通过直观的用户体验简化了兼容无人机及其有效载荷的指挥和控制。围绕 3 个核心元素——软件、硬件和天线，Crysalis 完全采用模块化设计。作为一款军用级无人机地面站，Crysalis 无人机地面站与战场指挥控制系统高度集成，可兼容战场管理应用程序，以适应日益复杂的以网络为中心的战场。Crysalis 无人机地面站跨平台兼容 Windows、Linux 和 Android 操作系统，并有多种配置方案可供选择，从轻型、可穿戴到模块化、可扩展的移动及固定指挥中心系统等。例如，通过在智能手机配置的虚拟控制或触觉操纵杆，可实现对无人机和有效载荷的完全控制。

图 5-12　Crysalis 无人机地面站

5.4.2　行业级无人机地面站

Visionair 是由西班牙 UAV Navigation 公司开发的标准地面控制站软件，用于配置、规划、执行无人机飞行任务，能够与大多数无人机导航自动驾驶仪兼容，也能与实时动态测量系统兼容，极大地增加了导航的精度。该软件适用于控制固定翼、直升机以及多旋翼无人飞行器，主要有自动、手动、保持、返回等多种飞行模式。对于高性能的无人机，该软件能够借助先进的雷达高度计实现将高度保持在水面 7 m 的低空掠海模式，能够实现无人机的全自主起飞及着陆，兼容多种自定义数字地图。当在指定空域执行作物喷洒、搜索救援等任务时，Visionair 能够自动生成最多 100 个航点。

为了便于手动控制无人机，UAV Navigation 公司还提供了 R/C 型操纵杆，如图 5-13 所示。操纵杆具有万向节并安装在坚固的铝制外壳中。面板上的 3 个

图 5-13　R/C 型操纵杆

用户可配置的开关便于操作人员手动控制无人机，如相机快门释放、目标烟雾展开等。操纵杆完全独立于地面站计算机工作，从而增强了地面站出现故障时的无人机飞行的安全性。

Desert Rotor 公司提供的便携式无人机地面站（见图 5-14），与大多数固定翼或多旋翼无人机和许多无人机自动驾驶仪兼容。12PCX HOTAS HD地面站基于英特尔处理器的便携式计算机构建，是一个高度模块化、集成化的专业地面站。该地面站具有双 Ultra HD 1900×1200 LCD 显示器，在阳光下完全可见，并且能够快速地更换视频接收器、天线、RF 发射器、数字调制解调器甚至嵌入式计算机等组件。人机接口包括按钮、开关、拨盘和操纵杆等。该地面站使用的模拟 PPM 无线电（如 TBS Crossfire、DragonLink 或 RFD）或数字无线电（如 Silvus、Microhard），可以与大多数无人机和自动驾驶系统通信。通过该地面站也可以在多种型号无人机之间进行切换，从而控制多个无人机。

图 5-14　Desert Rotor 公司的便携式无人机地面站

希腊 Spartan 无人机公司推出的 NEMESiS 地面站（见图 5-15）是一款集成度很高的便携式无人机地面站。它将所有必需的传感器集成到一个平板计算机的传感器支架中，上方安装了可平移/倾斜转动的天线，下方微型高精度高扭矩的电机可以使天线始终指向无人机，以确保获得良好的通信信号。该地面站还可以采用手动模式，允许通过使用地面站软件上的图标，将天线指向任何位置。地面站采用的高增益 13dBi Fat Shark RHCP 天线，使通信链路的质量提高了 4 倍，地面站也可以接收几千米外无人机清晰的视频，并进行无中断和无差错的控制。

NEMESiS 地面站主要有以下几种操作模式。

（1）手动模式：通过操纵杆控制无人机的飞行路径和摄像头功能。

（2）自动模式：无人机将按照预先设置的任务配置文件，上传到无人机自动驾驶仪中，自动执行飞行任务。

（3）跟随模式：无人机将跟随地面站移动。

（4）引导模式：单击三维地图上的位置，无人机将飞行到该位置并在此处绕飞。

（5）视频选择模式：操作人员在视频图像上选择出现的某个物体，那么无人机将自动飞行至该物体附近。

（6）信标飞行模式：此模式（见图 5-16）主要用于“搜索和救援”操作，尤其希望查找到失踪人员、丢失物体时等场合下使用。配备有手持式位置信标的失踪人员可以通过激活信标来发送其当前位置，无人机将在几千米之外接收信标并飞向失踪人员。

图 5-15　NEMESiS 地面站

图 5-16　信标飞行模式

（7）激光跟踪模式：该模式（见图 5-17）可以使无人机飞行到激光指示仪指定的目标附近。这种模式简化了无人机视觉图像处理能力要求。

（8）雷达飞行模式：该模式（见图 5-18）由便携式雷达检测目标，无人机飞向该目标。

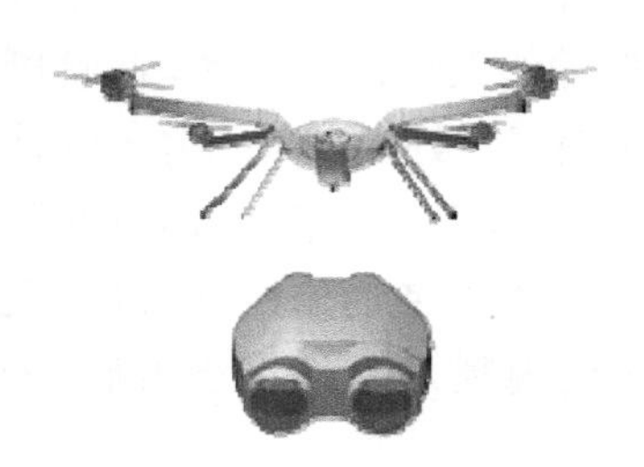

图 5-17　激光跟踪模式

图 5-18　雷达飞行模式

致导科技公司发布的 SPACE V3D 无人机地面站软件带来了三维人机交互新体验。SPACE V3D 保留了完全自由的航线规划功能，以满足一些复杂的无人机测绘、编队、表演等任务需求；通过引入辅助显示元素，SPACE V3D 能在三维视角下实现精准位置点选，让自由任务规划变得简单快捷；SPACE V3D 支持二维/三维模式切换，可适应多种任务规划场景；SPACE V3D 支持 KML 作业区域快速导入、区域/带状/巡检扫描航线一键生成，在地势较为复杂的区域作业时，可将扫描航线一键转换为仿地航线，保证安全飞行的同时，大幅提高作业成果质量；在自由视角的基础上，SPACE V3D 增加了跟随、俯视、侧视视角，确保每一位无人机操作员都能找到合适的观察和操作视角，使操作员直观感受无人机高度姿态变化，查看航线高程信息，及时发现飞行异常，快速部署应急方案；无人机降落时，若无人机与降落点偏差较大，则 SPACE V3D 会自动弹出辅助降落界面；SPACE V3D 可导入高精度三维地图模型意味着支持厘米级甚至更高的高程精度，基于该功能可实现高精度激光雷达仿地飞行任务。

5.4.3 消费级无人机地面站

DJI GS Pro 地面站是一款无人机操作及综合管理的 iPad 端应用程序。通过直观简易的交互设计，用户只需轻点屏幕，就能轻松规划复杂航线任务，实现全自动航点飞行作业。虚拟护栏功能保障飞行安全，数据云端存储功能保障数据安全。DJI GS Pro 地面站支持测绘航拍区域模式和环绕模式。

在区域模式下，DJI GS Pro 地面站能根据用户设定的飞行区域以及无人机相机参数，智能规划飞行航线，执行航拍任务，并支持将航线任务保存至本地。飞行区域由用户自由设定，可以为任意多边形，也可以事先起飞无人机，以无人机的实际位置划定飞行区域范围。DJI GS Pro 地面站支持自行设置图片重复率比例、飞行高度、相机朝向（垂直于主航线或平行于主航线）、飞行航线角度、边距、悬停拍照或边飞边拍等飞行动作及参数，支持区内模式和扫描模式两种主航线生成模式。区内模式可以使飞行器在指定区域内，按照经过智能规划的航线飞行，且在飞行过程中不会越过区域边界；扫描模式下，DJI GS Pro 地面站则根据指定区域直接生成飞行路线。

在环绕模式下，用户选中地图中的建筑物，设定主航线与建筑物的距离，DJI GS Pro 地面站会根据设定好的距离智能规划飞行速度、拍照间隔等参数，随后，无人机环绕建筑物进行拍摄。拍摄好的照片被导入计算机的三维重建软件，最终生成建筑物的完整三维视图。

5.4.4 通用化无人机地面站软件

Mission Planner 地面站是一款基于 Mavlink 通信协议的开源地面站软件，使用 C#语言编写，只能在 Windows 下运行。Mission Planner 由 Michael Oborne 开发，支持多种无人系统，如固定翼无人机、多旋翼无人机以及无人车等。Mission Planner 地面站的功能十分全面，既可以让普通用户对无人机进行简便的操控，也可以供专业人员对飞控的复杂参数进行调试。Mission Planner 地面站可以实时监测并显示无人机的飞行参数、定位信息以及航迹等，还支持一套系统控制多架无人机。Mission Planner 地面站通过 Xbee 无线数传电台与无人机相连时，控制距离超过 1600 m。

QGroundControl 又叫 QGC 地面站，是一个开源的地面站软件，主要用 Qt 语言编写，支持 Windows、Linux、Android、iOS、OSX 等跨平台应用。QGC 地面站支持 PX4、PIXHAWK 或 MAVLink 协议兼容的任何自动驾驶仪，可以完整配置 ArduPilot、PX4 Pro 等飞控系统。QGC 地面站能够显示飞行地图、位置、飞行轨迹、路径点和仪表，以及仪器显示屏覆盖的视频流，为无人机提供飞行控制、任务规划等功能，也支持管理多架无人机。QGC 地面站操作界面采用 QML 语言编写。QML 语言具有硬件加速功能，这是低功耗设备（如平板计算机或手机）的一项关键功能，能够轻松地创建一个 QGC 地面站操作界面，使其能够适应不同的屏幕尺寸和分辨率。

拉脱维亚 SPH 工程公司是一家集无人机任务规划、飞行控制软件和无人机集成于一体的服务提供商。该公司于 2013 年在拉脱维亚成立，现已从单一产品 UgCS 发展成为多种无人机解决方案。SPH 公司推出了 4 个关键产品线：任务规划和飞行控制软件 UgCS；集成来自不同制造商的传感器的 UgCS 机载集成系统；用于管理无人机群飞行的软件 Drone Show；用于处理和分析地理空间数据的人工智能平台 ATLAS。

UgCS 是商业级无人机地面站的通信控制软件，包括可用于无人机土地测量和工业检查的安全高效的工具集以及兼容 Mavlink 协议的 Pixhawk/APM 飞控系统。UgCS 中的遥测数据窗口可以显示遥测数据、电池电量、无线电链路、GPS 信号质量、当前航向、速度、高度等，可以设置路径参数、摄像机姿态、摄像机触发模式、转弯类型等。UgCS 支持手动和自动的飞行模式。手动飞行模式允许使用遥控器控制无人机。自动飞行模式在创建飞行计划并将其上传到自动驾驶仪后即可使用。对于多无人机，UgCS 还支持一键起飞和操纵杆控制的飞行模式。

UgCS 可以实现身临其境的三维环境任务规划，能够自定义规划禁飞区，并可以借助谷歌地球（Google Earth）根据所有任务航点的海拔高度确定更加细致的飞行计划。UgCS 的模块化设计允许软件的不同功能在不同的设备上运行，支持一个地面站检测现场有多个操作人员实现操作。

UgCS 可在地形跟踪模式下进行任务规划，使超低空飞行器能够自动保持高于地面的相对恒定高度。UgCS 具有自动化的无人机任务规划功能，内置摄影测量和地理标记工具，可以导入数字高程模型和 KML 文件实现地图定制。长途飞行电池更换选项使 UgCS 成为大面积测量的有效解决方案。UgCS 搭载任务规划器，具有类似于谷歌地球的三维界面，可用于无人机任务规划，从而实现更轻松的环境导航。此外，UgCS 三维任务规划环境提供了更强的控制功能，允许用户从所有角度查看已创建的飞行计划。UgCS 提供了简单易用的航空勘测和地图绘制工具。其中，区域扫描和摄影测量工具会自动根据设置的飞行路径，调整“区域扫描”和“摄影测量”参数，如 GSD、重叠或所需的海拔高度等；垂直扫描工具可用于规划垂直平面，指定距离墙的距离以及侧面和正面的重叠距离，自动计算最佳飞行路径。

UgCS 还有内置的软件模拟器，可以在将飞行计划上传到真实无人机之前先在模拟器中测试 UgCS 的各种功能和设置。

UgCS 允许用户同时查看多个视频流和带有无人机实际坐标的任务地形三维地图。移动操控中心的建立不需要任何大型设备，只需要两台笔记本计算机和一台路由器即可。

5.5　无人艇的操控终端

按照使用方式的不同，无人艇操控终端可分为固定式控制基站、便携式操控终端和手持式遥控器 3 种。

5.5.1　固定式控制基站

无人艇行驶至远海，并进行海上作业时，需要远海或远距离的操控，固定式控制基站应运而生。固定式控制基站体积较大、功能多样，可以满足无人艇远程、复杂的操控需求，能够部署在岸基指挥中心以及母舰、移动车辆等上面。固定式控制基站通常具有航路规划、智能决策、指挥控制、电子地图显示、状态监控等功能。无人艇的实时航向、位置以及相关载荷的重要信息都可以通过网络回传到固定式控制基站并显示。固定式控制基站的控制指令也通过网络实时发送给无人艇，以实现对无人艇的控制操作。图 5-19 所示为一款典型的无人艇固定式控制基站。

图 5-19　珠海云洲公司的无人艇固定式控制基站

该控制基站界面的功能有：能够显示航海区域的海图；确定起点和终点位置后能进行自主航路规划，输出航路文件；在海图上自动显示无人艇的航行轨迹；在海图上显示探测到的雷达目标、船舶自动识别系统目标；航路上面显示经纬度以及各种提示信息；显示导航雷达图像、周围目标、关注目标等；显示光电摄像头视频图像，以及无人艇速度、姿态信息；具有无人艇启动、检测能力；可以以遥控、自主方式控制无人艇出港、入港；能对无人艇发动机、电源管理、电气系统、航行状态等进行实时监控，出现故障能进行自动报警。

5.5.2　便携式操控终端

便携式操控终端通常基于便携式计算机开发而成。相对于固定式控制基站，便携式操控终端体积较小、质量较轻，便于携带使用，适于无人艇在中近程距离的操控。便携式操控终端能实现固定式控制基站的大部分功能，如自主、半自主、遥控等多种操控方式，能实时显示视频、接收遥测数据、操作任务载荷、配置通信系统等。

ForTechnologies 公司开发的 C2 Pro 移动式无人艇控制站（见图 5-20）是一款多功能无人艇便携式操控终端。操作人员通过该终端可以规划自主导航路线并上传到无人艇，访问导航地图、发动机数据和诊断信息，控制艇上有效载荷系统。

图 5-20 ForTechnologies 公司的 C2 Pro 移动式无人艇控制站

5.5.3 手持式遥控器

当无人艇通信距离较近或者遇到障碍物而自动驾驶系统不能及时识别时，就需要采用手持式遥控器对无人艇进行手动驾驶。手持式遥控器有枪式遥控器、智能遥控器等。枪式遥控器（见图 5-21）可以在视距内进行控制，在设计上大多采用单向传输的模式，即只能通过数据上行来对无人船的油门、航向和驾驶模式进行操控，部分枪式遥控器可以显示电量、油门等状态信息。智能遥控器可以在近场条件下控制无人艇行驶，显示无人船工作状态，完成采样监测、暗管探测等任务。手持式遥控器的缺点是功能较为单一，通信能力一般小于 500 m，缺乏远距离超视距操控的能力。

图 5-21 珠海云洲公司的枪式遥控器

英国 Dynautics 公司是一家智能船用电子产品开发商，该公司推出的 SPECTRE 操纵杆（见图 5-22）主要用于控制小型无人艇。该操纵杆可与该公司的所有自动驾驶仪相连接。操纵杆配置了 7 个符合美军标准的连接器用于串行、模拟和数字 I/O 信号传输，以及点火、电子油门、前面板、转向等控制信号。该操纵杆的有效通信距离通常小于 400 m。

任何手持式遥控器都需要具备的一个重要功能是当操作人员失误或遥控器不慎跌落地面时，操控旋钮不能出现误动作，即无人艇绝不能失控。珠海云洲公司设计的加固遥控器（见图 5-23）就可以防止跌落时出现误动作。该遥控器包括壳体、操控按钮组件以及手柄。壳体包括上壳和底板，上壳和底板相对安装形成容置腔，操控按钮组件部分位于容置腔内且部分从上壳的表面突出，手柄分别固定安装于上壳表面的两侧并位于操控按钮组件的侧边，手柄的上表面高于操控按钮组件的上表面。通过在壳体的两侧设置高度高于操控按钮组件的手柄，就能够遮挡和防护操控按钮组件，操作人员手持该遥控器时不容易发生误操作，即使该遥控器不慎掉落地面，也不会发生操控按钮组件的误操作情况，使遥控器始终处于正常操控状态，进而有效确保无人艇的正常工作。

图 5-22　SPECTRE 操纵杆

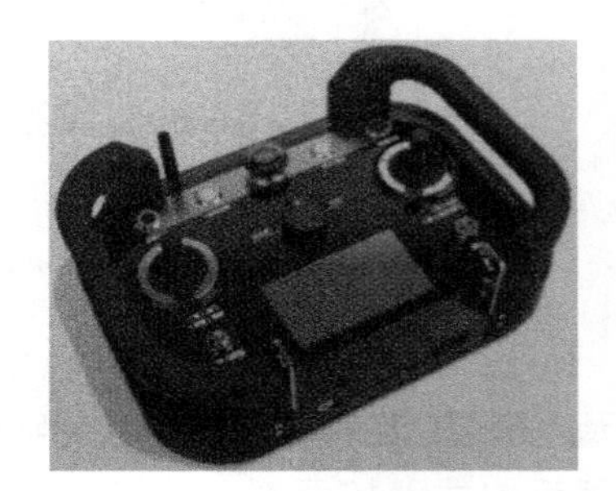

图 5-23　加固遥控器

5.6　多平台集群操控终端

未来，无人机、无人车、无人艇等无人系统将大量应用，因此对无人系统进行智能化控制和协同运用的需求日趋强烈。提升多无人系统协同控制和管理能力，发展无人系统间跨域协同通信和指挥控制能力，已成为未来亟待突破的瓶颈和必须解决的关键问题。多平台协同控制技术是在单人控制平台的基础上，以相互协同的集群控制方式控制同时分布在陆、海、空等多个领域的多平台集群完成任务，实现多系统在时间、空间、模式、任务等多维度上的有效协同，最终形成目标探测、跟踪识别、智能决策、自主控制和效能评估的完整链条。在此背景下，跨域异构的多平台集群操控终端不断涌现出来，促使无人平台相互协作、更加高效地完成任务。

5.6.1 无人机集群控制系统

为控制多无人机协同执行任务，美国智能信息流技术公司（Smart Information Flow Technologies，SIFT）开发了协同和应急规划监控（supervisory control for collaboration and contingency delegation，SuperC3DE）系统。这是一个具有自主辅助决策能力的无人机集群协同监控系统，具有人机交互和智能决策辅助工具。它提供了综合多视角的人机界面，使操作人员能同时有效地指挥和监督无人机编队，并为其提供辅助决策功能。

SuperC3DE系统采用基于地图视图的用户界面设计，直观全面地通过各种动态显示块展现飞行器状态、位置、航迹、威胁情况等信息，降低了大量无人机战时的界面复杂度，并可随时检索可执行的信息，让操作人员清晰阅览界面并全面掌控战场整体态势。

SuperC3DE系统采用Ansible Playbook交互机制，可预设起飞、盘旋等行动方案，同时也可以使用语音交互，简化操作，提高人机之间的信任度。人机之间的交互可以通过各种支持输入和输出的媒介（包括语音、触摸、操纵杆、键盘和鼠标等）实现。为提高人机交互灵活性，满足不同级别的控制模式，智能信息流技术公司开发了“纯手动”“航迹”“简单命令”和“复杂任务”4种任务输入模式。纯手动输入模式要求操作人员不管先前已经授权何种行动都能够随时手动控制任何一架无人机；航迹输入模式根据当前的无人机信息（如位置、高度、速度、航向等），为无人机设置特定的未来路线，进行战术“预飞行”；简单命令输入模式主要用于快速语言交互，同时提供鼠标等操作，适用于快速命令的下达和修正；复杂任务输入模式具有最高的自主级别，操作人员只需下达任务命令，人机交互系统就会自动将任务委托给任务分析规划组件模块，从而最大限度地减少操作人员的工作量。

SuperC3DE系统还提供了应急规划评估（SCOPE）工具对实时任务进行风险评估和方案优化，以增强无人机通信在受限环境下的自主应变能力。SCOPE工具可以自主对外部输入信息（规划方案、任务命令、环境状态等）进行分析和风险预估，预测可能导致任务失败的突发情况，随后识别初始任务条件和环境的变化并形成反馈，迭代生成优化方案，并将优化方案与操作人员和无人机实时共享。即使在通信受限情况下，无人机也能根据共享的优化方案自主应对突发状况，从而提高无人机集群在变化环境中的生存能力和安全性。同时，SCOPE 工具还可以让操作人员在通信受限时判断态势演变情况，并结合优化方案进行应急决策，以快速应对通信恢复后的情况。

据统计，4 架无人机编队执行任务时，一个操作人员在不使用 SuperC3DE 系统的情况下完成某任务的时间为 23 min，在使用 SuperC3DE 系统执行相同任务时只需 5 ~ 8 min。因此，采用 SuperC3DE 系统后，无人机集群通过任务优化方案能较好应对突发威胁，且操作人员的工作量和工作时间减少了 65% ~ 78%，显著地提高了效率。

中国电科 UCCS-3000 无人机指挥控制系统（见图 5-24）具备态势共享集成、协同计划调度、统一远程指挥、多域情报处理融合等能力，可为无人机系统的整体作战效能提升以及无人机的体系化作战运用提供助力。

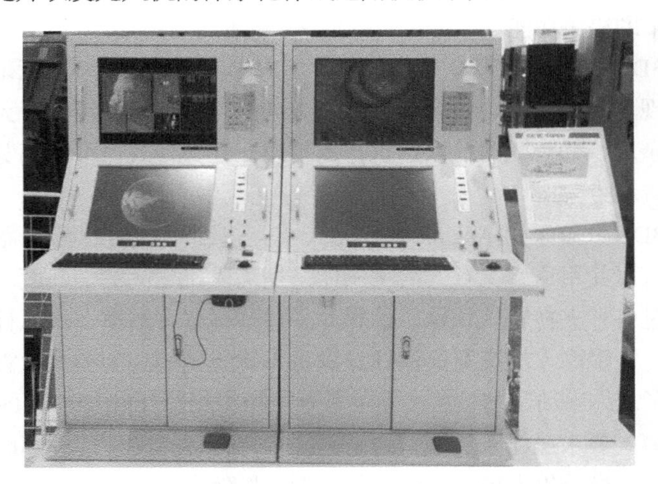

图 5-24 中国电科 UCCS-3000 无人机指挥控制系统

以色列无人机解决方案提供商 High Lander 提供的纯无人机控制软件平台解决方案——任务控制系统（mission control system，MCS），可对无人机进行协调一致的空中连续性、自主飞行和智能空域控制。该控制系统具有根据需要进行智能反应和重新安排无人机的能力，从而实现对数十、数百或数千架无人机的控制。该解决方案使操作人员可以使用实时设备报告和遥测技术来自主管理无人机机队，同时通过任务控制运营中心仪表板执行起飞和着陆、路线规划以及其他关键任务。任务控制系统的定制实时连接生成功能，还可以为现场人员提供无人机视频摘要的即时视图，为搜索和救援任务提供快速帮助。该解决方案也是测量和制图操作的理想选择，为用户提供了改进的“路径”模式和“建模与制图”模式。路径模式下可设置多个航路点、遥测和有效载荷的自动化计划等；建模与制图模式下可以使用无人机的精确 GPS 坐标功能对区域进行详细测量，并有效地创建二维地图和三维模型。

5.6.2 空地异构无人平台控制系统

战斧机器人技术公司（Tomahawk Robotics）开发了可用于无人机和无人车的通用控制系统，如图 5-25 所示。该系统的硬件是 Persistent 系统公司的 MPU5 电台（一款基于智能手机的电台），全面支持移动自组织网络，并具有触摸屏界面以及操纵杆、游戏手柄按钮，尺寸与商用智能手机的大小相当。运行在 MPU5 电台上的应用软件 Kinesis 是一款基于 Android 的通用控制应用程序，可与所有空中和地面无人系统完全集成。

图 5-25　战斧机器人技术公司的通用控制系统

Kinesis 是专为多域操作而构建的通用控制解决方案。Kinesis 的功能集成在一个跨平台的体系架构中，以实现对不同平台的无缝控制。它能够与多个构建在不同体系结构上的无人系统进行通信，并且可以在同一个界面上查看它们。Kinesis 兼容 MANET 数据链路和 TAK/ATAK 完全集成的无人系统，可以在多域场景中同时控制多个不同的无人系统。Kinesis 网络上的所有用户都可以请求或释放对各种系统及其各自有效负载的控制。这允许两个用户协调对单个无人系统进行控制（例如，一个用户控制无人机飞行计划，而一个用户控制传感器球）。

Kinesis TAK 插件可与军用和民用版本的 TAK/ATAK/DSA 一起使用。Kinesis TAK 插件使非 Kinesis 用户可以访问情报、监视、侦察信息摘要和其他已连接无人系统的地理位置数据，以及在网络上配置无人值守的摄像机/传感器。

作为Kinesis生态系统的扩展而构建的KxM为Kinesis提供了一个加固式的扩展平台，可以为所有连接的无人系统传感器获取的视频、图像、语音等进行边缘计算处理。通过终端用户设备的“重用”，可实现通用控制和轻巧、可配置、可穿戴的TAK服务器，减轻士兵负担。

Kinesis目前已经可以兼容多种军用和民用无人系统。在军用领域，支持的军用无人机有派诺特公司的ANAFI USA无人机、Skydio公司的X2D无人机、AeroVironment公司的Puma LE小型无人机、DefendTex公司的可编程枪榴弹D40；支持的军用无人车有英国QinetiQ公司的“龙行者”无人战斗车、SPUR轻型机器人、FLIR公司的Centaur和Kobra无人车、通用动力公司的“多用途战术无人地面车”、QinetiQ公司的远征模块化无人载具等。在民用领域，支持的无人机有大疆公司的DJI Mavic 2&Mavic Mini系列、DJI Matrice 200/300/600系列；支持的民用无人车包括Ghost Robotics公司的Vision 60全地形四足机器人、波士顿动力公司的Spot机器人。

丹麦UXV技术公司研制的Aeronav控制系统是一种通用的自适应地面控制站，适用于机器人、无人机和无人车，如图5-26所示。Aeronav的核心是军事级的平板计算机，它能够在各种极端环境下进行户外操作，具有在极端和不断变化的环境下运行的能力，因此适合在航空、国防等行业进行应用。

SMP机器人公司推出的多机器人控制软件“移动机器人漫游代理系统”（mobile robot rover agent system），如图5-27所示。该软件安装在平板计算机上，可以同时控制多个机器人、无人车和无人机。在控制机器人时，软件提供的地图上会显示机器人当前的位置、执行的动作以及各种状态，如电池电量、通信链路容量、温度和电源余量。在控制无人机时，会显示控制无人机起飞和降落的界面。

图5-26 Aeronav多功能移动地面控制站

图5-27 移动机器人漫游代理系统

群体机器人中的单个机器人只有自身附近的有关信息，其他机器人则是其环境的组成部分。具有群体智能的机器人集群完成任务的能力大大超过单个机器人能力之和，这也体现了群体机器人能力的涌现性。管理群体机器人的问题非常复杂，不完整的环境知识、不稳定以及不可预测的事件都会导致机器人的控制失败。为了解决群体机器人的控制问题，SMP 机器人公司利用人工智能技术解决了各种地形条件下的控制需求。

美国洛伦兹技术公司通过开发智能无人系统软件，使空中、地面、水上和水下的无人系统能够自主工作。在无人机解决方案中，该公司开发了智能路线和任务规划软件 Lorenz Hive。它是一个基于云的软件平台，可以让用户同时在多个地点管理多种无人机和无人车。

通过 Lorenz Hive，操作人员可以规划无人机的飞行路线，设置地理围栏，这样就可以确保无人机不会离开围栏，还可以针对事件和特定重点区域分析视频，设置自定义警报并生成可下载的报告和其他结构化文档。Lorenz Hive 具有无人机飞行日志自动保存功能，可提供所有已完成任务的有用概览，包括为每次飞行自动生成的日期、位置和其他数据，如图 5-28 所示。

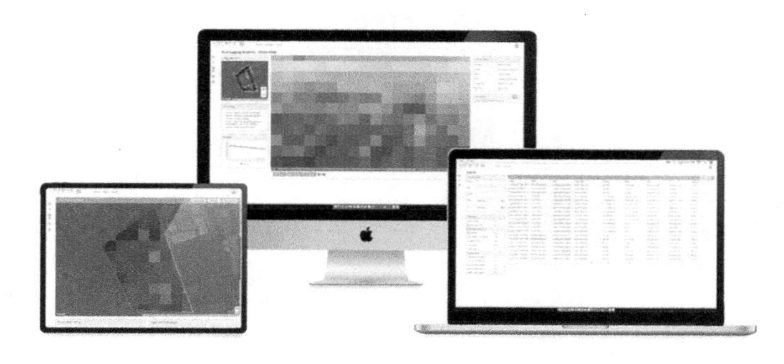

图 5-28　Lorenz Hive 操作界面

无人机和无人车可以通过平板计算机或其他移动设备进行控制，可使操作人员能够灵活、轻松地应对紧急情况。

5.6.3　海上多域无人平台控制系统

英国 SeeByte 公司开发的 SeeTrack 系统是一款多域指挥和控制软件，适用于各种无人艇及无人潜航器以及有效载荷（如摄像机、侧扫声呐等）。

SeeTrack 系统友好的操作界面，让操作人员可以便捷地规划任务，并对所有无人系统执行任务后分析。以前，操作人员必须利用每个无人系统及其相应软件的专家知识对任务进行规划、发射无人系统、回收无人系统，并且在执行任务后单独评估任务期间从每个传感器和声呐收集的所有数据。SeeTrack 系统可以管理以前任务的所有数据，包括详细的任务计划、传感器数据和报告，这样便于用户搜索任务历史记录并生成报告。SeeTrack 系统具有战役管理、任务规划、任务监控和任务后数据分析功能，可以提高所有无人系统的态势感知能力，在众多军事和安全演习、调查和行动中得到了有效利用。

SeeTrack 系统采用面向服务的体系架构，如图 5-29 所示。在这种架构中，所有系统组件都是独立的模块。为了方便地实现能够与核心组件完全集成的第三方软件集成，SeeTrack 系统引入了工具和服务的概念。工具是提供用户界面的软件模块，而服务在后台运行并提供数据处理功能。

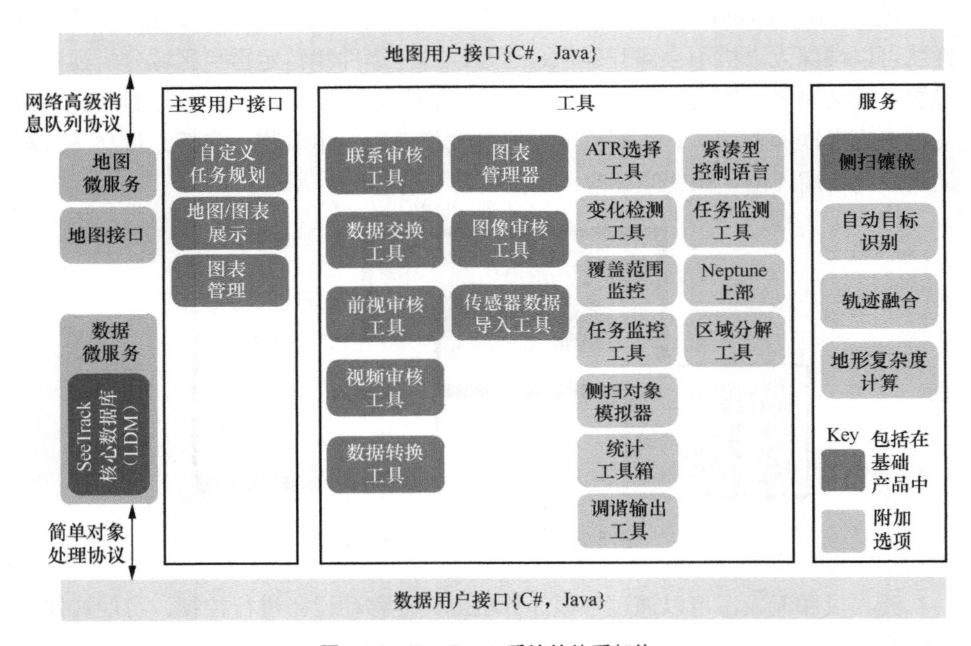

图 5-29　SeeTrack 系统的体系架构

SeeTrack 系统的模块化开放式体系架构便于从各种传感器获取数据，包括 CTD、视频、前视声呐和侧扫声呐，以实现自动化处理和可视化。这种设计使新的传感器和海上无人系统能够快速、轻松地集成和使用。

5.7　辅助操控系统

很多研究机构研制了各种各样的辅助操控系统，以提高无人平台操控的沉浸感和灵活性。目前，无人平台的辅助操控系统主要有以下几种。

5.7.1　立体视觉显示系统

立体视觉显示系统分为分路式和分时式两种。

1. 分路式立体视觉显示系统

该系统的头盔显示器在左右眼前各有一个 LCD 显示屏，使每只眼睛只看到各自的显示屏，左右两个有一定视差的图像同时在各自的显示屏上显示，就能实现立体显示。基于分路式立体视觉显示系统的临场感遥操作系统适合单人沉浸式遥操作。

2. 分时式立体视觉显示系统

该系统的立体投影信号发生器上的图像同步器和图像缓存器保留了左右交替图像信号，这样当投影机工作在高分辨率、高刷新频率方式时，图像缓存器读取的图像信号的频率相对较高。所以，通过图像缓存器的缓冲作用，可实现“慢存快放”而提高显示频率，减弱闪烁强度，增强立体效果。

美国圣迪亚国家实验室根据大量的遥控车辆的操纵数据得出：采用焦距为 6 mm，水平拍摄视野为 60° 的摄像机（和焦距为 9 mm、3.5 mm 相比），操作人员对远程车辆具有最佳的控制效果；同时采用两台摄像机提供外界立体环境图像，有助于操作人员对外界环境（尤其是沟、洞等凹陷障碍）的进一步了解；摄像机安装于可水平、上下摇动的平台上，采用伺服控制使平台跟随操作人员头部的运动，可以提高操作人员进行车辆转向操纵时的控制效果；采用传感器提供远程车辆的俯仰、翻滚姿态等信息，可以使操作人员远程控制车辆以安全的速度通过陡峭的斜坡。

立体视觉显示系统的缺点在于，如果两个摄像头距离太近，那么视觉效果和单摄像头类似，并没有显著的立体效果，而且图像闪烁容易造成人员疲劳。

5.7.2　基于彩色测距的士兵临场感系统

卡内基梅隆大学的国家机器人工程中心研制了实时三维视频系统——基于彩色测距的士兵临场感（soldier awareness through colorized ranging，SACR）系统用于增强遥控车辆的临场感。该系统将摄像机图像和雷达数据实时融合并且生成逼真的三维场景。操作人员可以大范围地缩放和平移关于车辆周围环境的三维景象。他们也可以将虚拟摄像机的视点推移到车辆周围的许多位置，这样可以更好地观察周围环境。操作人员也可以将视点一直放置在车辆后方，这样就像跟在车后观察一样，地图和车辆状态信息也同时显示出来。在光照条件差的情况下，摄像机成像质量很差，此时可以只根据雷达扫描的距离数据描绘环境情况并对车辆进行遥控驾驶。结合历史数据，SACR 系统可以对周围环境进行建模，生成三维场景，如图 5-30 所示。

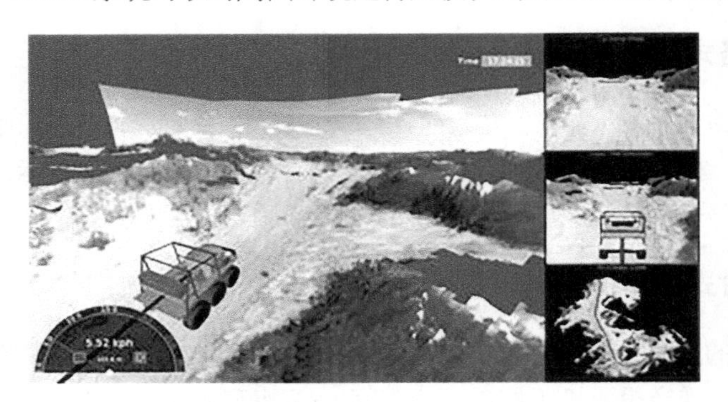

图 5-30　SACR 系统结合历史数据生成的三维场景

此外，SACR 系统还可将雷达扫描到的数据，按照高度不同用不同颜色标注出来，从而帮助操作人员更好地选择行驶路线，如图 5-31 所示。

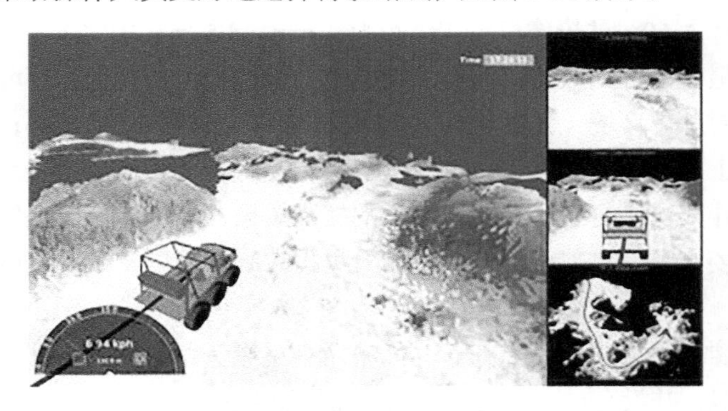

图 5-31　可行驶道路的标注

这些改进方法可以使操作人员具有更好的观察车辆环境的视角，提高了对环境的临场感，使遥控车辆变得更加安全、容易，速度更快。

5.7.3　驾驶员感知和变化监测系统

卡内基梅隆大学的国家机器人工程中心还研究了驾驶员感知和变化监测（the

driver awareness and change detection，DACD）系统，可以使士兵从不同视角观测车辆周围环境。

DACD 系统主要由安装在车顶的 360° 扫描激光雷达和能够进行 360° 范围图像拍摄的全景摄像机组成，如图 5-32 所示。该系统将结合 GPS 和惯性导航系统进行定位的三维扫描激光测距数据与全景摄像机图像融合起来，从而生成车辆四周细节丰富的三维图像。

图 5-32　安装在车顶的扫描激光雷达和全景摄像机

DACD 系统的用户界面如图 5-33 所示，①处是摄像机图像，将实时采集的图像和历史图像交替播放，便于观察环境中新出现的物体。②处是从其他视角看到的车辆行驶状态。③处是根据高度进行彩色标注的激光数据地图，红色代表地表高度较高、车辆无法行驶的区域，定时显示的移动车辆和人员图像，便于用户直观判断道路情况，士兵还可以在地图上增加注释，标注感兴趣的位置点。④处为车辆行驶状态，即横摆角、俯仰角、侧倾角以及车辆的行驶速度。

图 5-33　DACD 系统的用户界面

在城市环境中，DACD 系统根据高度变化进行彩色化的激光雷达扫描数据地图特别适合于车辆行驶。车辆的位置在卫星地图上标记出来，同时将周围扫描到的图像和数据叠加在卫星地图的相应位置上，可以补充卫星地图上看不到的路面具体细节。

DACD 系统提高了士兵对环境的感知能力，既可以帮助他们标注环境中潜在的威胁，也可以用于任务预演和训练。

5.7.4 装甲透视系统

装甲透视系统借助车载分布式传感器以及先进智能头盔等，利用信息融合、虚拟/增强现实、通信导航等技术，将环境信息投影在头盔显示器或车载显示器上，使装甲装备乘员能够在封闭甚至无窗的乘员舱内“透过”车辆装甲，获得对车外环境的实时态势感知能力，完成驾驶车辆及其他任务。

装甲透视概念源于航空飞机驾驶舱设计。美国霍尼韦尔公司的装甲透视系统利用了航空飞机驾驶舱经验，集成感知、虚拟现实、显示等技术；英国 BAE 系统公司的“战场视图”360 利用了航空飞机驾驶舱技术，集成透视显示和数字化机动绘图等技术；以色列埃尔比特系统公司“铁视”头盔系统以航空飞机传感器和系统架构为基础，并集成了英国商用头盔显示器、感知、C^4I 和告警等技术，如图 5-34 所示。

图 5-34 “铁视”头盔系统为车辆乘员提供“透视”车辆装甲能力

目前，实现乘员车内透视的技术方案主要有两种。一种是为乘员佩戴专用的头盔显示器，所有信息均显示在头盔显示器上，但佩戴头盔会影响乘员在车内的视觉。为此，英国 BAE 系统公司的“战场视图”360 系统的头盔采用单片透明眼镜显示器，仅遮护乘员一只眼睛。另一种是在车内安装显示器，所有信息均显示在显示器上。例如，美国霍尼韦尔公司采用虚拟显示仪表板取代车窗，为乘员佩戴专用虚拟现实耳机，用车内环绕式显示器显示全景高清图像。

5.7.5 超远程无人平台控制系统

美国国防部高级研究计划局（DARPA）资助开发了超远程无人平台控制系统（见图 5-35），可以通过位于华盛顿特区附近基站的 ViaSat 卫星链路成功地在加利福尼亚远程操控无人车，地面距离超过 4828 km，数据和控制的往返行程近 16 万 km。基站的 6 名操作人员驾驶一辆线控多用途车辆在加利福尼亚的 1 km 路线上行驶。他们通过具有大约 0.75 s 往返延迟的卫星链路与车辆通信。该测试使用标准远程操作接口（无延迟补偿）和使用延迟补偿接口来比较驾驶性能，结果证明该项技术取得了良好的效果。

图 5-35　超远程无人平台控制系统

5.7.6 脑机接口操控系统

脑机接口操控系统的控制原理是通过脑信号检测技术获取神经系统的活动变化，再对这些信号进行分类识别，分辨出引发脑信号变化的动作，再用计算机把思维活动转变成命令信号驱动外部设备。从而在没有肌肉和外围神经直接参与的情况下，实现大脑对无人系统的控制。控制无人车时，人员可以通过脑机接口操控系统选择路径点、目的地等发送给无人车，然后无人车依赖自身环境感知、避障能力进行自主驾驶。采用脑机接口操控系统控制无人车面临着系统实时性差的问题，此外还需要屏蔽来自外界的电磁干扰。

在 2018 国际消费电子展上，日产集团带来了其最新研究成果——脑控汽车（brain-to-vehicle，B2V），如图 5-36 所示。B2V 的工作原理是驾驶员头上戴一个可以监测大脑电波活动并自动进行分析的设备，能够将驾驶员的反应快速地传达给车辆，使车辆根据驾驶情况的变化不断做出相应的调整。

在一辆装载着 GPS、计算机处理系统、车载电子控制单元等装置的汽车中，南开大学的科研人员头戴研发的装有 16 个传感器的脑电信号控制系统头罩（见图 5-37），捕捉人脑运作时产生的脑电信号，并反馈给计算机处理系统，使汽车能够准确执行启动、直线前进、直线倒车、开关车门、调节后视镜等操作。

图 5-36　日产集团的脑控汽车

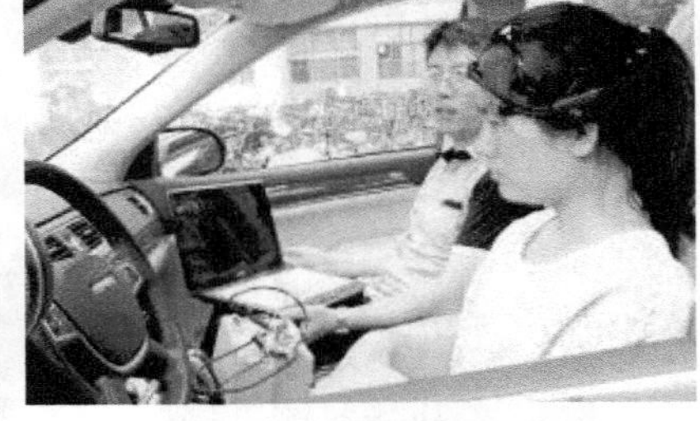

图 5-37　南开大学的脑电信号汽车控制系统头罩

5.7.7　手势控制系统

手势是日常生活中人与人之间交互的重要方式之一，手势识别技术也一直是计算机应用和人工智能领域的研究热点，而且成熟的手势识别技术可以应用于机器人控制、哑语识别、无人驾驶和运动检测等领域。手势识别方法主要有 3 类：基于加速度计和位置传感器的手势识别、基于视觉的手势识别和基于表面肌电信号的手势识别。基于加速度计和位置传感器的手势识别是利用加速度计和位置传感器测量出手或手臂的关节角度、手势在空间运动的轨迹和时序等信息；基于视觉的手势识别是利用摄像机采集手势信息并进行识别，该方法的优点是简便易行，并且设备成本低廉，非接触式的人体动作捕获方式可以使交互的自然性和舒适性得到较大改善；基于表面肌电信号的手势识别主要是利用人完成手势动作时在上臂产生的表面肌电信号对手势动作进行的模式识别，其生理学基础是表面肌电信号既能反映关节的伸屈状态和伸屈强度，也能实时反映手势完成过程中关节的形状、位置、朝向和运动等信息，因此表面肌电信号在手势识别方面具有独特的优势。

2020 年，美国麻省理工学院计算机科学与人工智能实验室（CSAIL）的一个团队开发出“机器人导引”系统。该系统不需要任何校准或个人的训练数据，仅需通过将肌电图（EMG）传感器、电极、陀螺仪、加速度计等戴在试验对象的肱二头肌、肱三头肌和前臂上，测量相应肌肉信号，并按照肌肉信号判断手势，就能通过传感器传递相应命令来精准控制无人机，实现了人机合一。

5.7.8　虚拟现实设备

虚拟现实设备近年来逐渐渗透到科技的各个领域。在 2018 年的 GTC 大会上，英伟达公司展示了利用佩戴的虚拟现实设备远程控制汽车，如图 5-38 所示。这给研究虚拟现实坦克车辆远程驾驶设备的科研人员提供了更加开阔的思路和技术切入点。

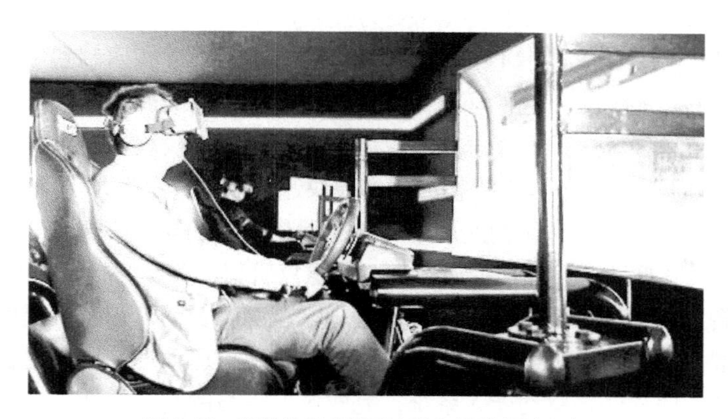

图 5-38　英伟达用虚拟现实设备远程驾驶汽车

俄罗斯国防部机器人研发测试中心和马里国立大学共同研发了一种先进的虚拟现实头盔（见图 5-39），并以俄罗斯神话中的火神“斯瓦洛格”命名，可用于控制高速飞行的无人机。这种头盔有两个视频显示器，分辨率达 5120 像素 × 2180 像素，头盔重约 400 g。该头盔内置了陀螺仪，并使用了眼球动作捕捉技术。士兵可以采用仰头或低头方式控制无人机的飞行高度，并通过眼睛注视屏幕的方向指挥无人机飞向相应的目标，也可以通过显示器看到无人机摄像头传送回来的高分辨率三维战场图像，从而能够很容易地识别地上的步兵、坦克以及空中的战斗机。

图 5-39　俄罗斯“斯瓦洛格”虚拟现实头盔

5.8　无人系统操控终端的未来发展趋势

未来无人系统操控终端的功能将更为强大，操控终端的发展趋势如下。

（1）开放性。开放性指不必对现有系统进行重新设计和研制就可以在操控终端中增加新的功能模块。这种开放性的定义使得模块化的设计成为操控终端设计和实现的最佳途径。这种设计思路不仅可通过增加新的模块来扩展操控终端的功能，也可以根据任务的不同对操控终端的模块进行取舍。

（2）通用性。无人系统的发展趋势是通用化，因此操控终端也会向通用性方向发展，最大限度地使用通用的设备，避免重复研制，实现控制系统的标准化。

（3）智能化。操控终端的智能程度会越来越高，辅助驾驶系统提供的环境信息更加丰富，从而能减少操作人员的负担，提高平台运动速度。使用智能、基于规则的任务管理软件来驱动无人系统，完成操作人员的交互，使平台不仅能确保按命令或预编程来完成预定任务，而且能对已知的目标和随机出现的目标做出相应反应。

（4）一站多机。操控终端可同时操控多个无人系统，这样既提高了操作效率，也减少了人力成本。

第6章 无人系统的仿真测试

无人系统在研发阶段，需要经历大量的测试才能逐步形成产品。作为新兴事物，无人系统实机测试面临着大量问题，如经济成本、时间成本、极端场景的稀缺性、危险工况下的安全性、法律法规限制性等需要解决。在这种情况下，能够提供完美虚拟测试环境的仿真平台，就成为无人系统高性价比的选择。

基于模拟仿真技术的数字化与虚拟化研发手段已经成为当今智能化技术与产品研发的主流趋势。虚拟仿真测试环境具有在短时间内对多种环境状况进行再现的能力，可以对某些危险、不常见的极端天气条件等进行测试。在仿真环境下，无人系统可以进行模型在环（model-in-the-loop，MIL）测试、软件在环（software-in-the-loop，SIL）测试、硬件在环（hardware-in-the-loop，HIL）测试、人在环（driver-in-the-loop，DIL）测试、平台在环（vehicle-in-the-loop，VEHIL）测试以及混合仿真测试等。虚拟仿真测试环境在成本、灵活性、可扩展性、可评价性等方面具有优势。

6.1 主要的智能机器人仿真软件

智能机器人具有学习、推理、决策、规划等自主能力。智能机器人和无人系统（尤其是无人车）具有很多共性的关键技术，如环境感知技术、规划决策技术、执行控制技术等。因此，很多智能机器人的仿真软件，如 Gazebo、Webots、CoppeliaSim 等可以用于开发无人系统。这些软件一般都具有动力学模型和传感器模型，经过简单修改就可以应用到无人系统的仿真测试中。

6.1.1 Gazebo

Gazebo 是一款功能强大的三维物理仿真平台，可以在 Ubuntu 或者其他 Linux 发行版上运行。Gazebo 不仅开源，也是兼容 ROS 的优秀仿真工具。Gazebo 具备强大的物理引擎、高质量的图形渲染能力，通过OGRE技术可以渲染逼真的三维可视化环境（包括光线、纹理、阴影）。Gazebo 支持很多开源的高性能物理引擎，如 ODE、Bullet、SimBody、DART 等。Gazebo 支持机器人常用的传感器，如激光雷达、激光测距、二维/三维相机、Kinect 深度相机、接触式传感器和力学传感器、IMU 等的仿真，同时还可以仿真传感器噪声。机器人的传感器信息也可以通过插件加入仿真环境，并以可视化的方式进行显示。Gazebo 具有多种机器人模型，如官方提供的 PR2、Pioneer2 DX、iRobot Create 和 TurtleBot 等，也可以由用户自己创建机器人模型。Gazebo 中的机器人模型与 Rviz（一种三维可视化软件工具，可以显示机器人模型、三维电影、各种文字图标）使用的模型相同，但是需要在模型中加入机器人和周围环境的物理属性，如质量、摩擦系数、弹性系数等。Gazebo 支持云仿真，既可以在 Amazon、Softlayer 等云端平台运行，也可以在自己搭建的云服务器上运行。Gazebo 可以实现机器人的运动学、动力学仿真，也可以加载自定义的环境和场景。Gazebo 提供了大量的命令行工具，十分便于调试和控制。Gazebo 的工业机器人自动化场景如图 6-1 所示。

图 6-1 Gazebo 的工业机器人自动化场景

6.1.2 Webots

Webots 由瑞士 Cyberbotics 公司开发，是一款开源的三维移动机器人模拟器，为机器人的建模、编程和仿真提供了完整的开发环境。与 Gazebo 类似，Webots

也是可以在 ROS 中运行的仿真环境。但是 Gazebo 需要比较复杂的配置，尤其是使用 GPU 时。

Webots 既可用于机器人的建模、控制与仿真，也可用于开发、测试和验证机器人算法。Webots 内核基于开源动力学引擎 ODE 和 OpenGL，可以在 Windows、Linux、macOS 等操作系统上运行，并且支持 C/C++、Python、Java、MATLAB 等多种编程语言。Webots 内置了接近 100 种模型，涉及无人车、无人机、水下机器人、航天器、轮式机器人、人形机器人、足式机器人、爬行移动机器人、单臂移动机器人、双臂移动机器人、飞艇等，其中就包括波士顿动力公司（Boston Dynamics）的 Atlas、大疆 DJI Mavic 2 PRO、软银 Nao 人形机器人、个人机器人 PR2、KUKA 公司的 YouBot 移动机器人平台、UR 协作式机械臂、Turtlebot3 Burger 开源移动平台等，甚至还有火星车的模型，如图 6-2 所示。

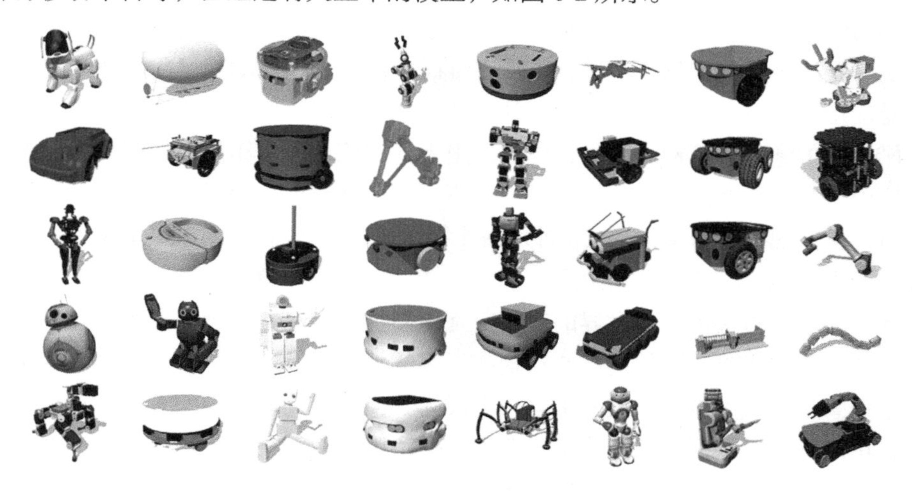

图 6-2　Webots 支持的部分机器人模型

Webots 支持多种虚拟传感器，如相机、雷达、力传感器、位置传感器、陀螺仪、惯性单元、GPS 等。Webots 还支持对多种复杂环境（如室内、室外、崎岖路面、空中环境，水下环境等）的模拟。Webots 可将仿真过程导出为动画用于展示。

Webots 提供了快速的原型制作环境，使用户可以创建具有物理特性（如质量、关节、摩擦系数等）的三维虚拟世界，并向其中添加简单的被动对象或称为移动机器人（轮式机器人、有腿机器人或飞行机器人）的主动对象。用户可以对每个机器人进行单独编程，以表现出所需的行为。同时，Webots 还包含大量机器人模型和控制器程序实例以及许多与真实移动机器人的接口，一旦模拟的机器人表现出预期的行为，就可以将其控制程序转移到真实机器人上。

6.1.3 CoppeliaSim

CoppeliaSim 是一个具有集成开发环境的机器人仿真平台，由瑞士 Coppelia Robotics 公司开发。CoppeliaSim 基于分布式控制体系结构：每个对象/模型可以通过嵌入式脚本、插件、ROS/ROS2 节点、BlueZero 节点、远程 API 客户端或定制解决方案进行单独控制。这使得 CoppeliaSim 通用性非常好，是多机器人仿真的理想选择。

CoppeliaSim 支持跨平台应用，在 Windows、MacOS、Linux 等操作系统下均可使用，可以使用 C/C++、Python、Java、Lua、Matlab、Octave、Urbi 等编程语言编写代码。CoppeliaSim 的动力学模块目前支持 4 种不同的物理引擎，即子弹物理引擎、开放动力学引擎、旋涡工作室引擎和牛顿动力学引擎，用于快速和可定制的动力学计算，以模拟真实世界的物理和对象交互（碰撞响应、抓取等）。子弹物理引擎是一个开源的物理引擎，支持三维碰撞检测、刚体动力学和柔体动力学，广泛应用于游戏开发和电影制作。开放动力学引擎是一个开源的物理引擎，主要有刚体动力学和碰撞检测组件，已经被用于许多应用程序和游戏的开发。旋涡工作室引擎是一个商业物理引擎，可进行高保真物理模拟。旋涡工作室引擎提供了具有大量物理特性的真实参数（即对应于物理单位），使该引擎既逼真又精确，主要用于高性能/高精度的工业和科研应用。牛顿动力学引擎是一个跨平台的物理模拟库，能够模拟接近真实世界的对象交互，如物体坠落、碰撞、反弹，操纵器抓住物体，传送带驱动部件向前或车辆在不平的地形上以逼真的方式滚动。牛顿动力学引擎不仅成为游戏开发的工具，也成为任何实时物理模拟的工具。在任何时候，用户都可以根据自己的模拟需要从一个引擎快速切换到另一个引擎。物理引擎支持的多样性是因为物理模拟是一项复杂的任务，可以通过不同的精度、速度或支持不同的功能来实现。

CoppeliaSim 的运动学功能非常灵活，允许在逆运动学模式或正运动学模式下处理各种类型的机构。CoppeliaSim 支持水/气体喷射的动态颗粒仿真，可用于模拟喷气发动机、螺旋桨等；可以快速准确地计算任意网格（凸、凹、开、闭）、点云或其集合之间的最小距离；可将传感器或执行器进行模块组合并连接各种功能，构建整个机器人系统，如图 6-3 所示；可以进行路径规划/

图 6-3 CoppeliaSim 可构建多种机器人

运动规划，记录各种各样的数据流并进行可视化呈现。

CoppeliaSim 用于构建模拟场景的主要元素是场景和对象，如图 6-4 所示。对象在场景层次和场景视图中可见。

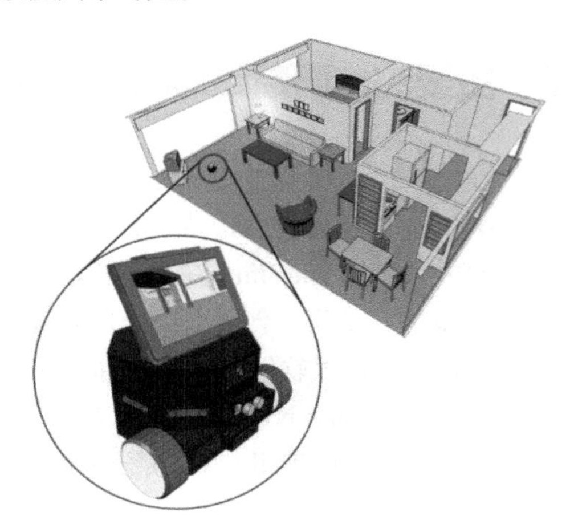

图 6-4　CoppeliaSim 的场景和对象

CoppeliaSim 主要有以下几种对象。

（1）形状（shape）。形状是由三角形面组成的刚性网格。

（2）关节（joint）。关节对象是关节或执行器。CoppeliaSim 支持的关节类型有 4 种：旋转接头、棱柱接头、螺钉和球形接头。

（3）接近传感器（proximity sensor）。接近传感器在其探测体积内以几何精确的方式探测物体。CoppeliaSim 支持金字塔型、圆柱型、圆盘型、圆锥型和射线型接近传感器。

（4）视觉传感器（vision sensor）。视觉传感器是一种照相机类型的传感器，能对光、颜色和图像做出反应。

（5）力/力矩传感器（force/torque sensor）。力/力矩传感器是一种能够测量施加在其上的力和扭矩的物体。

（6）八叉树（octree）。八叉树是由体素组成的空间划分数据结构。

（7）摄像机（camera）。摄像机是一个允许从不同的视点看到模拟场景的对象。

（8）灯光（light）。灯光是允许照亮模拟场景的对象。

（9）虚拟对象（dummy）。虚拟对象是具有方向的点。虚拟对象是多用途的对象，可以有许多不同的应用，经常用来进行坐标转换。

（10）点云（point cloud）。点云是包含点的八叉树结构。

（11）图形（graph）。图形用于记录和可视化仿真数据。

（12）路径（path）。路径是一系列在空间中有方向的点。

6.2 主要的地面自动驾驶仿真软件

随着高级驾驶辅助系统技术的快速发展，地面自动驾驶仿真软件的发展也经历了几个阶段。早期的仿真软件（如 CarSim）主要是以动力学仿真为主，用来对整车的动力、稳定性、制动等进行仿真。伴随着高级驾驶辅助系统功能的开发，具有高级驾驶辅助系统功能的仿真测试软件（如 Prescan）开始出现，主要关注功能的验证方面。随着以 Waymo、Uber、Nvidia 等公司为代表的一批自动驾驶初创公司的逐步成立，以及在大量计算机视觉和人工智能算法加持下，一系列以 L4 级别自动驾驶为目标的自动驾驶开发公司在系统开发的过程中取得了重大的进展。

按照仿真内容的不同，自动驾驶仿真软件可以分为动力学仿真软件、场景仿真软件和交通流仿真。动力学仿真软件有 CarSim、Trucksim、Carmaker、Simpack、TESIS DYNAware 等，这些软件有非常好的动力学模型，可以预测整车的操纵稳定性、制动性、平顺性、动力性。场景仿真软件有 VTD、Prescan、Cognata、rFpro、Metamoto、Panosim、Sim-One、CARLA、AirSim 等，这些软件具有很好的光影渲染效果。交通流仿真软件有 Vissim、SUMO、High-env 等，可模拟复杂路况下交通流的时空变化，并深入地分析车辆、行人、道路的交通特征。

按数据来源的不同，自动驾驶仿真软件可分为 3 类。第一类是基于真实采集数据的自动驾驶仿真软件，如 Apollo、VISTA。真实采集数据是指无人车在实际道路上行驶时，各种传感器（如激光雷达、毫米波雷达、GPS、惯性测量单元等）采集到或以其他形式保存下来的真实场景数据，可以用于测试无人驾驶中信息融合算法以及车辆不同部件的性能。第二类是基于模拟生成数据的自动驾驶仿真软件，如 Carla、AirSim、Udacity Self-driving Car Simulator 等。该类仿真软件对环境、车辆及传感器进行模拟，其基本原理是通过建立行驶过程中的传感器和环境交互模型，获取模拟无人车实际行驶过程中的数据。这些数据可用于开发环境感知、环境建模、路径规划等基本算法。第三类是基于虚实合成数据的自动驾驶仿真软件。在发展过程中，不断出现的新产品兼具两种技术，如 Waymo、TAD Sim 等，既能采集真实场景数据，也能在虚拟环境中生成所需要的特定场景。

6.2.1　基于真实采集数据的自动驾驶仿真软件

1. Apollo

Apollo是百度公司于 2017 年发布的，旨在向汽车行业及自动驾驶领域的合作伙伴提供一个开放、完整、安全的软件平台，帮助他们结合车辆和硬件系统，快速搭建一套属于自己的、完整的自动驾驶系统。图 6-5 所示为 Apollo 的一个场景。Apollo 的功能模块包含仿真、高精度地图与定位、感知、决策规划和智能控制。

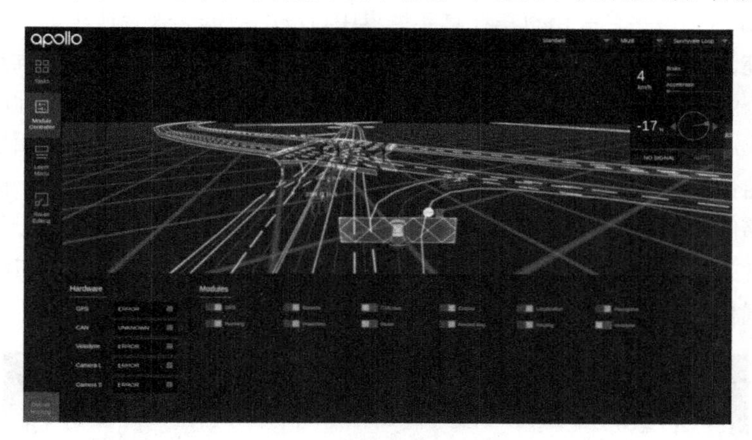

图 6-5　Apollo 的一个场景

（1）仿真模块。作为 Apollo 的重要组成部分之一，仿真模块拥有大量的实际路况及自动驾驶场景数据，基于大规模云端计算容量，可打造日行百万千米的虚拟运行能力。基于不同的路型、障碍物类型、道路规划、红绿灯信号，Apollo 可支持同时多场景自动驾驶汽车的高速运行，支持单算法模块、系统整套算法及运行环境的上传与运行。

（2）高精度地图与定位模块。Apollo 具备高精度地图数据量产能力，基于 GPS、IMU、高精度地图以及多种传感器数据的自定位系统的精度则可达到厘米级。

（3）感知模块。Apollo 2.0 感知模块包括障碍物检测识别和红绿灯检测识别两个子模块。障碍物检测识别子模块通过输入激光雷达点云数据和毫米波雷达数据，输出基于两种传感器的障碍物融合结果，包括障碍物的位置、形状、类别、速度、朝向等信息。红绿灯检测识别子模块通过输入两种焦距下的相机图像数据，输出红绿灯的位置、颜色状态等信息。

（4）决策规划模块。Apollo 的决策规划模块能够根据实时路况、道路限速等情况做出相应的轨迹预测和智能规划，同时兼顾安全性和舒适性，提高行驶效率。

（5）智能控制模块。Apollo 的智能控制模块能够适应不同路况、不同车速、不同车型和底盘交互协议，具有精准性、普适性和自适应性。Apollo 开放了循迹自动驾驶能力，控制精度将达到 10 cm 级别。

2. VISTA

丰田汽车公司和麻省理工学院人工智能实验室推出了一个新的自动驾驶仿真平台 VISTA。该平台采用汽车在真实世界中行驶的数据集来合成车辆能够用上的行驶轨迹，如图 6-6 所示。对于道路采集的视频数据，VISTA 会在三维点云中预测每一个像素。VISTA 使用车辆行驶轨迹绘制逼真的场景并生成深度地图（包含从车辆视点到物体的距离有关的信息）。将深度地图与估算三维场景中相机方向的技术相结合，VISTA 可精确定位车辆的位置及与所有物体的相对距离，同时重新定位原始像素，从而从车辆的新视角中再现真实世界的场景。该系统无须人工手动标记各类元素，如路标、车道线、物理建筑物等信息，大幅优化了自动驾驶汽车的测试和部署时间。

图 6-6　VISTA 仿真测试

6.2.2　基于模拟生成数据的自动驾驶仿真软件

1. AirSim

AirSim 是微软建立在虚幻引擎（unreal engine）上的无人机、无人车以及其他自主移动设备的跨平台、开源模拟器。该模拟器创造了一个高还原的逼真虚拟环境，模拟了阴影、反射等其他现实世界中的干扰环境，让地面无人系统不用经历真实世界的风险就能进行训练，如图 6-7 所示。AirSim 的目标是作为 AI 研究的平台，测试深度学习、计算机视觉和自主车辆的增强学习算法。为此，AirSim 还公开了 API，以平台独立的方式检索数据和控制车辆。AirSim 的环境比较细腻，包含了多车道、行人、障碍物、环岛等复杂环境。

图 6-7　AirSim 的界面

2. CARLA

CARLA 是英特尔实验室联合丰田研究院和巴塞罗那计算机视觉中心联合发布的，用于城市自动驾驶系统开发、训练和验证的开源模拟器。它支持多种传感模式和环境条件的灵活配置。

CARLA 的开发包括从最基础的车辆、行人模拟，直到支持城市自动驾驶系统的开发、训练和验证。除了开源代码和协议，CARLA 还提供了为自动驾驶创建的开源数字资源（包括城市布局、建筑以及车辆），这些资源都可以免费获取和使用。这个模拟器还支持传感套件和环境条件的灵活配置。

CARLA 作为一款专用的无人车仿真环境，提供了场景的地图，给出了一系列的 Python 接口和 Python 实例。最有特色的是提供了一个 benchmark 测试程序，可以对同一款自动驾驶系统进行基于不同场景、不同天气（见图 6-8）、不同环境的测试，并给出测试性能评估报告。

CARLA 提供的 3 种不同模式的传感模型，如图 6-9 所示，从左到右依次是正常的摄像头视觉、真实深度、真实语义分割。深度和语义分割是由支持控制感知作用实验的伪传感器提供的。额外的传感器模型也可以通过 API 接入。

图 6-8　自动驾驶系统在 4 种不同天气下的测试

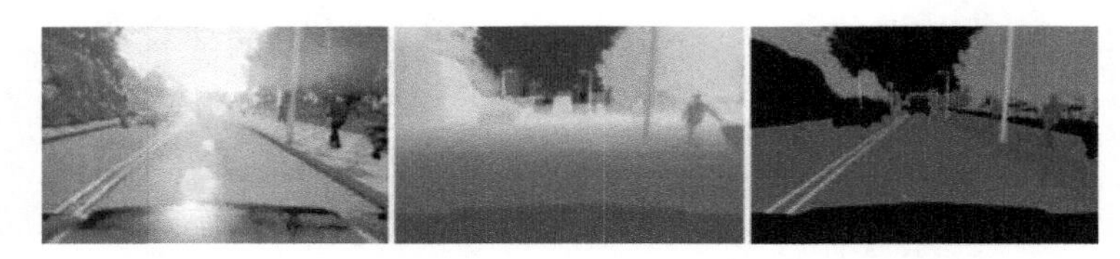

图 6-9　CARLA 提供的 3 种不同模式的传感模型

3. NVIDIA DRIVE Constellation

NVIDIA DRIVE Constellation 采用高保真的模拟技术，以更安全、更易扩展、更经济有效的方式推动自动驾驶汽车上路行驶的进程。它利用两台不同服务器来搭建云计算平台，从而生成自动驾驶汽车在符合条件的路面上行驶数十亿千米的测试结果。

第一台服务器运行 DRIVE Sim 软件，用于模拟如摄像头、激光雷达等自动驾驶汽车的传感器。DRIVE Sim 软件可生成照片级逼真的数据流，以创建大量不同的测试环境。例如，它能够模拟诸如暴雨和暴风雪等不同天气状况，一天中不同时间内的光线变化，以及所有不同类型的路面和地形，在模拟过程中还可设置各种危险情况，以测试自动驾驶汽车的反应能力，确定其不会对任何人的安全造成威胁，如图 6-10 所示。第二台服务器则搭载了 NVIDIA DRIVE Pegasus AI 汽车计算平台，可运行完整的自动驾驶汽车软件堆栈，并能够处理来自实际路面行驶汽车上的传感器的模拟数据。如图 6-11 所示，英伟达采集的实际道路场景内容非常丰富。

图 6-10　NVIDIA DRIVE Constellation 夜间环境模拟

图 6-11　NVIDIA DRIVE Constellation 采集的实际道路场景

4. PreScan

PreScan 是荷兰 Tass International 公司的产品，于 2017 年 8 月被西门子公司收购。PreScan 主要用于驾驶辅助、驾驶预警、避撞和减撞等功能的前期开发和测试。

PreScan 以物理模型为基础，支持摄像头、激光雷达、GPS，以及 V2V/V2I 车车通信等多种应用功能的开发应用，支持模型在环、软件在环、硬件在环等多种使用模式。它具有强大的图像预处理和三维可视化功能。PreScan 不仅有真实物理传感器模型，还拥有 AIR（actor information receiver）等虚拟传感器，便于用户做传感器的数据融合和仿真。同时，在 PreScan 中，用户能快速地建立起各种各样的虚拟现实场景，以满足普通工况和极限工况下，控制算法的测试需求。PreScan 可与 Matlab/Simulink 无缝集成，软件中的每个场景对象、传感器对象和天气控制等都能直接在 Simulink 中生成对应的控制模块。在控制算法的开发过程中，用户可以自由地搭建各类场景和选用各种适合控制算法开发的传感器，同时控制算法的开发还可选择便于硬件仿真的 Simulink 环境。PreScan 具有简单容易上手、兼容性好的特点，操作界面如图 6-12 所示。

图 6-12　PreScan 的操作界面

5. PanoSim

PanoSim 是一款集汽车三维行驶环境模型、汽车行驶交通模型、复杂车辆动力学模型、车载环境传感模型（相机和雷达）、无线通信模型、GPS 与数字地图模型、MATLAB/Simulink 仿真环境自动生成工具箱、图形与动画后处理工具等于一体的大型模拟仿真软件平台。其总体解决方案如图 6-13 所示。PanoSim 基于物理建模，用来支持高效、高精度的数字仿真环境下，汽车动力学与性能、汽车电子控制系统、智能辅助驾驶与主动安全系统、环境传感与感知、无人驾驶车辆等技术和产品的研发、测试和验证。

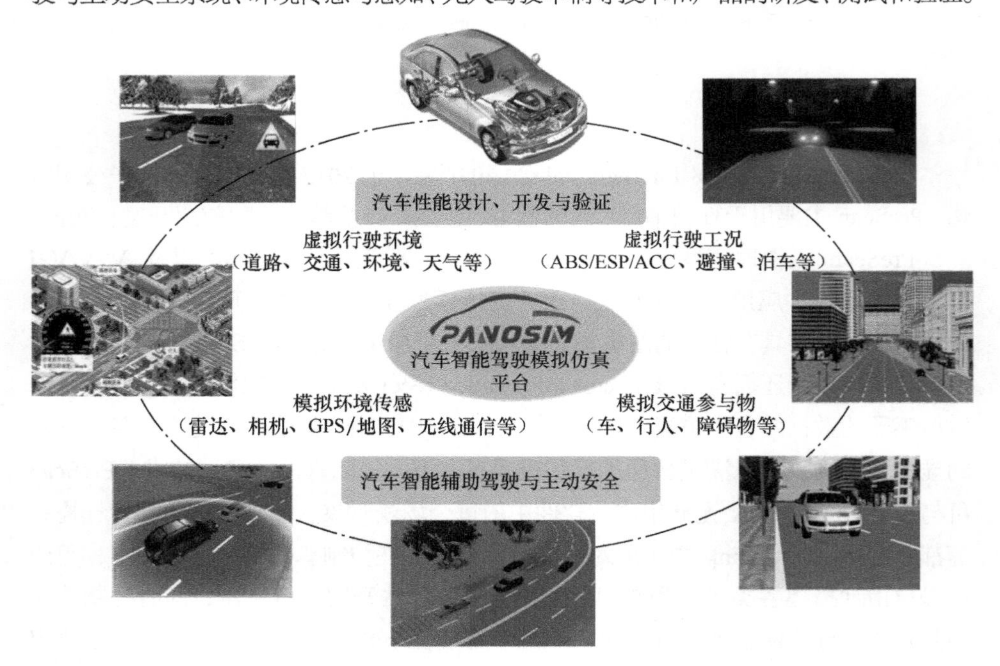

图 6-13　PanoSim 总体解决方案

PanoSim 可以提供包括离线仿真、实时软硬件在环仿真和驾驶员在环仿真等在内的多平台、全流程和一揽子解决方案，支持覆盖的应用范围既包含传统汽车性能设计、开发和验证（例如汽车底盘和整车性能开发、汽车动力性能开发、汽车电控系统设计与开发等），又包含新兴汽车智能辅助驾驶与主动安全技术与产品研发（例如环境传感与感知、数据融合、ADAS 研发测试与验证、V2X 与车联网、无人驾驶等），对于汽车技术研发的不同阶段和不同环节均能够通过高效、安全的数字化和虚拟化研发手段显著降低成本、缩短周期、提高质量，特别是保障安全。

6. 51Sim-One

51Sim-One 是 51VR 公司自主研发的一款集多场景仿真、多传感器仿真、车辆动力学仿真、感知与决策仿真、自动驾驶测试等于一体的自动驾驶仿真与测试平台。该仿真与测试平台基于物理特性的机理建模，具有高精度和实时仿真的特点，可用于自动驾驶产品的研发、测试和验证。

在场景仿真方面，51Sim-One 可以通过 WorldEditor 快速地创建基于 OpenDrive 的路网，或者通过点云数据和地图影像等真实数据还原路网信息，支持导入已有的 OpenDrive 格式的文件并进行二次编辑，最终由 51Sim-One 自动生成所需要的静态场景，支持在场景中自由地配置全局交通流、独立的交通智能体、对手车辆、行人等元素来构建动态场景，最后结合光照、天气等环境来呈现丰富多变的虚拟世界。51Sim-One 建立的高真实感仿真场景如图 6-14 所示。

图 6-14　51Sim-One 建立的高真实感仿真场景

51Sim-One 对晴天、多云、夜晚、雨天等不同天气的仿真效果如图 6-15 所示。

图 6-15　51Sim-One 对不同天气的仿真效果

图 6-15 51Sim-One 对不同天气的仿真效果（续）

在传感器仿真方面，51Sim-One 支持通用类型或者定制传感器的多路仿真（见图 6-16），以满足对感知系统算法的测试与训练，同时也支持各种硬件在环的测试需求。例如，对于摄像头仿真，51Sim-One 能提供语义分割图、深度图、二维/三维包围盒等带注释的图像数据集，以及单目、广角、鱼眼等摄像头的仿真；对于雷达仿真，51Sim-One 可以提供激光雷达点云原始数据、带标注点云数据、识别物的包围盒等数据以及目标级毫米波雷达检测物数据。

图 6-16 51Sim-One 输出的多种传感器仿真数据

在车辆动力学仿真方面，51Sim-One 提供了一套内置的动力学系统，可以自定义车辆动力学的各种参数，如车辆的外观尺寸、动力总成、轮胎、转向系统与悬架特性等。同时，51Sim-One 也支持接入第三方软件（如 CarSim、CarMaker 等动力学模块）来完成更为复杂的车辆动力学模拟。

在决策仿真方面，51Sim-One 提供丰富的接口（包括但不限于 MATLAB 接口、基于 ROS 和 Protobuf 的接口，以及转向盘、模拟器等人工驾驶接口）来对接控制系统。51Sim-One 支持多种对接方式，既可以选择只接入感知系统进行目标识别和预测的测试，也可以选择直接跳过感知系统从决策系统输入接入，或者将两者同时接入进行整体测试与训练。

在自动驾驶测试方面，51Sim-One 支持批量测试任务的运行以及连续自动测试，能以可视化的方式实时监控正在运行中的测试案例，也可以通过回放系统来逐帧分析已经完成的测试案例。51Sim-One 采用分布式的架构，组件高度容器化，可以轻松部署在私有云、公有云等各种环境下，能够支持多用户、大规模的并发测试。

6.2.3　基于虚实合成数据的自动驾驶仿真软件

1. 谷歌 Waymo

Waymo 平台的无人车测试包括两个部分：模拟软件 Carcraft 和实测基地 Castle，它们之间的联系其实就是运用了最近比较火的“数字孪生”的概念，一个是真实基地，另一个是在软件里建模的基地，虚实之间双向映射、动态交互和实时联系。

无人车路测遇到问题后，工作人员会回到 Castle 实测基地，实地重建所遇到的场景，供无人车继续练习。在路测和 Castle 实测基地的测试中，Waymo 平台的车辆都会收集大量数据，随后，这些数据会被用到模拟软件 Carcraft 中，在虚拟环境中重现这个场景。

上述结构化测试，不仅有助于验证软件更新，还能测试和验证硬件。例如，通过封闭道路测试，既可以评估车辆和传感系统的性能，也可以衡量运动控制系统遵循预期路径的程度，并通过多变的天气测试来验证系统的性能和可靠性。

结构化测试与模拟测试相互补充，当开发测试新软件的方案时，可以使用这些工具的某一个，也可以使用它们的组合。例如，无人车在专用道路上执行测试后，还要在模拟软件 Carcraft 中创建并运行该场景的数百种变体，如图 6-17 所示。

图 6-17　Waymo Carcraft 仿真模拟图像

尽管目前的仿真软件可以保持较高的真实性，但结构化测试仍然能够帮助评估软件和硬件系统。通过重新创建车辆已经在模拟中成功完成的方案，可不断验证模拟器并评估可能影响车辆行为的因素。

目前，Carcraft 的虚拟车队中有 25 000 台汽车，这些虚拟车队的车辆每天 24 小时都运行在谷歌的数据中心。目前，这些不停歇的车辆的测试里程已超过 80 亿 km。

2. 腾讯 TAD Sim

腾讯公司将专业的游戏引擎、工业级车辆动力学模型、虚实一体交通流等技术运用在了自动驾驶模拟仿真平台 TAD Sim 上。TAD Sim 平台不仅可以满足自动驾驶汽车不断迭代的测试需求，还可以提高自动驾驶技术的研发效率。TAD Sim 内置的高精度地图，可以完成感知、决策、控制算法等实车上全部模块的闭环仿真验证，不同天气、光照条件等环境的几何模拟，以及测试车辆的感知能力、决策能力和车辆控制仿真。结合采集的交通流数据以及极端交通场景的模拟，TAD Sim 能够支持各种激进驾驶、极端情况的自动驾驶测试，以更高效率、更安全的方式完成在现实世界中无法进行的各项测试。

在场景构建中，TAD Sim 采用了三维重建和游戏引擎等技术，以小于 3 cm 的精度误差模拟道路交通场景及虚拟城市场景，并借助游戏引擎还原出日出、日落等光照条件，以及风、霜、雨、雪等天气条件的变化，使得场景和传感器仿真的测试条件接近真实，进而保证测试结果的真实性。

为了提升路采数据的利用率及测试场景的丰富性，TAD Sim 除了支持场景编辑、路采数据回放式仿真之外，还可以利用类似于 Agent AI 的技术，以大量路采数据训练交通流 AI，生成真实度高、交互性强的交通场景（见图 6-18）。例如，被测试的自动驾驶车想要超车，可以借由 Agent AI 来控制车辆做出与真实世界一致的避让或其他博弈行为。

图 6-18　TAD Sim 的复杂路况仿真

借由高分辨率、低时延、高帧率等编解码技术、网络传输和实时通信技术，TAD Sim 可以让用户随时随地访问云仿真系统中任意节点，并实时观看超高真实度的仿真场景，便于用户定位。在这样的云端虚拟仿真测试场中，可以大量部署测试车辆，进行 7×24 小时不间断测试，甚至可以将时间调快以提高测试效率。

TAD Sim 可运用大型多人在线（massive multiplayer online，MMO）同步技术实现大规模城市云仿真。系统加载一个城市级别的高精度地图，并在其中部署大量自动驾驶主车以及交通流元素。在虚拟城市型云仿真中，运用 MMO 同步技术，可以保证场景中所有动态交通元素看到的是同一个世界，保证自动驾驶主车以及交通流车辆数据的每一帧都是完全同步的，进而保证对算法测试结果的正确判断。

3. 百度 AADS 系统

百度公司自主研发的基于数据驱动算法的增强现实自动驾驶仿真（augmented autonomous driving simulation using data-driven algorithms，AADS）系统不仅能大大降低仿真系统的测试成本，还在真实性和扩展性方面实现了质的飞跃。

AADS 系统包含一套全新开发的基于数据驱动的交通流仿真框架和一套全新的基于图像渲染的场景图片合成框架。在获得真实感的车流移动和场景图像之后，AADS 系统利用增强现实技术可直接、全自动地创建逼真的仿真图像，消除了现有仿真系统中游戏引擎渲染图片与真实图片之间的差距。

通过一辆安装了激光雷达和双目相机的汽车扫描街道，AADS 系统即可快速、全自动地产生逼真的车流、行人等物体运动数据。此外，AADS 系统可以进一步扩展，将虚拟元素（如车辆、行人运动）的灵活性与真实世界的丰富性相结合，从而有效、真实地仿真任何位置、任何时间的驾驶场景。

基于 AADS 系统，百度公司还同时发布了两大公开数据集，即 ApolloCar3D 和 TrafficPredict。其中，ApolloCar3D 数据集包括超过六万辆车的实例，配有高质量的三维 CAD 模型和语义关键点；TrafficPredict 是一个运动物体的轨迹数据集，包括时间戳、车辆标识、类别、位置、速度、朝向等信息，轨迹总长度超过 1000 km。

4. 华为自动驾驶云平台 Octopus

华为自动驾驶云平台 Octopus 形状如八爪鱼，服务覆盖自动驾驶数据、模型、训练、仿真、标注等全生命周期业务，向开发者提供包括数据服务、训练服务、仿真服务在内的三大服务，如图 6-19 所示。基于三大服务，华为的自动驾驶云服务 Octopus 能为企业用户提供以下核心功能。

（1）自动化挖掘及标注海量数据，能够节省 70%以上的人力成本。

（2）平台提供华为自研昇腾 910 AI 芯片和 MindSpore AI 框架，能大幅提升训练及仿真效率。

（3）丰富的仿真场景，高并发实例处理能力：通过集成场景设计和数据驱动的方法，合计提供超过 1 万个仿真场景；系统每日虚拟测试里程可超过 500 万 km，支持 3000 个实例并发测试。

（4）云管端芯协同，车云无缝对接：Octopus 天然支持无缝对接 MDC（移动数据中心）等车端硬件平台和 ADAS 系统，实现车云协同。华为自动驾驶云服务 Octopus 与华为 MDC、智能驾驶 OS 联合，共同组成车云协同的智能驾驶平台，未来华为会将高精度地图、5G 及 V2X 技术等能力集成到 Octopus 中，帮助车企和开发者开发自动驾驶应用。

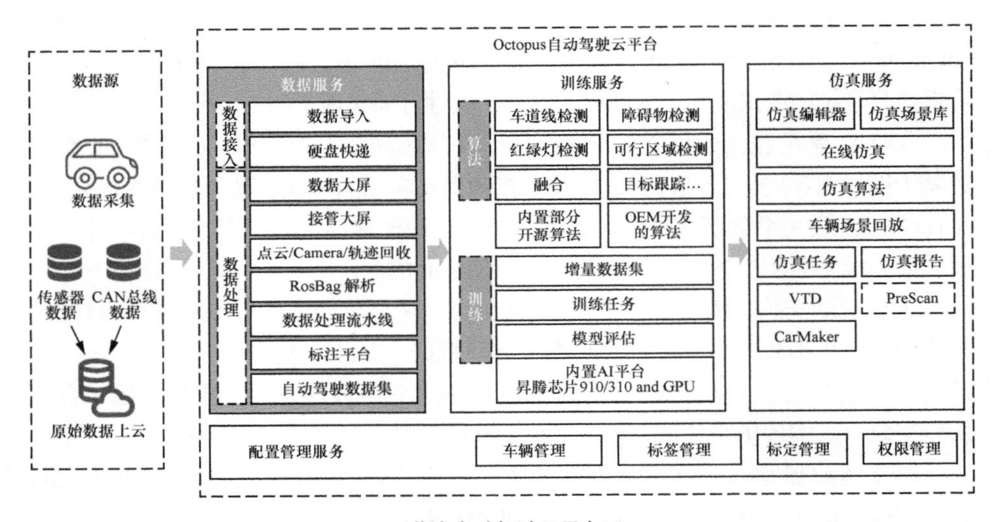

图 6-19　华为自动驾驶云平台 Octopus

5. 阿里巴巴混合式仿真测试平台

2020 年 4 月 22 日，阿里巴巴达摩院对外发布全球首个自动驾驶混合式仿真测试平台，该平台采用虚拟与现实结合的仿真技术，引进真实路测场景和云端训练数据。该平台可以任意增加极端路测场景变量，在实际路测中，复现一次极端场景可能需要 1 个月的时间，而阿里巴巴混合式仿真测试平台可在 30 s 内模拟一次极端场景。每日虚拟测试里程可超过 800 万 km，能提升自动驾驶 AI 模型训练效率。

阿里巴巴混合式仿真测试平台不仅可以使用真实路测数据自动生成仿真场景，还可通过人为随机干预，实时模拟前后车辆加速、急转弯、紧急停车等场景，加大自动驾驶车辆的避障训练难度。

| 6.3　无人机软件在环仿真 |

无人机仿真主要分为两类：软件在环仿真和硬件在环仿真。软件在环仿真是指完全用计算机来模拟出无人机飞行时的状态，而硬件在环仿真是指计算机连接飞控板来测试飞控软件是否可以流畅运行。

6.3.1　APM/PX4

主流的开源飞控系统（如 APM、PX4 等）代码中集成了仿真程序，只需要做一些简单的设置就可以方便地搭建出一个完全模拟真实飞行的软件在环仿真环境，如图 6-20 所示。

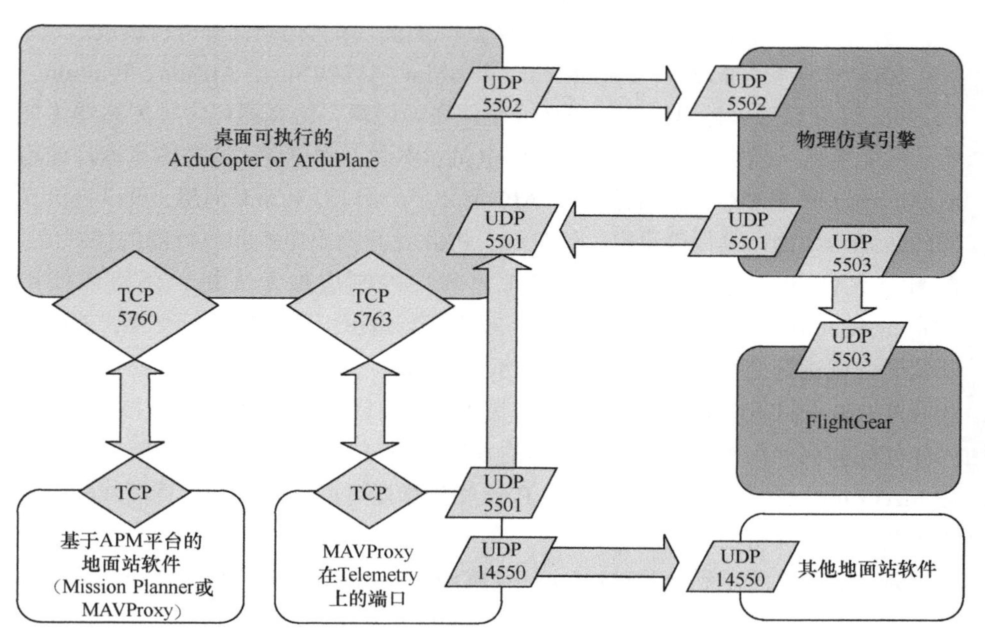

图 6-20　APM 典型的软件在环仿真环境

APM（ArduPilotMega）是由 DIY 无人机社区（DIY Drones）在 2007 年推出的飞控产品，是成熟的开源硬件项目。APM 基于 Arduino 的开源平台，对多处硬件（如加速度计、陀螺仪和磁力计组合惯性测量单元）做了改进。APM 具有良好的可定制性，受到全球航模爱好者的欢迎。

目前，APM 已经成为开源飞控系统的标杆，可支持多旋翼无人机、固定翼飞机、直升机和无人车等无人设备。

在不依托任何硬件的情况下，用户可以对 APM 的软件进行配置，实现固定翼飞机、旋翼飞行器和车辆的仿真测试。除了进行路径规划测试、参数设置测试、控制代码调试以外，APM 还可模拟风力、地形等外部环境，以及配置仿真的光流、激光雷达等传感器，并可与其他设备通过串口、网络进行通信。在进行软件在环仿真时，传感器数据来自飞行模拟器中的飞行动力学模型。APM 内置了广泛的车辆模拟器，并且可以连接到多个外部模拟器，这样可以在众多类型车辆上进行测试。

PX4 是一个软硬件开源项目（遵守 BSD 协议），目的在于提供一款低成本、高性能的高端自动驾驶仪。同时，PX4 也是一款出色的飞行控制器，作为无人机核心平台被广泛应用。PX4 包括 QGroundControl 地面站、PX4 硬件和 MAVSDK 等，可以使用 MAVLink 协议与主控计算机、摄像头和其他硬件等进行集成。

PX4 支持和 Gazebo、FlightGear、JSBSim、jMAVSim、AirSim、Ignition、Gazebo 等仿真器一起用于软件在环或硬件在环仿真，仿真器包含了传感器（视觉、激光雷达、GPS 等）和执行机构（电机、电调）的模型，这些仿真器都使用 MAVLink API 与 PX4 进行通信。该 API 定义了一组 MAVLink 消息，可以将仿真器的传感器数据和其他信息提供给 PX4，PX4 计算输出电机和执行器的控制值。仿真器允许 PX4 的飞控系统在模拟世界中控制虚拟无人机，还可以使用 QGroundControl、API 接口、遥控器/游戏手柄与该虚拟无人机进行交互，就像与真实无人机进行交互一样。图 6-21 所示为 PX4 典型的软件在环仿真环境，系统的 API/Offborad、QGroundControl 或者其他地面站是通过 UDP 端口连接 PX4 的。PX4 使用仿真专用模块连接到仿真器的本地 TCP 4560 端口，然后仿真器使用上述 MAVLink API 与 PX4 交换信息。PX4 和仿真器可以在同一台计算机或同一网络上的不同计算机上运行。

除此之外，再介绍一下 PIXHawk。PIXHawk 是由 3DR 联合 APM 小组与 PX4 小组于 2014 年推出的，是 PX4 的升级版本，拥有 PX4 和 APM 两套固件和相应的地面站软件。该飞控系统是目前硬件规格较高、使用较多的产品。PIXHawk 使飞行器拥有多种飞行模式，支持全自主航线、关键点围绕、鼠标引导、跟随飞行、对尾飞行等高级的飞行模式，并能够完成自主参数调整。

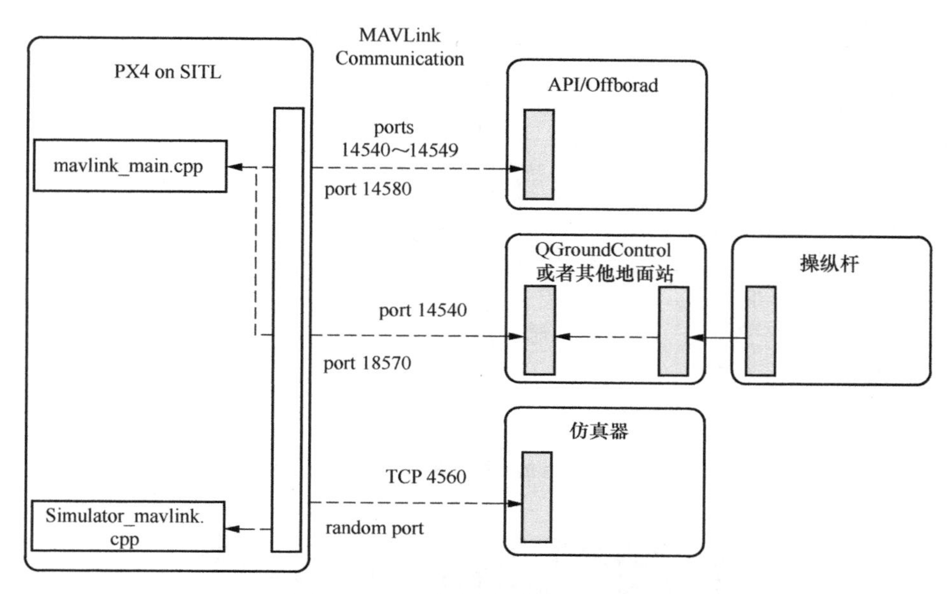

图 6-21　PX4 典型的软件在环仿真环境

6.3.2　XTDrone

XTDrone 是国内团队基于 PX4、ROS 与 Gazebo 开发的无人机通用仿真平台，集成了动力学模型、传感器模型、控制算法、状态估计算法和三维场景，支持多旋翼飞行器（包含四轴和六轴）、固定翼飞行器、复合翼飞行器与其他无人系统（如无人车、无人船与机械臂）。XTDrone 采用分层模块化架构，可靠性高，且便于维护和扩展，如图 6-22 所示。XTDrone 可支持常用的算法开发，如 SLAM、目标检测与追踪、视觉惯性导航、运动规划、姿态控制、多机协同等。仿真速度可根据计算机性能进行调整。

XTDrone 支持多无人机编队。简化仿真平台将无人机视作质点，用于协同控制算法开发。简化仿真平台的控制输入与完整仿真平台的控制输入完全一致，因此当使用简化仿真平台完成算法开发后，可以直接使用完整仿真平台进行验证。

XTDrone 还基于 Qt 语言开发了地面站软件 XTDGroundControl，可实时显示地图和飞机飞行轨迹，并支持多机路径规划，如图 6-23 所示。

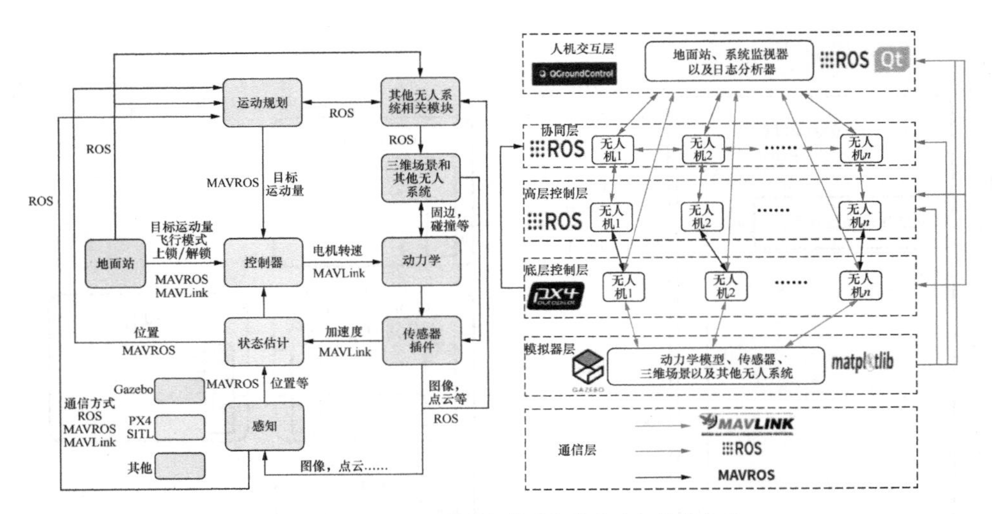

图 6-22　XTDrone 的单机仿真架构和多机仿真架构

图 6-23　多机路径规划结果

| 6.4　主要的水中无人平台仿真软件 |

英国Dynautics公司发布了用于水中无人系统设计、测试的仿真系统 SimBox。SimBox 系统包括模拟器软件、SPECTER 自动驾驶仪模块、前端远程控制工作站

（RCW）软件、GENIE 模拟和数字接口、电源和电缆等。SimBox 系统整体安装在坚固的手提箱（见图 6-24）中，可以用于自动驾驶仪测试、硬件在环测试、新概念研究等，为系统设计、开发和培训提供支撑。SimBox 系统的使用有助于确保在研制之前优化水中无人系统，减少开发时间和成本。

SimBox 系统包括两个软件即 Ship Sim 3（其界面见图 6-25）和 AUV Sim，它们为无人艇、无人潜航器的开发和测试提供了仿真环境。

图 6-24　SimBox 系统

图 6-25　Ship Sim 3 软件界面

Ship Sim 3 是 SimBox 系统的模拟器软件，可对无人艇及其各种行为进行高精度建模，如空气动力和流体动力计算模型、螺旋桨叶片扫掠时产生的力分量、波浪力以及负责规划行为的升力效应等；传感器模型包含误差估计、位置偏移、磁倾角和偏差等，其输出适于串行和以太网端口传输；海洋环境模型可配置海流、风速和海浪高度等参数；Ship Sim 3 内置的自动驾驶仪可进行航向、速度、航迹、姿态、深度和高度的模拟，并且支持用户添加拨盘、数字读数、LED、滑块和按钮等前端设计。该模拟器软件支持操纵杆、油门等控制装置，可以通过串行或模拟信号进行模拟控制。无论是水上还是水下，都可以通过 Ship Sim 3 对无人系统及其环境进行测试。

AUV Sim 是一个模拟无人潜航器的软件，支持有缆遥控式无人潜航器、自主式无人潜航器以及载人式潜水器，如图 6-26 所示。该软件支持无人潜航器的设计，可以灵活地配置潜航器部件（如执行器、推进器、管道风扇、灯光等），然后在仿真环境中进行测试，评估其稳定性和机动性，并进行灵敏度分析，以确定适合任务的最佳配置。AUV Sim 支持外部控制输入，可以接受来自第三方自动驾驶仪或 SPECTRE 自动驾驶仪的各种格式的命令，可以在海床上进行航向、速度、航迹、姿态、深度和高度测试。因此，在设计好无人潜航器之后，就可以在入水之前使用自动驾驶仪对无人潜航器进行机电系统、控制系统等硬件的在环测试，不断调整优化配置，直至其性能和可操作性满足任务要求。

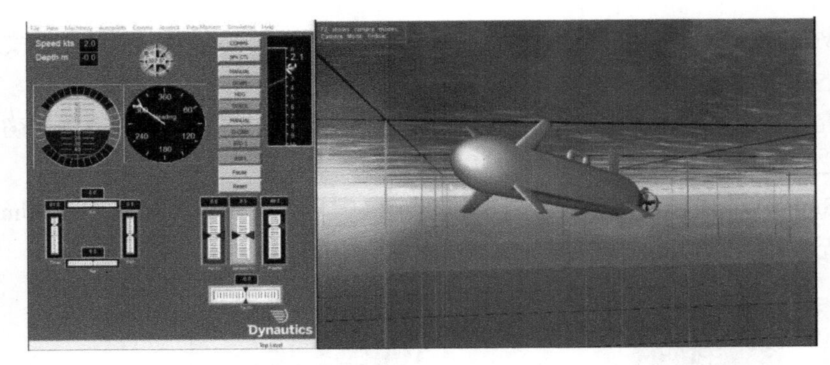

图 6-26　AUV Sim 对无人潜航器进行模拟仿真

6.5　仿真软件需要重点关注的方向

要支撑无人系统自主功能安全检验，仿真软件将来必须要关注以下几方面的问题。

1. 分布式大规模并行计算

将来，仿真软件必须能够支持场景中大量无人系统并发运行以及大量场景并行仿真。同一场景中可能存在大量无人系统，意味着仿真平台要能够检测到每一个系统的运行情况，这对系统的硬件以及软件都提出了更高的要求。

仿真软件在进行仿真任务时需要访问大量采集或者生成的数据，并利用 CPU 和 GPU 对这些数据进行再处理并还原，或者对已经结构化的数据进行 GPU 渲染再现。这些仿真任务都需要依赖强大的计算和存储能力。随着仿真内容的增加，单个计算机的性能很快成为瓶颈，一个计算节点不可能独立完成仿真任务。这就需要使用一种机制将仿真任务分配到多台计算机上，并且让所有计算机协同工作。

基于云计算的分布式概念能够帮助仿真软件达成这样的目的，分布式计算是随着互联网行业的快速发展而产生的。分布式框架可以将计算和存储任务进行拆分，让互相连接的每一台计算机承担一部分的计算和存储任务，并在需要的时候进行数据的同步和收集，降低单个节点成本，提高系统整体的计算能力和存储容量。目前，应用广泛的分布式框架有 Hadoop、Storm 和 Spark 等。

2. 场景库的丰富性

场景库可为仿真平台提供不同的仿真场景，而无人系统则根据设定好的场景运行。根据无人系统运行情况的好坏，可对无人系统的自主能力做出评判。在这样的情况下，谁能够获得更具代表性的“关键”场景，谁就能更好地区分出无人系统自主能力的高低，从而也就能更好地对无人系统的自主性、安全性进行评估。目前场景库还存在以下问题。

（1）场景库建设效率低、费用高。

（2）场景库规模不够大，多样性、覆盖性、可扩展性不强。

（3）场景数据的采集格式无法适用于各类平台及技术路线的研发与测试。

（4）针对不同场景下的测评指标体系尚不完善。

3. 数据一致性

在研究无人系统的分布式仿真时，需要着重关注数据一致性的问题。仿真模拟多建立在对现实世界的模拟之上，需要依赖现实时间的流逝，但随着硬件性能的提升，在某些模拟任务时，计算机在按照真实时间进行模拟仿真时并没有消耗其全部的性能。这时如果能够让计算机模拟的速度以高于真实时间的流逝速率运行，那么就能够更好利用硬件优势，并提高模拟效率。在计算和存储能力允许的情况下，仿真节点可以按照更高的频率进行仿真，并在更短的时间内完成仿真任务。但是为了保证仿真结果的一致性，各个仿真节点的加速程度又必须保持一致。因此为了同时满足动态时间和数据一致性的需求。仿真系统需要引入虚拟时间而非真实时间用于节点之间的同步。虚拟时间的优势在于不依赖真实时间，可快可慢。虚拟时间根据当前仿真任务的完成情况随时控制整个系统的运转速度，从而使每一个节点在完成任务的同时保证整个系统数据的一致性。

第7章
无人系统的环境感知

环境感知是无人系统技术体系的前提技术。对周边环境的准确感知是遥操作型无人系统或自主型无人系统能够顺利完成任务的前提。

自主型无人系统的简单运行需要解决“自己在哪里”的问题，涉及全局定位与局部定位。全局定位在空旷地带一般使用全球导航卫星系统（global navigation satellite system，GNSS），可以为用户提供空间、时间、方位等信息；局部定位的坐标原点可任意选择，在室内则常用惯性定位系统。自主型无人系统往往需要与环境进行交互，那么就需要对其所处环境进行建模。

无人系统可以通过各种独立的单传感器来获取周围的环境信息，然后通过人类赋予的自主能力和学习能力对这些环境信息进行理解。传感器检测技术从根本上决定着和制约着智能无人系统的环境感知能力。无人系统的传感器可以分为两大类：一类是感知无人系统本身状态的内部测量传感器（简称内传感器）；另一类是感知外部环境状态的外部测量传感器（简称外传感器）。内传感器是无人系统自身控制中不可缺少的部分，虽然与作业任务无关，却在制作无人系统时被当作本体的一个组成部分一并进行组装；外传感器是无人系统适应外部环境所必需的传感器，按照无人系统作业的内容和实际需要被安装在无人系统的不同部位。

高精度的局部环境感知任务一般由相机、激光雷达等传感器完成。精度和鲁棒性的不足，以及场景的复杂性，使得采用单一传感器（如相机、激光雷达）的环境感知系统往往无法满足任务需求。因此，研究者们逐步探索出多模态信息融合的解决方案。

（1）多传感器融合：由两种及两种以上的传感器组成混合系统。例如，相机、激光雷达和惯性测量单元两两组合或共同作用，采用松耦合或紧耦合两种融合方案，利用不同传感器自身优势并克服其他传感器的不足来提高混合系统在不同场景中的适应性。

（2）多特征基元融合：点、线、面、其他高维几何特征等与直接法相结合。这种融合技术不仅考虑多种传感器的特性，还将同一传感器（尤其是相机、激光雷达）获取的不同几何特征进行融合，进而提高单传感器或多传感器的环境感知能力。

（3）多维度信息融合：将传统方法获取的几何、物理信息，学习方法获取的语义、推理信息进行融合，同时使用长期稳定的特征信息和短时多变的物理信息，就可进一步提升无人系统的环境感知能力。

为了规划达到目的地的运行路径，应对无人系统所处的环境进行建模，并且最好以数据（地图）的形式表达出来。大多数系统最终采用的基本方法是无人系统每移动一段距离，就构建一幅局部地图，并将相邻局部地图合并，然后把合并后的局部地图融合到整个环境地图中去。因此，让无人系统自身具备更好的环境建模能力已成为一种发展趋势。环境建模技术即建图技术，可以用于解决无人系统“曾经到过哪些地方？”这一问题。想要回答这一问题，不可避免地要明确无人系统的位置信息。这两个问题是互相关联的，如果无人系统不能确定自己在什么地方，那么它也就无法建立精确的环境模型。此时，SLAM 技术将发挥重要作用，可以同时给出无人系统的位置及其所处的环境状态。基于 SLAM 技术，无人系统可以完成复杂的定位、导航、避障、重建、交互等任务。

7.1 定位导航

7.1.1 全球导航卫星系统

全球导航卫星系统是能在地球表面或近地空间的任何地点为用户提供全天候的三维坐标、速度以及时间信息的空基无线电导航系统。

全球导航卫星系统国际委员会公布的全球四大导航卫星系统供应商包括美国的全球定位系统（GPS）、俄罗斯的格洛纳斯导航卫星系统（GLONASS）、欧盟的伽利略导航卫星系统（GALILEO）和中国的北斗卫星导航系统（BDS）。其中，GPS 是世界上第一个建立并用于导航定位的全球系统；GLONASS 是俄罗斯建立和管理的在全球范围提供定位、导航、授时等服务的导航卫星系统；GALILEO 是第一个完全民用的导航卫星系统，目前处于商业运营阶段；BDS 是我国自行研制的全球导航卫星系统，也是继 GPS、GLONASS 之后的第三个成熟的导航卫星系统，目前已经可在全球范围内全天候、全天时为各类用户提供高精度、高可靠的定位、导航、授时服务，并且具备短报文通信能力。下面以 GPS 为例，介绍卫星导航的基本原理。

1. GPS 的构成

GPS 主要由空间卫星星座部分、地面监控部分和用户设备部分组成。

GPS 于 1994 年建成，卫星星座由 24 颗卫星组成，其中 21 颗为工作卫星，3 颗为备用卫星。24 颗卫星均匀分布在 6 个轨道平面上，即每个轨道面上有 4 颗卫星。卫星轨道面相对于地球赤道面的轨道倾角为 55°，各轨道平面的升交点的赤经相差 60°，一个轨道平面上的卫星比西边相邻轨道平面上的相应卫星升交角距超前 30°，以保证在全球任何地点任何时刻至少可以观测到 4 颗卫星。2011 年，美国空军扩展 GPS 卫星星座，调整 6 颗卫星的位置，并加入 3 颗卫星，扩大了 GPS 的覆盖范围，并提高了准确度。

地面监控部分主要由 1 个主控站、4 个注入站和 16 个监测站组成。主控站是整个地面监控系统的管理中心和技术中心，从各个监测站收集卫星数据，计算卫星星历和时钟修正参数，并通过注入站注入卫星。另外，主控站向卫星发送命令控制卫星并在卫星发生故障时完成调度。监测站负责采集 GPS 卫星数据和当地的环境数据，然后发送给主控站。注入站的作用是把主控站计算得到的卫星星历、导航电文等信息注入到相应的卫星。

用户设备主要为 GPS 接收机，主要作用是从 GPS 卫星接收信号并利用传来的信息计算用户的三维位置及时间。

2. GPS 定位原理

卫星具体位置已知时，GPS 借助对多颗卫星的距离测量，可根据几何知识计算用户的具体位置。GPS 卫星载有高精度的原子钟（如铯钟），原子钟控制着 GPS 卫星按一定时序不停地发射导航广播。导航广播含有时间信息，用户依据接收的导航广播就可计算导航电文离开卫星的时刻，只要记录下接收导航电文的时刻，就可方便地算出导航电文从卫星到用户的传播时间，传播时间乘以光速就是用户到卫星的距离。同时，导航电文中含有每颗卫星的星历信息，根据星历就可得出卫星的准确位置。理论上，用户只要同时接收 3 颗卫星的导航电文，就可确定用户自身的位置。由 3 颗卫星和 3 个距离可确定 3 个球面，球面中心为卫星位置，球面半径是用户到卫星的距离，用户必定位于 3 个球面的交点上。

实际中，用户记录导航电文接收时刻的时钟通常为精度较低的石英钟。其显示的时间与 GPS 系统时间并不同步，即使卫星搭载的钟的显示时间也达不到与 GPS 系统时间同步。因此，工程计算需要引入第四颗 GPS 卫星来确定接收机时钟显示的时间与 GPS 系统时间的时差。

3. GPS 差分技术

GPS 定位存在 3 部分误差：一是接收机公有的误差，如卫星钟误差、星历误差等；二是传播延迟误差，如电离层误差、对流层误差等；三是各用户接收机所固有的误差，如内部噪声、通道延迟、多径效应等。为了减少这些误差对观测精度的影响，GPS 多采用差分技术。差分技术就是在一个测站对两个目标进行观测值求差；或在两个测站对一个目标进行观测，将观测值求差；或在一个测站对一个目标的两次观测量之间进行求差。差分的目的是消除公共误差，提高定位精度。例如，将一台 GPS 接收机安置在基准站上观测，根据基准站已知的精确坐标计算的基准站到卫星的距离和基准站接收机观测的伪距离之间存在一个差值，这个差值（改正数）由基准站实时地发送出去，用户接收机在进行观测的同时，也接收到基准站的改正数，并对定位结果进行修正消除公共误差。差分技术可完全消除上述的第一部分误差，并能消除第二部分误差的大部分，但无法消除第三部分误差。

根据差分 GPS 基准站发送信息的方式不同，GPS 差分技术可分为 3 类：位置差分、伪距差分和载波相位差分。

（1）位置差分技术：这是最简单的差分技术，适用于所有 GPS 接收机。位置差分技术要求基准站与测站观测完全相同的一组卫星。改正数为位置改正数，即基准站上的接收机对 GPS 卫星进行观测，确定测站的观测坐标。测站的已知坐标与观测坐标之差就是位置改正数。

（2）伪距差分技术：这是用途最广的一种技术。改正数为距离改正数，即利用基准站坐标和卫星星历可计算出基准站与卫星之间的距离。用计算距离减去观测距离即得距离改正数。

（3）载波相位差分技术：该技术建立在实时处理两个测站的载波相位基础上，能以厘米级的精度实时提供测站的三维坐标。载波相位差分技术又分为原始相位观测量差分技术和相位改正数差分技术。前者与静态测量的定位原理相同，能实时将一个站的载波相位传送给另一站，共同求解出基线分量。这种差分技术定位精度能达到厘米级，但存在着实时求解相位模糊度的关键问题。后者是由基准站发送伪距和相位改正数，使用户利用相位改正数进行点位计算。这种技术又称准载波相位差分，精度可达到分米级。相位改正数差分技术传送的是载波相位改正数，而不是载波相位观测量，要求的动态范围小、额定带宽窄。

7.1.2 惯性导航系统

惯性导航系统是包含计算机、加速度计、陀螺仪或其他运动传感器的导航系统。初始时，由外界（操作人员及 GPS 接收器等）给惯性导航系统提供初始位置及速度，此后惯性导航系统通过对运动传感器的信息进行整合计算，用加速度计测量出载体坐标的加速度，再进行二次积分，得到相应的位移；用陀螺仪感知转速，经过一次积分得到转动角度，将上述过程经过多次迭代推算出实时位置。惯性导航系统的优势在于给定了初始条件后，不需要外部参照就可确定载体当前位置、方向及速度，所以惯性导航系统拥有完全自主性，对工作环境没有要求，在航天、航空、航海等领域中有着非常广泛的应用。

惯性导航系统分为平台惯性导航系统和捷联惯性导航系统。

（1）平台惯性导航系统。平台惯性导航系统指具有物理稳定平台的惯性导航系统。物理稳定平台是平台惯性导航系统的核心部分。测量载体加速度所用到的加速度计安装在物理稳定平台上，系统利用了陀螺仪的进动性，对其施以力矩控制，抵消了陀螺仪为了与惯性空间保持相对稳定而产生的转动角度，使其始终跟踪指定的导航坐标系，避免了载体运动对加速度测量产生影响，为整个系统提供了测量基准。

物理稳定平台可以直接模拟导航坐标系，避免载体运动对惯性元件产生影响，并且可以利用框架上的角度传感器直接测量出用于导航推算的姿态角，但也有成本高、难以维护、可靠性低等缺点。

（2）捷联惯性导航系统。捷联惯性导航系统（strap-down inertial navigation system，SINS）将陀螺仪和加速度计直接安装在载体上。在安装时，这两种惯性元件在三维坐标系的每个方向上各安装一个，并且保证同类型元件的输入轴两两正交。姿态矩阵由陀螺仪采集到的角速度计算得到，并且在姿态矩阵中能提取出载体的航向和姿态等信息，加速度计在载体坐标中的输出左乘转移矩阵，即得到相应的导航坐标系中的加速度信息，然后再对转移后的加速度进行解算。

捷联惯性导航系统省去了物理稳定平台，大大减小了整个系统的质量、体积，降低了成本，其敏感元件更容易安装、维修及更换。但是其惯性元件直接固连在载体上，载体振动会对惯性元件产生冲击，影响整个系统精度，因此需要制定相应的误差补偿方案或者采用性能更好的陀螺仪。

7.1.3 组合导航系统

组合导航系统，又称卫星惯导组合导航系统，即系统包含全球导航卫星系统和惯性导航系统。组合导航系统克服了各自缺点，取长补短，导航精度高于两个系统单独工作的精度。

组合导航系统的优点表现为：对惯性导航系统，全球导航卫星系统的辅助可以实现惯性传感器的校准、惯性导航系统的空中对准、惯性导航系统高度通道的稳定等，从而可以有效地提高惯性导航系统的性能和精度；对全球导航卫星系统，惯性导航系统的辅助可以提高全球导航卫星系统的跟踪能力，提高接收机的动态特性和抗干扰性。

根据使用的导航卫星系统不同，组合导航系统可以分为 GPS 和 INS 组合系统、BDS 和 INS 组合系统、GNSS 和 INS 组合系统等；根据组合方式不同，组合导航系统可以分为松耦合、紧耦合和超紧耦合 3 种。所谓松耦合，即 GNSS 和 INS 独立工作。GNSS 得到的位置、速度信息，以及 IMU 通过 INS 解算获得的速度信息通过组合滤波器，得到的结果用于校正 INS 误差，这样能够使 INS 一直能够保持较高的导航精度。这种组合模式具有简单的组成结构且工程易实现而得到广泛的应用。紧耦合系统则利用 INS 和 GNSS 的伪距和伪距率工作。GNSS 通过射频辐信号处理器、GNSS 码环和载波跟踪环可以得到伪距和伪距率。超紧耦合模式不仅将观测到的伪距、伪距率参数进行组合，还在跟踪环路过程中将 INS 输出的速度信息反馈到跟踪环路。

7.1.4 SLAM 及应用

SLAM 通常是指机器人或者其他载体通过对各种传感器对实际环境中的各类原始数据进行采集和计算，生成其自身位置、姿态的定位和场景地图信息的技术，主要用于解决机器人或者其他载体在未知环境运动时的定位与地图构建问题。SLAM 在服务型机器人、无人机、AR/VR（增强现实/虚拟现实）、自动驾驶汽车等领域有着广泛的应用。

目前，常见的 SLAM 有两种形式：基于激光雷达的 SLAM（激光 SLAM）和基于视觉的 SLAM（visual SLAM，VSLAM)。激光雷达采集到的物体信息呈现为一系列分散、具有准确角度和距离信息的点，这些点的集合被称为点云。通常，激光 SLAM

通过对不同时刻网片点云的匹配与比对，计算激光雷达相对运动的距离和姿态的改变，完成对无人系统自身的定位。激光雷达测量距离比较准确，误差模型简单，在强光直射以外的环境中可稳定运行、点云的处理也比较容易。同时，点云信息本身包含直接的几何关系，使无人系统的路径规划和导航变得直观。随着特征点匹配技术、光束法平差等方法的发展，以及相机技术、计算性能的进步，出现了大量利用相机作为传感器的 VSLAM 方法。VSLAM 使用相机作为传感器，可以从环境中获取海量、富于冗余的纹理信息，拥有超强的场景辨识能力。

一般来说，SLAM 可以分为 5 个模块，包括传感器、视觉里程计、后端、建图及回环检测。传感器主要用于采集实际环境中的各类型原始数据，如激光扫描数据、视频图像数据、点云数据等。视觉里程计主要用于估算不同时刻间移动目标的相对位置，包括特征匹配、直接配准等算法的应用。后端主要用于优化视觉里程计带来的累计误差，包括滤波器、图优化等算法应用。建图用于三维地图构建。回环检测主要用于空间累计误差的消除。SLAM 的工作流程大致为：传感器读取数据后，视觉里程计估计两个时刻的相对运动，后端处理视觉里程计估计结果的累计误差，建图则根据前端与后端得到的运动轨迹来建立地图，回环检测考虑了同一场景不同时刻的图像，提供了空间约束来消除累计误差。

SLAM 问题可以看作一个状态估计，即通过带有噪声的测量数据估计内部隐藏的状态变量。大体来说，目前状态估计的常用算法主要包含两种：滤波方法和非线性优化方法。

SLAM 应用领域广泛。商业领域方面，目前 SLAM 应用最为成熟的应该是扫地机行业，扫地机通过用 SLAM 算法结合激光雷达或者相机的方法，让扫地机可以高效绘制室内地图，智能分析和规划扫地环境，完成智能导航。除了扫地机之外，SLAM 技术在其他服务机器人（如商场导购机器人、银行机器人）、无人机、自动驾驶汽车等都有应用。工业领域方面，SLAM 应用主要是集中在自动导引车上，将 SLAM 运用在自动导引车上，可以不用预先铺设任何轨道，方便工厂生产线的升级改造和导航路线的变更，实时避障，环境适应能力强，同时能够更好地实现多自动导引车的协调控制。

随着任务需求变化，应用环境日益复杂，无人系统对 SLAM 技术的环境感知精度、鲁棒性等要求进一步提高，那么使用单一传感器（如相机、激光雷达、毫米波雷达等）对环境进行建模显得捉襟见肘，故而研究者们逐步探索出多模态信息融合（如多特征基元、多传感器、多维度信息融合等）的 SLAM 解决方案。

7.2　单传感器环境感知

7.2.1　相机与视觉感知经典算法

1. 相机分类及其工作原理

按工作方式不同，相机可分为单目相机、双目相机和深度相机。本节将对这 3 类相机进行介绍。

（1）单目相机。单目相机将三维世界中的坐标点映射到二维物理成像平面，该过程可以用光的直线传播原理与几何模型进行描述。单目相机的模型有很多种，最简单的模型为针孔模型，如图 7-1 所示。本节中主要介绍针孔模型，并对单目相机的工作原理进行阐释。

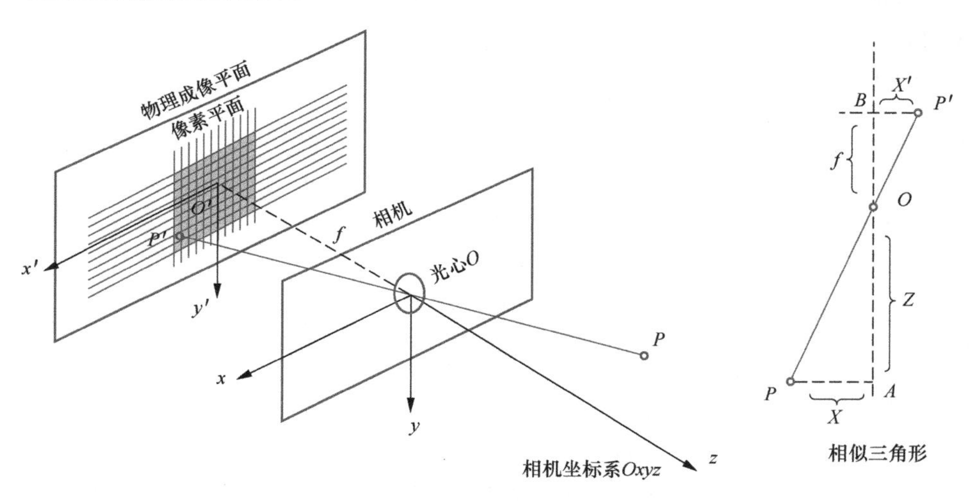

图 7-1　针孔模型

针孔模型的主要组成部分有光心（投影中心）、物理成像平面、光轴等。针孔模型可以进行简单的几何建模：在空间中建立 $Oxyz$ 相机坐标系，O 为原点（相机的光心）。现实世界中的空间点 P，经过光心 O 投影之后，落在物理成像平面 $O'x'y'$ 上，成像点为 P'。设 P 的坐标为 (X,Y,Z)，P'的坐标为 (X',Y',Z')，且设物理成像

平面到光心的距离为f，则根据三角形相似关系，有

$$\frac{Z}{f}=-\frac{X}{X'}=-\frac{Y}{Y'} \tag{7-1}$$

式中，负号表示针孔模型为倒立成像；f为相机焦距。

对模型进行进一步的简化，将物理成像平面对称到相机前方，和三维空间点一起放在相机坐标系的同一侧，如图 7-2 所示。此时，式（7-1）被简化为

$$\frac{Z}{f}=\frac{X}{X'}=\frac{Y}{Y'} \tag{7-2}$$

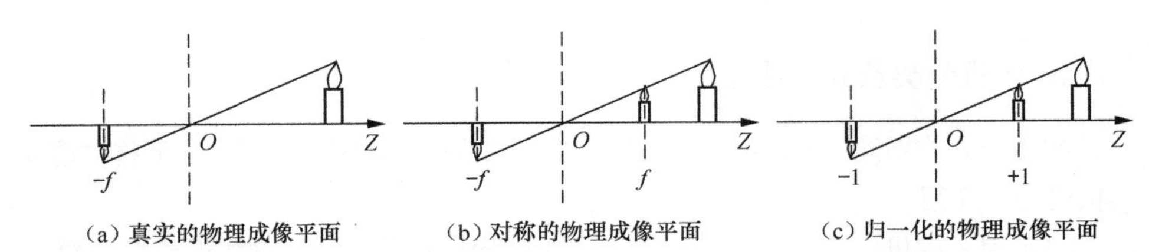

(a) 真实的物理成像平面　(b) 对称的物理成像平面　(c) 归一化的物理成像平面

图 7-2　真实的物理成像平面、对称的物理成像平面、归一化的物理成像平面示意

为了方便描述相机传感器中真实物体与像素的对应转换关系，可在物理成像平面上构建一个像素平面坐标系 $O'uv$ 。则在该坐标系中 P' 的像素坐标可表示为 (u,v) 。图像的像素坐标系和物理成像坐标系之间的转换关系包含一次缩放 (α,β) 和一次原点平移 (c_x,c_y) 。可以用常系数将二者的转换关系表示为

$$\begin{cases}u=\alpha X'+c_x\\v=\beta Y'+c_y\end{cases} \tag{7-3}$$

令 $f_x=\alpha f$ 、 $f_y=\beta f$ ，结合式（7-2）可得

$$\begin{cases}u=f_x\dfrac{X}{Z}+c_x\\v=f_y\dfrac{Y}{Z}+c_y\end{cases} \tag{7-4}$$

若使用齐次坐标，则可将式（7-4）用矩阵的形式表示为

$$Z\begin{bmatrix}u\\v\\1\end{bmatrix}=\begin{bmatrix}f_x&0&c_x\\0&f_y&c_y\\0&0&1\end{bmatrix}\begin{bmatrix}X\\Y\\Z\end{bmatrix}=\boldsymbol{K}\begin{bmatrix}X\\Y\\Z\end{bmatrix} \tag{7-5}$$

式中，矩阵 $\boldsymbol{K}$ 由中间量获得，被称为相机的内参矩阵。一般而言，内参矩阵取决于相机与镜头自身的配置参数，在需要时可以查阅厂商提供的使用手册，或者自行进行标定。

除了用来描述相机坐标与像素坐标变换的内参矩阵，还需要一个外参矩阵来

描述世界坐标与相机坐标的变换。使用 $\boldsymbol{P}_{\mathrm{w}}$ 表示相机的世界坐标点矢量，旋转矩阵 $\boldsymbol{R}$ 与平移向量 $\boldsymbol{t}$ 描述相机的位姿。其中，$\boldsymbol{R}$ 与 $\boldsymbol{t}$ 或其组成的矩阵 $\boldsymbol{T}$ 被称作相机的外参，那么可以得到转换关系：

$$Z\begin{bmatrix} u \\ v \\ 1 \end{bmatrix} = \boldsymbol{K}\left(\boldsymbol{R}\boldsymbol{P}_{\mathrm{w}} + \boldsymbol{t}\right) = \boldsymbol{K}\boldsymbol{T}\boldsymbol{P}_{\mathrm{w}} \tag{7-6}$$

（2）双目相机。针孔相机模型可以很清晰地阐释单目相机的成像原理。但是不能仅根据一个像素的成像平面坐标来确定这个空间点的具体位置，还需要获得目标空间点 P 的深度，才能知道它的具体空间位置。根据空间点三角化的原理，需要两个相机传感器获取图像信息，于是人们创造了双目相机。

和人眼类似，双目相机可以通过不同位置的两个相机同步采集图像，计算图像间的视差就能估计每个像素的深度。

一般而言，主流的双目相机都是水平放置的左右目相机，它们的光圈中心（O_{L}、O_{R}）位于 x 轴方向的一条直线上，两个光圈中心间的距离称为双目相机的基线，是双目相机的重要参数。

双目相机的成像模型如图 7-3 所示。

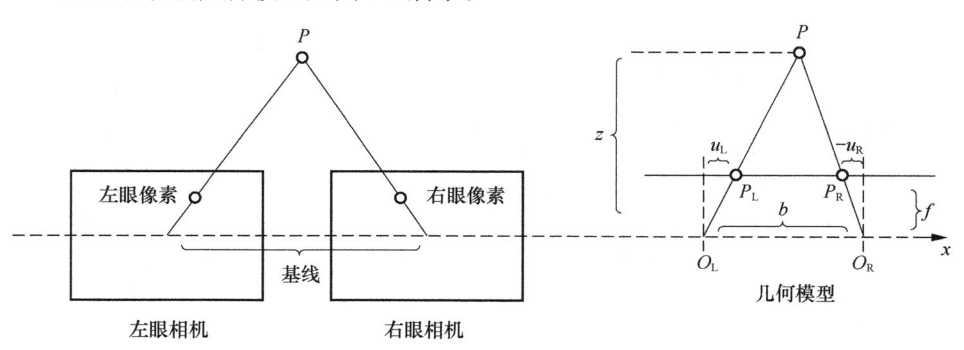

图 7-3　双目相机的成像模型

注：O_{L}，O_{R} 为左右光圈中心，矩形框为成像平面，f 为焦距，u_{L} 和 u_{R} 为成像平面的坐标。

假设有一空间点 P，它在左眼和右眼各成一像，分别记作 P_{L}、P_{R}。由于相机基线的存在，这两个成像位置是不同的。理想情况下，由于左右相机只有在 x 轴上有位移，因此 P 的像也只在 x 轴（对应图像的 u 轴）上有差异。可记它在左侧的坐标为 u_{L}，右侧坐标为 u_{R}。那么，它们的几何关系如图 7-3 所示。根据 $\triangle PP_{\mathrm{L}}P_{\mathrm{R}}$ 和 $\triangle PO_{\mathrm{L}}O_{\mathrm{R}}$ 的相似关系，有

$$\frac{z-f}{z}=\frac{b-u_{\mathrm{L}}+u_{\mathrm{R}}}{b} \Rightarrow z=\frac{fb}{d} \tag{7-7}$$

式中，$d=u_{\mathrm{L}}-u_{\mathrm{R}}$ 为左右目图像的横坐标之差，称为视差（disparity）。视差与深度 z 成反比：视差越大，z 越小。因此，可以根据视差估计一个像素离相机的距离（深度）。由于视差最小为一个像素，所以双目相机的深度存在一个理论上的最大值。基线越长时，双目相机能测量物体的最大距离变远；反之，小型器件则只能近距离测量物体。虽然由视差计算深度的公式很简洁，但视差本身的计算却比较困难，需要确切地知道左右目图像中像素的对应关系。另外，当需要计算每个像素的深度时，其计算量与精度都将成为问题，而且只有在图像纹理变化丰富的地方才能计算视差。

（3）深度相机。不同于双目相机通过视差计算深度的方式，深度相机通过更为主动的方式测量每个像素的深度。目前，深度相机按原理不同可分为结构光相机和飞行时间相机两大类：结构光相机（例如 Kinect 1 代、ProjectTango 1 代、Intel RealSense 等）通过红外结构光（structured light）测量像素距离，包括单目结构光相机、双目结构光相机等；飞行时间相机（例如 Kinect 2 代和一些现有的 ToF 传感器等）通过飞行时间（time-of-flight，ToF）原理测量像素距离。深度相机原理如图 7-4 所示。

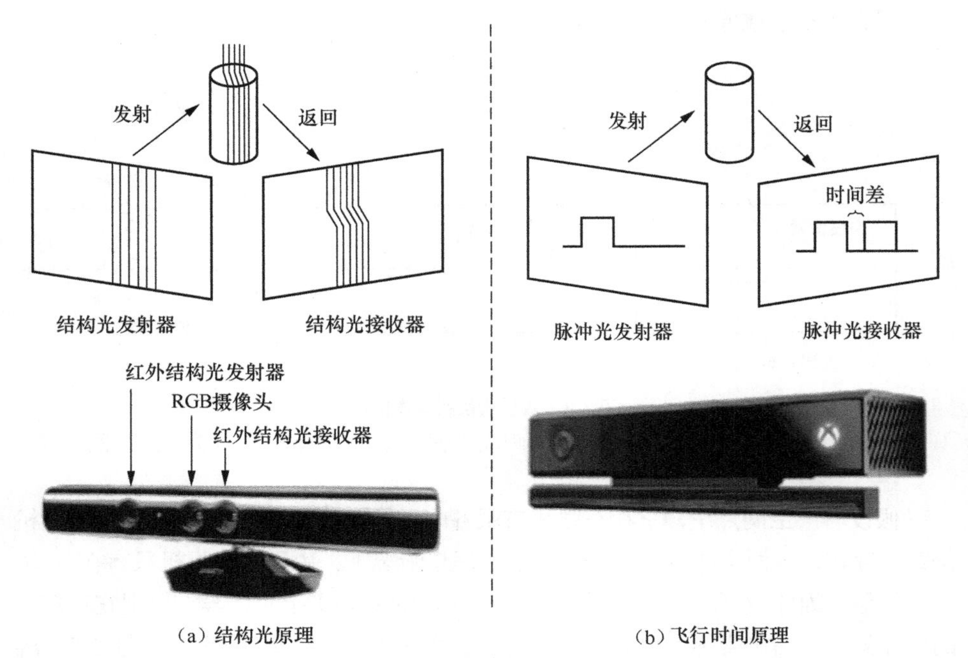

（a）结构光原理　　（b）飞行时间原理

图 7-4　深度相机原理

事实上，无论是结构光相机还是飞行时间相机，都会向探测目标主动发射一束通常为红外线的光线，这使得它们不再受环境光照和纹理的限制，且可以在夜间使用。

结构光相机能够主动发射经过序列编码后的结构光，并根据返回的光线及其编码计算物体离相机的距离。结构光的编码方式包括时分复用编码和空分复用编码。时分复用编码需要发射 N 个连续序列的不同编码光，接收端会根据接收到的 N 个连续的序列图像来识别编码点、计算深度。其优点是可以得到高分辨率深度图、受物体本身颜色影响小；缺点是不适用于动态场景、计算量大。空分复用编码根据像素周围邻域一个窗口内所有点的分布来识别编码，适用于运动物体，但在不连续的物体表面可能出现错误解码问题。

飞行时间相机通过向目标发射脉冲光，然后根据发送到返回之间的光束飞行时间，确定目标的距离。飞行时间相机和激光传感器十分相似，只不过激光传感器是通过逐点扫描来获取距离，而飞行时间相机可以获得整个图像的像素深度。飞行时间相机的优点是可以通过调节发射脉冲的频率来改变测量距离，而且精度不会随距离的增大而衰减，抗干扰能力也较强。但其也存在功耗大、分辨率低、深度图质量差的缺点。

在测量深度之后，深度相机通常按照生产时各个相机的摆放位置完成深度与 RGB 彩色图像素之间的配对，输出像素对应的彩色图和深度图。因此，深度相机可以在同一个图像位置，读取到色彩信息和距离信息，计算像素的三维相机坐标，进而生成点云。

深度相机能够实时地测量每个像素点的距离，但它的使用范围比较有限。深度相机主动发射/接收回波的传感器设备的测量精度容易受环境噪声、物体表面无法回波的影响。例如，用红外光进行深度值测量的深度相机，容易受日光或其他传感器发射的红外光的干扰，因此不能在室外使用；对于透射材质的物体，由于深度相机接收不到反射光或反射光弱，所以物体的位置无法被精确测量。

2. 视觉感知经典算法

（1）物体检测算法。在机器视觉中，物体检测的经典算法主要有梯度方向直方图（histogram of oriented gradient，HOG）与支持向量机（support vector machine，SVM）结合的算法、DPM 算法、Haar 特征和 Adaboost 算法的结合。本节以 HOG 与 SVM 结合的算法作为典例，对其作简要分析。

① HOG。HOG 特征是一种在计算机视觉和图像处理中用来进行物体检测的特征描述子。HOG 特征通过计算、统计图像局部区域的梯度方向直方图来构成特

征向量。HOG 的主要思想：在数据图像中，在物体的边缘部分才有比较明显的梯度（背景或物体内部色彩变化不明显，因此梯度也不明显），所以物体的表象与形状可以较好地被梯度描述。

HOG 在图像存在几何、光学的形变时能保持较好的稳定性，鲁棒性较好。在计算时，像素被分组为小单元，称为细胞单元；对每个细胞单元，计算其所有梯度方向并将它们按方向区域分组，最后总结每个样本中的梯度幅度。其中，梯度越大，权重越大，同时噪声带来的随机取向造成的影响也被降低了。HOG 用于提供选定单元的主导方向，对所有单元格执行上述操作可以表征图像结构。

HOG 特征的具体提取步骤如下。

（a）归一化图像。为了减少光照因素的影响，首先需要对整个图像进行归一化。在图像的纹理强度中，局部的表层曝光贡献的比重较大，所以，这种归一化处理能够有效地降低图像局部的阴影和光照变化，同时抑制噪声的干扰。因为颜色信息作用不大，故归一化处理前通常先将 RGB 彩色图像转化为灰度图。

（b）计算图像梯度。计算图像横坐标和纵坐标方向的梯度，并据此计算每个像素位置的梯度方向值。求导操作不仅能捕获轮廓信息（如人影和一些纹理信息），还能进一步弱化光照的影响。

最常用的方法是：简单地使用一个一维的离散微分模板在一个方向上或者同时在水平、垂直两个方向上对图像进行处理。更确切地说，这个方法需要使用滤波器核滤除图像中的色彩或变化剧烈的数据。

（c）构建方向的直方图。这一步是为局部图像区域提供一个编码，同时能够保持对图像中目标的姿势和外观的弱敏感性。

在这一步中，细胞单元中的每一个像素点都为需要某个基于方向的直方图通道投票。投票采用了加权投票的方式，即每一票都是带有权值的，这个权值是根据该像素点的梯度幅度计算出来的。可以采用幅值本身或者它的函数来表示这个权值，实际测试表明：使用幅值来表示权值能获得最佳的效果，当然，也可以选择幅值的函数来表示，比如幅值的平方根、幅值的平方、幅值的截断形式等。细胞单元可以是矩形的，也可以是星形的。直方图通道平均分布在 0 ~ 180°（无向）或 0 ~ 360°（有向）范围内。经研究发现，采用无向的梯度和 9 个直方图通道，能在行人检测试验中取得最佳的效果。

（d）将细胞单元组合成大的区间。由于存在着局部光照的变化以及前景-背景对比度的变化，图像中梯度强度的变化范围非常大。这就需要对梯度强度再次进行归一化。归一化能够进一步对光照、阴影和边缘进行压缩。一般而言，采取的办法是：把各个细胞单元组合成一个容量较大、空间上连通的区间。这样处理以后，HOG 描述子就变成了由各区间所有细胞单元的直方图成分所组成的一个向量。这些区间是互有重叠的，这就意味着：每一个细胞单元的输出都多次作用于最终的描述器。

区间有两种主要的几何形状——矩形区间（R-HOG）和环形区间（C-HOG），如图 7-5 所示。R-HOG 区间主要是一些方形的格子，一般有 3 种表征参数：每个区间中细胞单元的数目、每个细胞单元中像素点的数目、每个细胞单元的直方图通道数目。

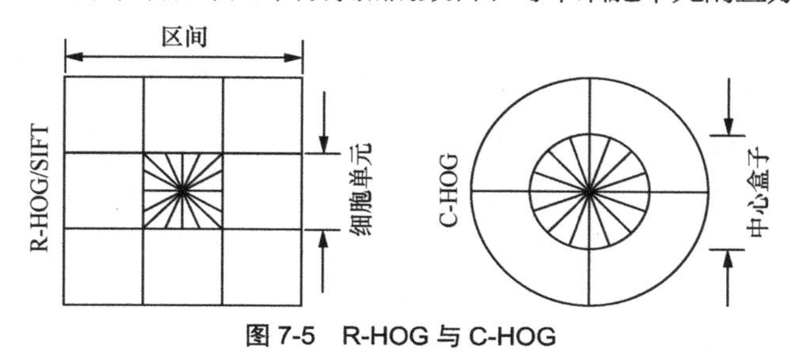

图 7-5　R-HOG 与 C-HOG

（e）收集 HOG 特征。最终，将检测窗口中所有重叠的块进行 HOG 特征收集，并将它们组合成最终的特征向量供分类使用。

HOG 特征提取算法流程如图 7-6 所示。最典型的方案就是把提取的特征输入到 SVM 分类器中，寻找一个最优超平面作为决策函数。

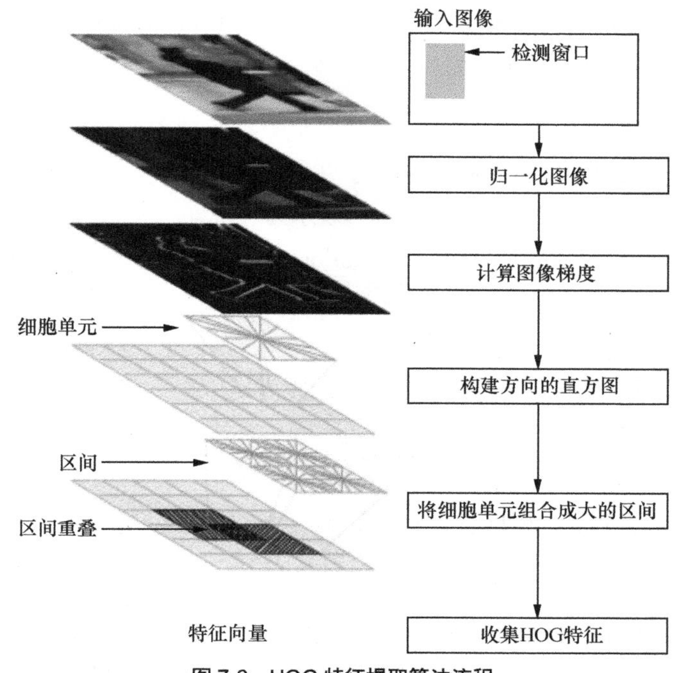

图 7-6　HOG 特征提取算法流程

② SVM。SVM 是一类按监督学习（supervised learning）方式对数据进行二元分类的广义线性分类器，其目标是寻找满足约束条件下的最优分类超平面，如图 7-7 所示。SVM 还可以使用核技巧，这使它成为实质上的非线性分类器。SVM 的学习策略就是间隔最大化，可以被转化为一个求解凸二次规划的问题，也等价于正则化的损失函数最小化问题。SVM 的学习算法就是求解凸二次规划的最优化算法。

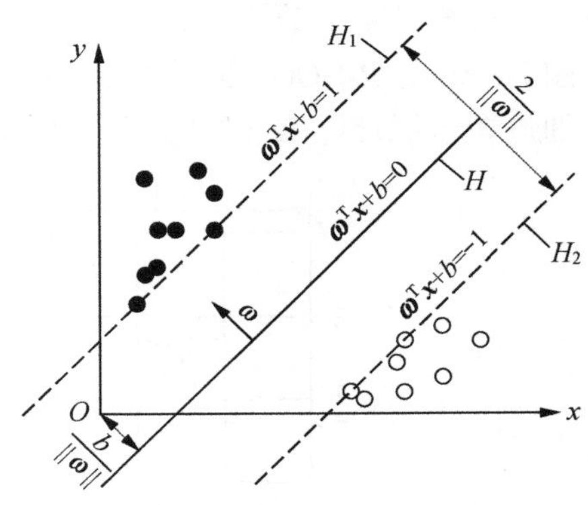

图 7-7　最优分类超平面

SVM 的基本思想可由图 7-7 所示说明。

在图 7-7 中，H_1、H_2 是训练样本（实心点和空心点）平行于分类线 H 的直线，它们之间的距离被称为分类间隔。简而言之，SVM 就是要产生分类线（在 n 维空间内就是一个超平面），将样本合理分类。

超平面可以定义为

$$f(\boldsymbol{x})=\boldsymbol{\omega}^{\mathrm{T}}\boldsymbol{x}+b \tag{7-8}$$

式中，$\boldsymbol{\omega}$ 为权重向量，b 为偏差。可以通过缩放 $\boldsymbol{\omega}$ 和 b，得到无限多种超平面。一般而言，最优超平面可以定义为

$$\left|\boldsymbol{\omega}^{\mathrm{T}}\boldsymbol{x}+b\right|=1 \tag{7-9}$$

式中，$\boldsymbol{x}$ 表示最接近超平面的训练样本。

点 $\boldsymbol{x}$ 和超平面($\boldsymbol{\omega}$，b)之间的距离可表示为

$$d=\frac{\left|\boldsymbol{\omega}^{\mathrm{T}}\boldsymbol{x}+b\right|}{\|\boldsymbol{\omega}\|} \tag{7-10}$$

通常，最接近超平面的训练样本称为支持向量，式（7-9）被称为规范超平面。对于规范超平面，支持向量到规范超平面的距离 d_{sv} 为

$$d_{\mathrm{sv}}=\frac{\left|\boldsymbol{\omega}^{\mathrm{T}}\boldsymbol{x}+b\right|}{\|\boldsymbol{\omega}\|}=\frac{1}{\|\boldsymbol{\omega}\|} \tag{7-11}$$

设 M 为分类间隔，根据前面的定义有

$$M=\frac{2}{\|\boldsymbol{\omega}\|} \tag{7-12}$$

最佳的样本分类是 M 越大越好，这样训练样本就被分得越开，使 M 最大化的问题等同于下面最小化函数 $L(\boldsymbol{\omega})$ 的问题。这样就能正确地分类所有的训练样本 $\boldsymbol{x}_i$。

$$\min_{\omega,b} L(\boldsymbol{\omega}) = \frac{1}{2}\|\boldsymbol{\omega}\|^2 \quad \text{s.t.} \quad y_i\left(\boldsymbol{\omega}^{\mathrm{T}}\boldsymbol{x}_i + b\right) \geqslant 1 \tag{7-13}$$

式中，y_i为对应样本的标签。

（2）图像分类算法。图像分类算法的关键与主要研究内容就是对图像进行特征描述。一般来说，图像分类算法通过手工特征或者特征学习方法先对整个图像进行全局描述，然后使用分类器判断是否存在某类物体。下面以经典的 K 近邻（K-nearest neighbor，KNN）算法为例介绍图像分类算法。

KNN 算法是一个理论上比较成熟的方法，也是最简单的机器学习算法之一。其思路非常简单直观：如果一个样本在特征空间中的 K 个最相似（即特征空间中最邻近）的样本中的大多数属于某一个类别，则该样本也属于这个类别。该方法在定类决策上只依据最邻近的一个或者几个样本的类别来判定待分类样本所属的类别。

KNN 算法的不足之处是计算量较大，因为对每一个待分类的样本，都要计算它到全体已知样本的距离，才能求得它的 K 个最近邻样本。对于该问题，目前常用的解决方法是事先对已知样本进行筛选，去除对分类作用不大的样本。另外，KNN 算法比较适用于样本容量比较大的类域的自动分类，对那些样本容量较小的类域比较容易产生误分类。

总体来说，KNN 算法包括以下 4 个步骤。

① 数据输入与预处理。

② 计算测试样本（即待分类点）到其他每个样本的距离。

③ 对每个距离进行排序，选择距离最小的 K 个样本。

④ 对 K 个样本所属的类别进行比较，将测试样本归入在 K 个样本中占比最高的那一类。KNN 算法被广泛应用于机器视觉的各应用领域，如车辆检测、行人检测等。

（3）图像分割算法。图像分割指的是把图像分成若干个特定的、具有独特性质的区域并提取感兴趣目标的技术和过程。它是由图像处理到图像分析的关键步骤，也是目标表达的基础，使得更高层的图像分析和理解成为可能。从数学角度来看，图像分割是将数字图像中具有不同含义的部分划分成互不相交的区域的过程。图像分割的过程也是一个标记过程，即赋予属于同一区域的像素相同的编号。

传统的图像分割算法主要包括基于阈值的图像分割方法、基于区域的图像分割方法、基于边缘的图像分割方法等。

① 基于阈值的图像分割方法。基于阈值的图像分割方法实际上是输入图像

$f(i,j)$到输出图像$g(i,j)$的如下变换：

$$g(i,j)=\begin{cases}1, & f(i,j)\geqslant T\\ 0, & f(i,j)<T\end{cases} \tag{7-14}$$

式中，(i,j)为图像像素坐标，T为阈值，对于目标的图像元素$g(i,j)$=1，对于背景的图像元素$g(i,j)$=0。

由此可见，基于阈值的图像分割方法的关键是确定阈值，如果能确定一个合适的阈值就可准确地将图像分割开来。阈值确定后，将阈值与全体像素的灰度值进行逐个比较（该过程可以与像素分割并行进行），最终直接给出图像分割的结果。

基于阈值的图像分割方法的优点是计算简单、运算效率较高、速度快。在重视运算效率的应用场合中，该方法得到了广泛应用（被大量部署在嵌入式、移动端的硬件平台上）。

阈值处理技术是基于阈值的图像分割方法的关键。现如今，各类阈值处理技术快速发展，包括全局阈值、自适应阈值、最佳阈值等。

全局阈值是指整幅图像使用同一个阈值做分割处理，这种方法只适用于背景和前景有明显对比的图像。但是这种方法只考虑像素本身的灰度值，一般不考虑空间特征，因而对噪声很敏感。常用的全局阈值选取方法有利用图像灰度直方图的峰谷法、最大类间方差法、最小误差法、最大熵自动阈值法等。但是在许多情况下，目标物体和背景的区分不明显、边界的灰度差别在图像各处不同，此时就很难用一个统一的阈值将物体与背景分开。这时，一种根据图像局部特征确定的阈值选取方法就成为了现实需求。实际处理时，需要按照具体问题将图像分成若干子区域分别选择阈值，或者动态地根据一定的邻域范围选择每点处的阈值，进行图像分割。这时的阈值为自适应阈值。

阈值的选择需要根据具体问题来进行具体分析，一般通过对图像的性质进行分析来确定。例如，可以通过分析直方图的方法确定最佳阈值，当直方图明显呈现双峰情况时，可以选择两个峰值的中点作最佳阈值。

② 基于区域的图像分割方法。区域生长和区域分裂合并是基于区域的图像分割方法的两个典型例子，其分割过程中后续步骤的处理要根据前面步骤的结果进行判断。

（a）区域生长。区域生长的基本思想：以某种子像素为起点，将具有相似性质的像素集合起来，构成区域。具体地，需要先对每个需要分割的区域找一个种子像素作为生长的起点，然后将种子像素周围邻域中与种子像素有相同或相似性质的像素（根据某种事先确定的生长或相似准则来判定）合并到种子像素所在的区域中。将这些被吸收进区域的新像素当作新的种子，继续进行上面的过程，反复迭代，直到再没有满足条件的像素被包括进来，这样一个区域就生长成了。

区域生长需要选择一组能正确代表待分割区域的种子像素，确定在区域生长过程中的相似性准则，制定让区域生长的条件或准则。选取的种子像素可以是单个像素，也可以是包含若干个像素的小区域。相似性准则可以根据灰度级、彩色、纹理、梯度等特征确定。大部分区域生长准则使用图像的局部性质，根据不同原则制定，而使用不同的区域生长准则会影响区域生长的过程。

区域生长的优点是计算简单，对于较均匀的连通目标有较好的分割效果。它的缺点是需要人为确定种子像素，对噪声敏感，可能导致区域内有空洞。另外，它是一种串行算法，当目标较大时，对图像完成整体分割需要耗费大量时间，因此在设计算法与相关准则时，要尽量在完成目标的同时兼顾效率。

（b）区域分裂合并。区域生长是从某个或者某些像素点出发，最后得到整个区域，进而实现目标提取。区域分裂合并差不多是区域生长的逆过程：从整个图像出发，不断分裂得到各个子区域，然后再把前景区域合并，实现目标提取。区域分裂合并的前提假设：一幅图像的前景区域是由一些相互连通的像素组成的。因此，如果把一幅图像分裂到像素级，那么就可以根据一定准则判定该像素是否为前景像素。当所有像素点或者子区域完成判断以后，把现有前景区域或者像素合并就可得到目标。

对于区域分裂合并，可以使用四叉树分解法。设 R 代表整个正方形图像区域，H 代表分裂合并判断准则。区域分裂合并的基本逻辑如下。

- 对任一个区域 R_i，如果 $H(R_i)$=FALSE 就将其分裂成相等、不重叠的 4 份。
- 对相邻的两个区域 R_i 和 R_j，它们可以大小不同（即不在同一层），如果下述条件成立，就将其合并。

$$H\left(R_i \cup R_j\right) = \text{TRUE} \tag{7-15}$$

- 如果进一步的分裂或合并都不可能，则分裂或合并结束。

区域分裂合并的关键是分裂合并准则的设计。这种方法对复杂图像的分割效果较好，但算法较复杂、计算量大，同时分裂还可能破坏区域的边界。

③ 基于边缘的图像分割方法。一般而言，图像中不同区域在灰度上有明显的区别，边界处一般有明显的边缘，可以利用此特征分割图像。

求导是检测函数突变的常用方法，因此图像中边缘处像素灰度值的不连续性也可通过求导来检测。对于阶跃状边缘，其位置对应一阶导数的极值点，对应二阶导数的零点，因此微分算子常被用于进行边缘检测。常用的一阶微分算子有 Roberts 算子、Prewitt 算子和 Sobel 算子，二阶微分算子有 Laplace 算子和 Kirsh 算子等。实际应用中，各种微分算子常用小区域模板来表示，使用模板和图像卷积来实现微分运算；但这些算子对噪声敏感，只适合于噪声较小而且不太复杂的图像。

边缘和噪声都是灰度不连续点，并且在频域上均为高频分量，直接采用微分运算难以区分二者，因此用微分算子检测边缘前要对图像进行平滑滤波。二阶的 LoG 算子和一阶的 Canny 算子是具有平滑功能的微分算子。其中，LoG 算子是采用 Laplace 算子求高斯函数的二阶导数，Canny 算子是高斯函数的一阶导数，它们在噪声抑制和边缘检测之间取得了较好的平衡。

3. 相机的应用

当前，工业仍然是相机的主要市场。在半导体电子制造、汽车制造、机械制造、食品包装、制药等行业的自动化生产过程中，相机被广泛应用于自动检测、过程控制和机器人制导领域。随着智能制造的深入发展和工业自动化的普及，工业制造领域相机的市场规模将稳步增长。此外，在非工业领域，随着自动驾驶，智能安全和智能交通领域的需求激增，新型相机的应用将实现爆炸性增长。

7.2.2 激光雷达

1. 激光雷达简介

激光雷达（light detection and ranging，LiDAR）是激光探测及测距系统的简称，也称为 Laser Radar 或 LADAR（laser detection and ranging），通过发射激光束来探测目标的位置、速度等特征指标。

激光雷达是激光技术与现代光电探测技术结合的先进探测设备，一般由发射系统、接收系统、信息处理系统等部分组成。激光雷达可按照多种方法分类。按照发射波形和数据处理方式不同，激光雷达可以分为脉冲激光雷达、连续波激光雷达、脉冲压缩激光雷达、动目标显示激光雷达、脉冲多普勒激光雷达和成像激光雷达等；按照安装平台不同，激光雷达可分为地面激光雷达、车载激光雷达、机载激光雷达、舰载激光雷达和航天激光雷达等；根据完成的任务不同，激光雷达可分为火控激光雷达、靶场测量激光雷达、导弹制导激光雷达、障碍物回避激光雷达等。

2. 激光雷达原理

（1）激光的概念与激光雷达特性。

① 激光的概念。激光指的是原子受激辐射产生的光。原子中的电子吸收能量后会从低能级跃迁到高能级，当其再从高能级回落到低能级的时候，所释放的能量将以光子的形式放出，形成光子束，其中的光子光学特性高度一致。因此，相比普通光源，激光的单色性、方向性好，亮度更高。

② 激光雷达特性。激光雷达具有高准直性、单色性及高强度的优势，这让它广泛用于多种场景中。相比于利用电磁波的微波雷达，激光雷达有以下特性。

（a）角分辨率高。根据瑞利判据，有

$$\sin\theta = 1.22\frac{\lambda}{D} \tag{7-16}$$

式中，D 为光学接收系统的孔径，θ为角分辨率，λ为波长。

从式（7-16）可以看出，由于激光的波长比微波短，因此当光学接收系统的孔径相同时，激光雷达的角分辨率更高。

（b）速度分辨率高。多普勒频移 f_{d} 的表达式为

$$f_{\mathrm{d}} = \frac{2V_r}{\lambda} \tag{7-17}$$

式中，V_r 为被测物体与激光雷达之间的径向速度。

由于激光的波长短，其多普勒频率灵敏度高，从而使得激光雷达具有较高的速度分辨率。

（c）距离分辨率高。激光测距公式为

$$r = \frac{c\Delta t}{2n} \tag{7-18}$$

式中，r 为所测距离，Δt 是激光脉冲飞行时间，c 是光在真空中的速度，n 是传输介质的折射率。

由于激光的脉冲宽度能达到皮秒量级，能量集中，因此距离分辨率就会较高。高精度的激光雷达的分辨率甚至可达到毫米量级。

（2）激光雷达的基本原理

激光探测和测距是用于空间内物体定位和测距的一种光学测量方法。该系统利用光的反射作为基本原理，通过测量光线传播时间测量距离：

$$r = \frac{c \times t_{\mathrm{of}}}{2} \tag{7-19}$$

式中，r为距离，c为光速，t_{of}为光线发射、接收的传播时间。

激光雷达的测量容易受到大气衰减（例如雾气）的影响，其射程也受发射光强度与接收器灵敏度的限制。接收到的光强度在波束辐射面小于物体的情况下，有

$$P_{\mathrm{r}} = \frac{KA_{\mathrm{t}}HT^2P_{\mathrm{t}}}{\pi^2R^3\left(Q_{\mathrm{v}}/4\right)(\Phi/2)^2} \tag{7-20}$$

在目标小于波束辐射面的情况下，则存在如下关系：

$$P_{\mathrm{r}} = \frac{KA_{\mathrm{t}}HT^2P_{\mathrm{t}}}{\pi^2R^4\left(Q_{\mathrm{v}}Q_{\mathrm{h}}/4\right)(\Phi/2)^2} \tag{7-21}$$

式中，P_{r}为接收到的光强度，K为被测物体的反射度，Φ为物体反射的角度，H为物体的宽度，T为大气的透射率，Q_{v}为仰角，Q_{h}为方位角，A_{t}为接收透镜的面积，P_{t}为激光功率，R为激光雷达与被测物体之间的距离。

激光雷达按照工作原理可分为机械式激光雷达、固态混合式激光雷达、固态激光雷达等，下面分别对其原理进行介绍。

① 机械式激光雷达。传统的机械式激光雷达主要由光电编码器、电机、转镜、激光发射/接收装置等组成。机械式激光雷达一般采用双摆镜、双振镜和旋转多面体反射棱镜的扫描方式，通过电机带动单点或多点测距模块旋转，实现 360°或其他大角度扫描。

机械式激光雷达结构简单、技术要求低，但受限于机械结构，其可靠性与损耗成本上存在着较大的问题，而且在尺寸与质量的优化上也存在着难以逾越的障碍。

② 固态混合式激光雷达。固态混合式激光雷达（solid-state hybrid LiDAR）突破了传统机械结构的局限，采用了在硅基芯片上集成的微机电系统（microelectromechanical system，MEMS），通过 MEMS 微镜来反射激光器的光线，从而实现微米级的运动扫描。它的机械旋转部件更小，并且隐藏于外壳之中，无法从外表直接观察到任何机械旋转部件。

尽管固态混合式激光雷达技术已经非常成熟，在体积、质量上相较于传统机械式激光雷达有显著的优势，但其受限于自身 MEMS 微镜大小与光路的问题，并不适合用于快速扫描与大角度扫描。

③ 固态激光雷达。近年来新型激光雷达开始向固态化、小型化和低成本的趋

势发展；其中，固态化是一个非常重要的发展方向。纯固态激光雷达大致分为光学相控阵（optical phased array，OPA）激光雷达和无扫描三维成像激光雷达（面阵成像激光雷达）。

（a）光学相控阵激光雷达。光学相控阵激光雷达采用相控阵设计，搭载的一排发射器可以通过调整信号的相对相位来改变激光束的发射方向，从而达到激光扫描的目的。系统集成度高的光学相控阵技术能够满足激光雷达在无人驾驶、无人机等领域全固态、小型化的发展需求。

作为一种主动成像式系统，光学相控阵激光雷达采用近红外波长激光作探测载波，通过发射调制后的激光光束照射被测目标，探测目标对激光的反射回波以获取目标的距离、反射强度等数据。根据光学相控的方式，该类雷达又可进一步分为电光扫描式与声光扫描式。

（b）无扫描三维成像激光雷达。无扫描三维成像激光雷达能对动态目标进行无失真成像，具有成像速度快、帧数高、分辨率高等优点，同时克服了扫描式激光雷达体积大、质量大以及可靠性差的缺点，在实时性和体积要求较高的空间目标相对导航应用中起着至关重要的作用，目前已成为许多国家与机构研究的重点。

现阶段的无扫描三维成像激光雷达技术有两种实现方案：一种是利用三维成像传感器器件直接获取目标的三维图像；另外一种是利用二维成像传感器器件通过强度像与距离像合成的方法来获得目标的三维图像。在具体实现上主要包括下述几种方法。

- 基于面阵焦平面探测器的无扫描直接飞行时间测距法。
- 基于专用调制解调面阵探测器的无扫描间接飞行时间测距法。
- 基于增强电荷耦合器件的无扫描间接飞行时间测距法。

3. 激光雷达的典型算法

以激光雷达作传感器可以获得目标、周围环境的点云数据，并可进一步实施三维重建、SLAM 等；激光雷达的算法主要就是针对点云数据的处理算法。下面将介绍几种点云数据的处理方法。

（1）基于 Hough 变换的点云分割与平面检测算法。在点云数据中，许多人造物都可以用规则几何形体（如平面、柱体、球体）描述，可以使用 Hough 变换直接从点云数据中提取几何参数，在实现分割的同时获得物体的几何描述信息。

三维 Hough 变换采用下式表示平面特征，可以将平面参数转换为角度信息。

$$\rho = x\cos\theta\sin\varphi + y\sin\theta\sin\varphi + z\cos\varphi, \theta \in [0^\circ, 360^\circ), \varphi \in [-90^\circ, 90^\circ] \tag{7-22}$$

式中，θ为平面的法向量 $\boldsymbol{n}$ 在 Oxy 平面中的投影和 x 轴正向之间的夹角，φ表示平面的法向量 $\boldsymbol{n}$ 和 Oxy 平面之间的夹角，ρ表示原点 O 至平面的距离。

以 n_φ 表示在 φ 方向将三维 Hough 空间划分的段数，以 n_θ 表示在 θ 方向将三维 Hough 空间划分的段数，以 n_ρ 表示在 ρ 方向将三维 Hough 空间划分的段数，则三维 Hough 空间共被划分为 $n_\varphi \times n_\theta \times n_\rho$ 块，用作累加器的分区，以进行下一步投票。事实上，三维空间中过点 P 的平面有无穷多个，而由于对三维 Hough 空间的离散化划分，平面个数被限制到 $n_\varphi \times n_\theta$［$\theta$ 和 φ 确定后，代入式（7-22），ρ 也可唯一确定］。这也就意味着，对于每一个点 P，需要找到这 $n_\varphi \times n_\theta \times n_\rho$ 个满足式（7-22）的平面（按划分区间逐个寻找），即每个点 P 在三维累加器中需要投票 $n_\varphi \times n_\theta$ 次。假设点云数据中有 N 个点，则累加器的整个累加过程就需要进行 $N \times n_\varphi \times n_\theta$ 次。最终在累加器累加结果中，局部峰值点表示可能存在的平面。

（2）基于聚类的点云分割算法。空间点云聚类问题可以定义为：给出一个空间点集，寻找一个划分规则，将该空间点集划分为一些子集，令其包含相似的元素。

对于任意数据集聚类，常用基于聚类的点云分割算法有基于划分的聚类、基于层次的聚类、基于密度的聚类等。基于划分的聚类算法有 K-means 算法、K-medoid 算法、X-means 算法等；基于层次的聚类算法有 BIRCH 算法、CURE 算法等；基于密度的聚类算法有 DBSCAN 算法。下面分别介绍其中的几种典型算法。

① K-means 算法。K-means 算法是最为经典的基于划分的聚类算法，其基本思想是：在数据集中根据一定策略选择 K 个点作为每个簇的初始中心，然后观察剩余的数据，将每个点划分到距离这 K 个中心最近的簇中，也就是说数据被划分成 K 个簇时，一次划分完成。但形成的新簇并不一定是最好的划分，因此在生成的新簇中，重新计算每个簇的中心点，然后再重新进行划分，直到每次划分的结果不再明显变化。在实际应用中，往往采用设置阈值或是最大迭代次数来作为终止条件。

具体的算法步骤如下。

（a）为待聚类的点寻找聚类中心。

（b）计算每个点到聚类中心的距离，将每个点聚类到离该点最近的簇中。

（c）计算每个簇中所有点的坐标平均值，并将平均值作为新的聚类中心。

（d）反复执行步骤（a）和（b）直到聚类中心不再进行大范围移动或者聚类

次数达到要求为止。

② BIRCH 算法。BIRCH 算法的实现需要基于聚类特征（CF）和聚类特征树（CF tree）。

（a）聚类特征。给定 N 个数据点，聚类特征被定义为一个三元组，表示为

$$\mathrm{CF}=\left(N,\overrightarrow{\mathrm{LS}},\overrightarrow{\mathrm{SS}}\right) \tag{7-23}$$

式中，$\overrightarrow{\mathrm{LS}}$ 表示 CF 内所有数据点到所有特征维度向量的线性和，$\overrightarrow{\mathrm{SS}}$ 表示 CF 内所有数据点的所有特征维度向量的平方和。聚类特征具有可加性。

（b）聚类特征树。聚类特征树由聚类特征构成，用于储存层次聚类的聚类特征，如图 7-8 所示。

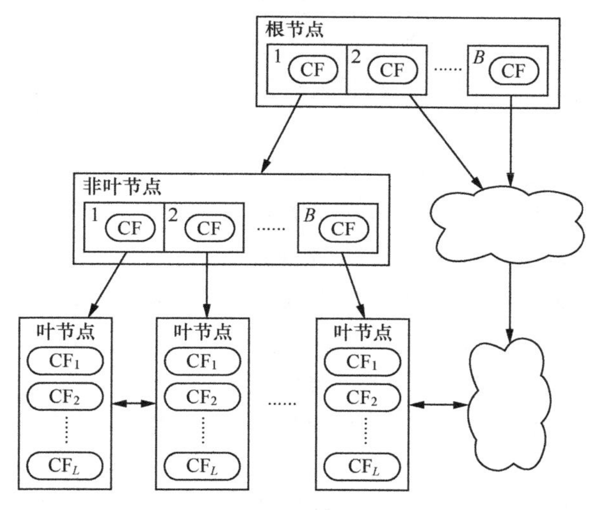

图 7-8　聚类特征树

聚类特征树有 3 个重要参数：内部节点平衡因子 B、叶节点平衡因子 L 和阈值 T。B 定义每个非叶节点的子簇的最大数目，L 定义每个叶节点子簇的最大数目，T 定义簇的最大半径，即在这个聚类特征中的所有样本点一定要在半径小于 T 的一个超球体内。

BIRCH 算法的主要过程就是建立 CF 树的过程。在其中插入一个新数据点的过程可以概括为以下几步。

（a）从根节点由上至下寻找距离新样本最近的叶节点和叶节点里最近的 CF 节点。

（b）如果新样本和最近 CF 节点的距离小于阈值 T，则把新样本并入此 CF 节

点，插入结束。否则进入第（c）步。

（c）如果当前叶节点的 CF 节点个数小于 L，则创建一个新的 CF 节点，放入新样本，将新的 CF 节点放入这个叶节点，更新路径上所有的 CF 三元组，插入结束。否则转入第（d）步。

（d）将当前叶节点划分为两个新的叶节点，选择旧叶节点中所有 CF 三元组里距离最远的两个 CF 三元组，分别作为两个新叶节点和第一个 CF 节点。将其他元组和新样本元组按照距离远近原则放入对应的叶节点。依次向上检查父节点是否也要分裂。如果需要，则按叶节点分裂的方式进行。

最终输出的 CF 树中，每个 CF 节点内的样本点就是一个聚类的簇，至此，完成聚类。

作为一种轻量化快速的算法，BIRCH 算法的主要优点有：

- 节约内存，所有的样本都在磁盘上，CF 树仅仅存了 CF 节点和对应的指针；
- 聚类速度快，只需要一遍扫描训练集就可以建立 CF 树，CF 树的增删改都很快；
- 对于噪声敏感，可以区分出噪声点；
- 还可以对数据集进行初步分类的预处理。

但是 BIRCH 算法的主要缺点也非常显著：

- 由于 CF 树对每个节点的 CF 个数有限制，导致聚类的结果可能和真实的类别分布不同；
- 对高维特征的数据聚类效果不好；
- 如果数据集的分布簇不是类似于超球体的结构，或者说是非凸的，则聚类效果不好。

③ DBSCAN 算法。DBSCAN 算法基于一组邻域来描述样本集的紧密程度，参数（ε, MinPts）用来描述邻域的样本分布紧密程度。其中，ε 描述了某一样本点邻域距离阈值，MinPts 描述了某一样本距离为 ε 的邻域中样本个数的阈值。

假设样本集是 $D=\{x_1, x_2, x_3,\cdots, x_m\}$，对 DBSCAN 算法中的重要概念作出如下定义：

（a）ε-邻域：对于 D 中任一样本 x_j，其 ε-邻域包含样本集 D 中与 x_j 的距离不大于 ε 的子样本集 $N\varepsilon(x_j)$，这个子样本集的个数记为$|N\varepsilon(x_j)|$。

（b）核心对象：对于 D 中任一样本 x_j，如果其 ε-邻域对应的子样本集 $N\varepsilon(x_j)$ 至少包含 MinPts 个样本，即如果$|N\varepsilon(x_j)|\geqslant$MinPts，则 x_j 是核心对象。

（c）密度直达：如果 x_i 位于 x_j 的 ε-邻域中，且 x_j 是核心对象，则称 x_i 由 x_j 密

度直达。注意，反之不一定成立，除非 x_i 也是核心对象。

（d）密度可达：对于 x_i 和 x_j，如果存在样本序列 $\{p_1, p_2, p_3, \cdots, p_T\}$，满足 $p_1=x_i$，$p_T=x_j$，且 p_{t+1} 由 p_t 密度直达，则称 x_j 由 x_i 密度可达。即，密度可达满足传递性。此时序列中的传递样本 $\{p_1, p_2, p_3, \cdots, p_{T-1}\}$ 均为核心对象，因为只有核心对象才能使其他样本密度直达。需要注意的是，密度可达也不满足对称性。

（e）密度相连：对于 x_i 和 x_j，如果存在核心对象样本 x_k，使 x_i 和 x_j 均由 x_k 密度可达，则称 x_i 和 x_j 密度相连。密度相连满足对称性。

下面介绍 DBSCAN 算法的流程。

在算法中，数据点被分为 3 类：核心点——在半径 ε 中含有超过 MinPts 数目的点；边界点——在半径 ε 中点的数量小于 MinPts，但是落在核心点的 ε-邻域内；噪声点——既非核心点也非边界点。

具体算法的流程如下。

（a）从数据集中选取一个未处理的点 q（未被划分为某个簇或者标记为噪声点），检查其 ε-邻域，若包含的对象数不少于 MinPts，则建立新簇 C，将其中所有的点加入候选集 N。

（b）对候选集 N 中所有尚未被处理的对象 q，检查其 ε-邻域，若至少包含 MinPts 个对象，则将这些包含的对象也加入候选集 N。若 q 未被归入任何一个簇，则将 q 加入 C。

（c）重复步骤（b），继续检查候选集 N 中未处理的对象，直到当前候选集 N 为空集。

（d）重复步骤（a）~（c），直至所有的对象都归入了某个簇或标记为噪声点，聚类完成。

最后对 DBSCAN 算法的优缺点作以下总结。

DBSCAN 算法的主要有以下优点。

- 对于任意形状的稠密数据集都可进行聚类，而诸如 K-means 的聚类算法一般只适用于凸数据集。
- 可以在聚类的同时发现异常点。
- 聚类结果不会受到初值选择的影响。

DBSCAN 算法的主要有以下缺点。

- 不适用于密度不均匀、聚类间距相差很大的样本集。
- 如果样本集较大，则聚类收敛时间长。
- 参数调整较为复杂。

4. 激光雷达的应用

历经几十年的发展，激光雷达技术已从最初的激光测距技术，逐步发展出了激光跟踪、激光测速、激光扫描成像、激光多普勒成像、激光 SLAM 等技术，因此出现了各种不同种类的激光雷达，被广泛应用于各个领域。现在，激光雷达在调查与监测、建模与测绘、探测与测量、医疗、军事等领域均被大量使用。

在调查与监测领域：激光雷达被用于林业监控、水域监测、大气检测等，能够有效获取传统技术难以测量的数据信息，如树高与森林密度、浪高、大气成分等。

在建模与测绘领域：激光雷达被用于地质测绘、城市建筑建模、水下探测及三维成像、文物古迹数字化等，体现了激光雷达非接触测量、采集密度与精度高的优势。

在探测与测量领域：激光雷达被用于工程建设探测、航空航天观测、自主导航定位、自动避障等。

在医疗领域：激光雷达以其精确的三维测量定位和生物特性识别能力，已经得到了大量应用，如五官整形、假肢设计以及人体生物特征监测等。

在军事领域：激光雷达已经得到了几十年的长足发展，被直接或间接应用于靶场测量、战场侦察、军用目标识别、火力控制、水下探测、局部风场测量等。

7.2.3 毫米波雷达

1. 毫米波雷达简介

毫米波是频率介于厘米波和微波之间的电磁波，通常频率为 30 ~ 300 GHz，波长为 1 ~ 10 mm。因此，毫米波雷达兼有微波雷达和光电雷达的一些优点。

同厘米波雷达相比，毫米波雷达具有体积小、质量轻和空间分辨率高的优点；与红外雷达、激光雷达等光电雷达相比，毫米波雷达穿透烟尘的能力更强，具有全天候、全天时的特点。此外，毫米波雷达的抗干扰能力也较强。

但是，毫米波雷达也具有以下的劣势：在高潮湿环境中会有一定程度的精度衰减；大功率器件和插损的影响降低了探测距离；相较微波而言，对密树丛的穿透力低；元器件成本高，加工精度相对要求高，单片收发集成电路的开发相对迟缓等。

毫米波雷达具有多种分类方式。根据搭载平台的不同，毫米波雷达可分为车载毫米波雷达、机载毫米波雷达、舰载毫米波雷达等；根据测距范围的不同，毫米波雷达可分为短距离雷达、中距离雷达、长距离雷达等；根据工作方式的不同，毫米波雷达可分为脉冲体制雷达和连续波体制雷达；根据应用领域的不同，毫米波雷达可分为制导雷达、火控雷达、目标检测雷达、毫米波对地观测雷达、毫米波近距离探测雷达等。

2. 毫米波雷达原理

（1）毫米波雷达的频段分析。如前面所述，毫米波雷达是工作在毫米波频段的雷达。IEEE 对于电磁波频段颁布的标准如下：30～300 GHz 作为毫米波的标准频率范围（在实际应用中，频率在 24 GHz 以上即为毫米波），频率范围为 27～40 GHz 的称为 Ka 频段，频率范围为 40～60 GHz 的称为 U 频段，频率范围为 75～110 GHz 的称为 W 频段，频率范围为 110～170 GHz 的称为 D 频段。其中，Ka 频段具有可用带宽宽、干扰少、使用设备体积小的特点，被广泛应用于高速卫星通信、千兆比特级带宽数字传输、高清电视、卫星新闻采集、甚小（孔径）地球站、直接入户及个人卫星通信等新业务。但 Ka 频段雨衰较大，对器件、工艺的要求高。

目前，毫米波雷达的应用研究主要集中在几个点播传播窗口，如 35 GHz、45 GHz、94 GHz、140 GHz、220 GHz，可实现中等距离多路通信和电视图像传播，而且传播速率较高，有利于实现低截获概率通信（如扩频通信和调频通信）。同时它又有 3 个强衰减频段（频率约为 60 GHz、120 GHz、180 GHz），可用于实现近距离作用的雷达通信、加密通信、卫星通信等。

（2）毫米波雷达原理分析。一般而言，雷达系统主动发射电磁波信号，电磁波信号遇到物体后会形成反射回波，该反射信息可被用于目标的表面检测或坐标检测。如前面所述，毫米波雷达按照工作方式（或信号形式）不同可分为脉冲体制雷达与连续波体制雷达。下面对这两类雷达的原理进行分析。

① 脉冲体制雷达原理分析。脉冲体制雷达周期性地发射脉冲波，波形发射周期称为脉冲重复间隔（pulse repetition interval，PRI）。在一个周期内的发射时长占总市场的比例称为占空比。在实际应用中，受限于元件性能，脉冲体制雷达的占空比往往小于 20%。脉冲重复间隔的大小决定了脉冲体制雷达的无模糊测距范围，脉冲重复间隔越长，无模糊测距值越大。

脉冲信号可分为非相参脉冲信号、相参脉冲信号和参差变周期脉冲信号 3 种。

相参是指脉冲之间的起始相位（又称初相）具有确定性（第一个脉冲的初相可能是随机的，但后序的脉冲和第一个脉冲之间的相位差具有确定性，这是提取多普勒信息的基础。第一个脉冲相的随机性并不影响后序的信号检测，因为检测前是要进行取模的），非相参是指脉冲之间的初始相位都是随机的，彼此不相关。

相参和非相参是一个与硬件发展相关的一组概念。原来的脉冲产生方式是让振荡器通过一个精度不高的开关，微小的时延误差就会导致高频信号的初相出现大的差异，下一个脉冲也是如此。现代雷达已经解决了这个问题，因此基本上均采用了相参体制。

脉冲体制毫米波雷达的测距原理是雷达系统向目标发射一个或者一系列电磁波脉冲，测量从信号发射到信号返回的时间间隔Δt，然后根据此时间与电磁波传播速度c计算出目标距离R，即

$$R=\frac{c\Delta t}{2} \tag{7-24}$$

在距离较远的情况下，由于接收信号与发射信号之间的时间间隔较大，无法判断接收信号是由哪个发射信号产生的，继而无法计算时间间隔，就产生了距离模糊现象。为了解决该问题，参差变周期脉冲信号应运而生。

参差变周期脉冲信号的脉冲重复周期不同。假设存在一脉冲序列，其周期分别为T_1，$T_2,\cdots,T_L$，则可称其为L参差脉冲序列。假设：

$$T_1=K_1\Delta T,T_2=K_2\Delta T,\cdots,T_L=K_L\Delta T \tag{7-25}$$

式中，K_1、K_2、K_L被称为参差码。这样就可以通过分析参差变周期脉冲信号的模糊函数图，求解目标的距离和速度。

脉冲体制雷达有以下特点。

（a）发射的波形为矩形脉冲，按一定的或交错的重复周期工作，是目前应用最广泛的雷达信号形式。

（b）收发间隔进行，即间歇式发射脉冲周期信号，并且在发射的间隙接收反射的回波信号。

（c）在近距离段存在探测盲区。

② 连续波体制雷达原理分析。连续波体制雷达可分为调频连续波雷达、恒频连续波雷达、频移键控雷达、多进制频移键控雷达等几种。

（a）调频连续波雷达。调频连续波雷达采用频率调制发射三角波、锯齿波、正弦波等信号。

当目标物体处于运动状态时，回波信号中会包含一个由目标运动产生的频率偏移——多普勒频移f_{d}。下面以三角波为例，阐述毫米波雷达测距或测速的原理。

如图 7-9 所示，三角波的扫频周期为 T，发射信号经过目标反射，回波信号会有延时。若测量目标存在运动，则回波信号频率会产生一个多普勒频移 f_d。

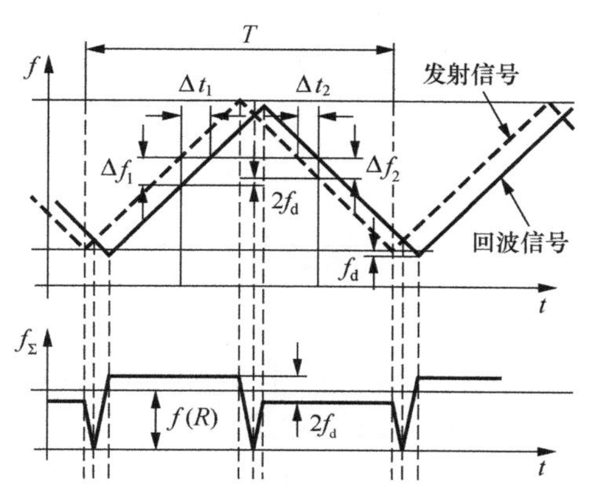

图 7-9 三角波运动目标回波信号

对于静止目标而言，回波不存在多普勒频率，那么上升沿期间的频率差值等于下降沿期间的测量值。对于运动目标而言，其上升沿或下降沿期间的频率差不同，那么可以通过这两个频率差来测距和测速。

在此给出结论：

$$\begin{cases} R = \dfrac{c|\Delta t|}{2} = \dfrac{c|\Delta f|}{2K_r} = \dfrac{c|\Delta f_1 + \Delta f_2|}{4K_r} \\ v = \dfrac{\lambda}{2} f_d = \dfrac{\lambda}{4}|\Delta f_1 - \Delta f_2| \end{cases} \tag{7-26}$$

式中，已知调频的斜率 K_r，需要测量频率差 Δf_1、Δf_2。

（b）恒频连续波雷达。恒频连续波雷达利用目标回波的多普勒频移测量速度。

在此直接给出由于相对运动的存在而产生的多普勒频移 f_d 表达式：

$$f_d = \frac{2v_r f_0}{c} = \frac{2v_a \cos\theta f_0}{c} = \frac{2\cos\theta_e \cos\theta_a f_0}{c} v_a \tag{7-27}$$

进而可以得到目标物体相对雷达的运动速度 v_a 为

$$v_a = \frac{c}{2\cos\theta_e \cos\theta_a f_0} f_d \tag{7-28}$$

式中，θ_e、θ_a 分别为雷达传感器中心位置与物体等效中心之间俯仰、水平两个方向的夹角，f_0 为基准频率。

由式（7-27）和式（7-28）可知，当使用恒频连续波雷达工作时，仅能够获得目标的速度信息而无法获得距离信息。

（c）频移键控雷达。频移键控雷达可以利用同时接收到的两个目标回波的相位差测量目标距离，也可利用多普勒频移测量目标速度。

下面给出目标物体相对雷达的距离 R 与速度 v_a 的表达式：

$$R=-\frac{c\Delta\varphi}{4\pi f_{\text{step}}} \tag{7-29}$$

$$v_a=\frac{c}{2\cos\theta_e\cos\theta_a f_0}f_d \tag{7-30}$$

式中，$\Delta\varphi$ 为相位差，f_{step} 为频率间隔，f_0 为基准频率。

频率间隔是频率源的重要参数指标，和频率源的频率分辨率有很强的相关性。频移键控雷达可同时获取目标的速度与距离信息，但仅对运动目标有效。另外，尽管频移键控雷达在单个目标的测量条件下测量精度较高，但在同时测量多个目标时的精度一般。

（d）多进制频移键控雷达。多进制频移键控雷达是频移键控雷达的扩展，使用不同载波频率代表数字信息。此处略过混频器原理、FFT（快速傅里叶变换）等推导过程，给出最终求解的方程：

$$f_b=\frac{k}{T_{\text{CPI}}}=-\frac{2v}{\lambda}-\frac{2Rf_{\text{step}}}{cT_{\text{CPI}}} \tag{7-31}$$

$$\Delta\varphi=-\frac{\pi v}{(N-1)\Delta v}-4\pi R\frac{f_{\text{step}}}{c} \tag{7-32}$$

式中，多进制频移键控一个周期的发射信号包括 A、B 两个互为交替、步进上升的线性调制信号；T_{CPI} 是信号的发射周期，设 T_{step} 是 A、B 两个频移键控信号的周期，则 $T_{\text{CPI}}=N\times T_{\text{step}}$。其中，$N$ 为步进次数，f_{step} 为每个频移键控的步进频率值，f_b 为差频频率，即混频输出的中频信号的频率。

只需根据实际的差频频率 f_b 与差频相位差 $\Delta\varphi$、速度差 Δv 联立上述方程，即可得到目标的距离 R 与速度 v。由于用于求解目标信息的差频频率与相位差是一一对应的满射关系，不存在混叠，因此多进制频移键控雷达可以避免目标误检的出现。

连续波体制雷达有以下特点。

- 发射连续的正弦波主要用来测量目标的速度。如果同时还要测量目标的距离，则需对发射的波形进行调制，如经过频率调制的调频连续波等。
- 收发可以同步进行，即发射连续波，并且发射的同时可以接收反射回来的回波信号。

- 存在信号泄漏（发射信号及其噪声直接漏入接收机）和背景干扰（近距离背景的反射）。

3. 毫米波雷达典型算法

（1）毫米波雷达恒虚警率检测算法。雷达的探测是一种门限检测，它对目标的判断都是基于接收机的输出与某个门限电平的比较。若接收机的输出超过门限电平阈值，那么可以认为目标出现。在判定过程中，可能会出现虚警、漏警两类错误。虚警是在没有目标时判断出有目标；漏警是在有目标时判断出没有目标。以上两类错误出现的概率被分别称为虚警率和漏警率。一般而言，在无人机雷达系统中，雷达所需要检测的目标往往受地表障碍、雨雪、海浪等的干扰。在门限电平固定、非平稳杂波的场景中，杂波的平均功率上升，虚警率也会上升，导致计算机处理能力饱和，影响雷达系统的正常工作。

因此，在雷达的实际应用中，基本上采用在一定虚警率下，尽量提高检测概率的方法，即恒虚警率（constant false alarm rate，CFAR）检测算法。

① CFAR 检测算法。CFAR 检测算法的处理流程如图 7-10 所示。

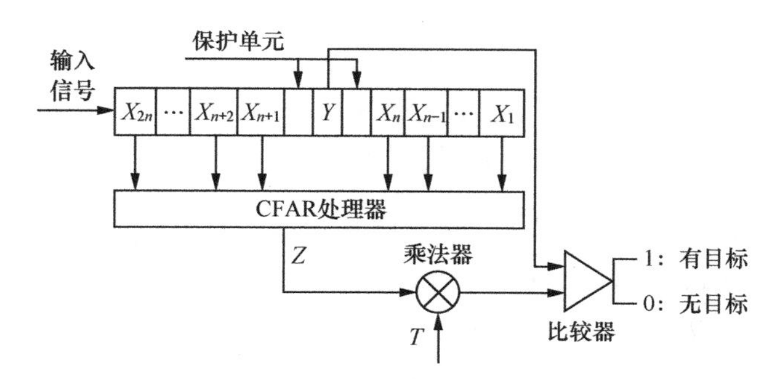

图 7-10　CFAR 检测算法的处理流程

CFAR 检测算法的输入信号来自于检测单元 Y 和 $2n$ 个参考单元。参考单元位于检测单元两侧，前后各 n 个。保护单元主要用在单目标情况下，防止目标能量泄漏到参考单元影响检测效果。Z 为总的杂波功率水平的估计，通过对 $2n$ 个参考单元进行 CFAR 处理得到。T 为标称化因子，它和 Z 的乘积作为参考门限电平。当检测单元的值超过 $T \times Z$ 时，认为有目标；反之，认为无目标。

一般情况下，杂波同噪声相互独立，且平方律检波后都满足指数分布。参考单元概率密度函数满足均值为 μ 的正态分布：

$$f(x)=\frac{1}{2\mu}\mathrm{e}^{-\frac{x}{2u}},x\geqslant 0 \tag{7-33}$$

式中，μ 是噪声功率。Z 是一个随机变量，其分布取决于 CFAR 检测算法的选取以及参考单元的分布。虚警概率 P_{fa} 的表达式为

$$P_{\mathrm{fa}}=E_Z\left\{P\left[Y>TZ\mid H_0\right]\right\}=E_Z\left\{\int_{TZ}^{+\infty}\frac{1}{2\mu}\mathrm{e}^{-\frac{y}{2\mu}}\mathrm{d}y\right\}=M_Z\left(\frac{T}{2\mu}\right) \tag{7-34}$$

式中，H_0 表示无目标，M_Z 称为矩母函数。

CFAR 检测算法的差异主要体现在对参考单元处理的不同，即 Z 值选取的不同。在背景噪声独立同分布时，通过确定常数 T 来达到恒定的虚警概率。不同的检测算法，其确定常数 T 的方法也会相应的有所区别。下面针对几种典型的 CFAR 检测算法分别进行介绍。

② CA-CFAR 检测算法。在 CA-CFAR 算法中，杂波功率水平 Z 为 $2n$ 个参考单元之和，即

$$Z=\sum_{i=1}^{n}X_i+\sum_{i=n+1}^{2n}X_i=\sum_{i=1}^{2n}X_i \tag{7-35}$$

首先，在此说明 $\varGamma$ 分布，其概率密度函数为

$$f(x)=\frac{\beta^{-\alpha}x^{\alpha-1}\mathrm{e}^{-\frac{x}{\beta}}}{\varGamma(\alpha)},x\geqslant 0,\alpha\geqslant 0,\beta\geqslant 0 \tag{7-36}$$

式中，α 、β 为两个参数，$\varGamma(\alpha)$ 即为伽马函数，当 α 为整数时，函数值等于 $(\alpha-1)!$ 。相应的概率分布函数用 $G(\alpha,\beta)$ 表示。服从 $\varGamma$ 分布的随机变量 X 记作 $X\sim G(\alpha,\beta)$ 。X 的矩母函数为

$$M_x(u)=(1+\beta u)^{-\alpha} \tag{7-37}$$

根据独立同分布的假设，第 i 个单元服从分布 $x_i\sim G(1,\mu)$ 。由于两个独立随机变量和的矩母函数等于各随机变量的矩母函数的积，所以得

$$Z\sim G(2n,\mu) \tag{7-38}$$

代入虚警概率表达式中可得

$$P_{\mathrm{fa}}=(1+T)^{-2n} \tag{7-39}$$

因此，标称化因子 T 的计算方式为

$$T=P_{\mathrm{fa}}^{-\frac{1}{2n}}-1 \tag{7-40}$$

③ GO/SO-CFAR 检测算法。最大选择 GO（greatest of）-CFAR 选取前 n 个参考单元之和与后 n 个参考单元之和中的大者作为 Z；最小选择 SO（smallest of）-CFAR 选取了前 n 个参考单元之和与后 n 个参考单元之和中的小者作为 Z。上述两种算法的杂波水平估计方法如图 7-11 所示。

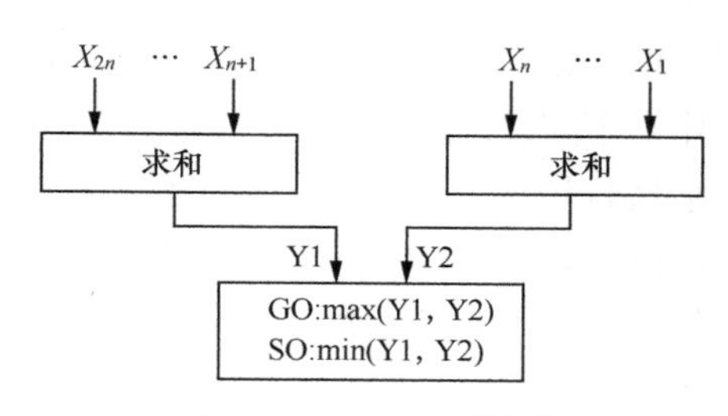

图 7-11　SO、GO 处理器

对应 GO-CFAR 算法，Z 的概率密度函数为

$$f_Z(z)=f_{Y1}(z)F_{Y1}(z)+f_{Y2}(z)F_{Y2}(z) \tag{7-41}$$

对应 SO-CFAR 算法，Z 的概率密度函数为

$$f_Z(z)=f_{Y1}(z)+f_{Y2}(z)-\left[f_{Y1}(z)F_{Y1}(z)+f_{Y2}(z)F_{Y2}(z)\right] \tag{7-42}$$

式中，f 和 F 分别为概率密度函数和概率分布函数。可以推出两种检测算法的虚警概率分别为

$$P_{\text{fa,go}}=2(1+T)^{-n}-2\sum_{i=0}^{n-1}\binom{n+i-1}{i}(2+T)^{-(n+i)} \tag{7-43}$$

$$P_{\text{fa,so}}=2\sum_{i=0}^{n-1}\binom{n+i-1}{i}(2+T)^{-(n+i)} \tag{7-44}$$

通过一定的虚警概率迭代计算即可获得 T 值。

④ OS-CFAR 检测算法。顺序统计量 OS（order statics）-CFAR 算法的原理是对参考单元由小到大做排序处理，取第 k 个样本作为 Z。可知

$$P_{\text{fa,os}}=\prod_{i=0}^{k-1}\frac{n-i}{n-i+T} \tag{7-45}$$

同样也可通过迭代求出 T 值。

各检测算法性能对比：在信噪比范围设定为 5～20 dB，蒙特卡洛仿真次数为 1000，参考单元数目为 24，保护单元数目为左右各 3，恒虚警率为 10^{-6} 时，上述 4 种算法的检测概率如图 7-12 所示。

由图 7-12 所示可知，4 种 CFAR 算法中，CFAR 检测算法的检测概率最大，GO-CFAR 检测算法次之，SO-CFAR 检测算法检测概率最小，OS-CFAR 检测算法的检测概率介于 GO-CFAR 检测算法、SO-CFAR 检测算法之间。在其他参考单元数目条件下，可以得到同样的结论。CA-CFAR 检测算法检测杂波边缘时会引起虚

警率的上升，而在多目标环境中将导致检测概率下降。GO-CFAR 检测算法和 SO-CFAR 检测算法是满足上述两种需求的修正方案。但是，它们各自只能解决其中一个问题，并且会带来一定的检测损失。GO-CFAR 检测算法在杂波边缘环境中能较好地控制虚警率；在干扰目标位于前沿窗或后沿窗之一的多目标环境中，SO-CFAR 检测算法能分辨出主目标。OS-CFAR 检测算法在检测性能和算法运算量等方面介于上述 3 种检测方法之间，是一种折中的选择。

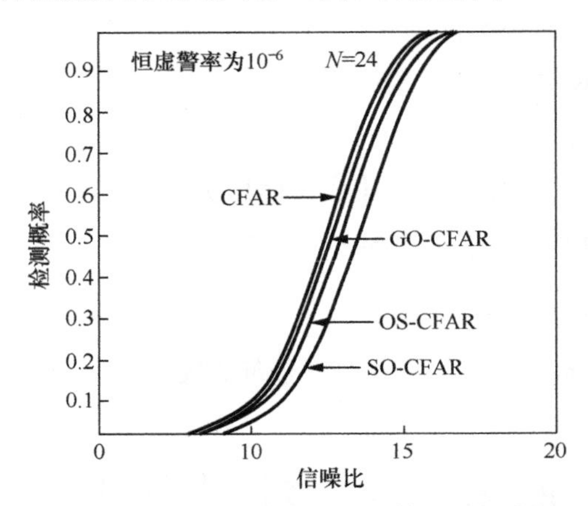

图 7-12　n=24 情况下不同 CFAR 算法的检测概率

（2）毫米波雷达相参积累处理算法。在无人系统中，雷达会受到各类杂波的影响，对于能够引起多普勒频移的运动目标而言，如果能够对运动目标的回波相位进行补偿，那么就可以对多个脉冲进行相参相加，得到最大的能量积累。利用相参积累，可以将目标回波信号频谱和杂波频谱区分开，有效地提高雷达在杂波背景下对单运动目标的检测能力。

常见的相参积累处理算法包括动目标显示（moving target indicator，MTI）算法和动目标检测（moving target detection，MTD）算法。MTI 又称为多脉冲对消处理，主要是利用若干个脉冲重复周期内的数据进行杂波抑制处理。MTD 是利用多普勒滤波器组，对运动目标进行同相位累加处理，同时利用运动目标多普勒速度和杂波多普勒速度之差来抑制杂波。MTD 算法可以得到更高的信噪比改善因子和信杂比改善因子，因此我们主要讨论 MTD 算法。

通常而言，杂波的回波为随机信号，其功率谱（模拟信号）可以近似表示为

$$C(f)=G_0\mathrm{e}^{-\frac{f^2}{2\sigma_f^2}} \tag{7-46}$$

式中，G_0 为常数，决定了杂波谱的强度，f 为频率分量，σ_f 为对应于频率分量 f

的杂波功率谱的标准差，决定了杂波谱的宽度。

根据式（7-46），杂波谱为近高斯波形，分布在零频附近，通常使用雷达等脉冲重复频率（pulse repetition frequency，PRF）对上述频率进行归一化处理，将其转换为数字信号。

MTD 滤波器组的实现方法分为 FFT 方法与 FIR（finite impulse response）方法。FFT 方法利用的是 FFT 形成的多个频率通道；FIR 方法则是设计多个具有指定中心频率的带通滤波器。事实上，FFT 形成的多个频率通道也可以视为一组 FIR 滤波器。

对于给定的 MTD 滤波器，通常检查的性能指标包括信杂比增益（改善因子）、信噪比增益等。当给定杂波谱模型和 MTD 滤波器组参数时，就可以计算出 MTD 滤波器组的性能指标。

假设输入 MTD 滤波器组的数据可以表示为

$$x(l)=x_{\mathrm{s}}(l)+x_{\mathrm{c}}(l)+x_{\mathrm{n}}(l) \tag{7-47}$$

式中，$x_{\mathrm{s}}(l)$为目标信号数据，$x_{\mathrm{c}}(l)$为杂波数据，$x_{\mathrm{n}}(l)$为噪声数据，l为目标信号各个阶的序号。

为了考察 MTD 滤波器组的处理性能，通常假设目标信号为连续正弦波信号，即

$$x_{\mathrm{s}}(l)=A_{\mathrm{s}}\mathrm{e}^{\mathrm{j}2\pi f_{\mathrm{d}}l} \tag{7-48}$$

式中，A_{s}为信号振幅，f_{d}为信号的中心频率（归一化频率）。

对于杂波，通常将噪声假设为功率谱为正弦信号的高斯白噪声。

假设第 m 个 MTD 滤波器的系数为$h_m(l)(l=0,1,\cdots,N-1)$，N为滤波器的阶数，则第 m 个通道的输出可以表示为

$$y_m=\sum_{l=0}^{N-1}h_m(l)x_{\mathrm{s}}(l)+\sum_{l=0}^{N-1}h_m(l)x_{\mathrm{c}}(l)+\sum_{l=0}^{N-1}h_m(l)x_{\mathrm{n}}(l) \tag{7-49}$$

根据上述假设，可计算得到第 m 个 MTD 滤波器的信杂比增益（改善因子）为

$$G_{\mathrm{sc}}(f_{\mathrm{d}},m)=\frac{\sum_{l=0}^{N-1}\sum_{p=0}^{N-1}h_m(l)h_m(p)\mathrm{e}^{\mathrm{j}2\pi f_{\mathrm{d}}(l-p)}}{\sum_{l=0}^{N-1}\sum_{p=0}^{N-1}h_m(l)h_m(p)\mathrm{e}^{-2\sigma_f^2[\pi(l-p)]^2}\mathrm{e}^{\mathrm{j}2\pi f_0(l-p)}} \tag{7-50}$$

式中，f_0为目标信号主频率。信噪比增益为

$$G_{\mathrm{sn}}(f_{\mathrm{d}},m)=\frac{\sum_{l=0}^{N-1}\sum_{p=0}^{N-1}h_m(l)h_m(p)\mathrm{e}^{\mathrm{j}2\pi f_{\mathrm{d}}(l-p)}}{\sum_{l=0}^{N-1}\left|h_m(l)\right|^2} \tag{7-51}$$

在实际应用中，通道个数、滤波器系数等参数都是预先给定的，但目标的运动速度未知。对于具有不同多普勒频率的目标，其对应的 MTD 滤波器组处理性能也是不相同的。因此，需要考察整个脉冲重复频率内 MTD 滤波器组处理的性能。

这里采用下面方法定义 MTD 滤波器组的频率响应曲线。

① 产生具有不同归一化多普勒频率的目标。

② 求出该目标在 N 个 MTD 滤波器组通道中输出能量最大的通道。

③ 统计该通道输出的信号、杂波和噪声功率并计算增益，即某个多普勒频率所对应的性能参数。

④ 将所有的多普勒频率的性能参数画出，即得到 MTD 滤波器组的多普勒频率响应曲线。

⑤ 对所有频率的性能参数进行进一步处理，得到参数（信杂比增益、信噪比增益）的平均值。

由于 MTD 滤波器组处理后会采用频率通道恒虚警检测处理，而 MTD 滤波器之间相互交叠，目标的多普勒频率总是落在多个频率通道内，而且杂波总是位于零频附近，所以，选择输出信号能量最大的通道进行恒虚警处理具有最高的信噪比。

4. 毫米波雷达的应用

毫米波雷达早期被应用于军事领域，在国防建设中起到了显著的作用。

（1）导弹制导：毫米波雷达的主要用途之一是战术导弹的末段制导。毫米波导引头具有体积小、电压低和全固态等特点，能满足弹载环境要求。当工作频率选在 35 GHz 或 94 GHz 时，天线口径一般为 10～20 cm。此外，毫米波雷达还用于波束制导系统控制近程导弹。

（2）目标监测和截获：毫米波雷达适用于近程、高分辨率的目标监视和目标截获，用于对低空飞行目标、地面目标和外空目标进行监测。

（3）炮火控制和跟踪：毫米波雷达可用于对低空目标的炮火控制和跟踪。

（4）雷达测量：高分辨率和高精度的毫米波雷达可用于测量目标杂波特性。这种雷达一般有多个工作频率、多种接收/发射极化形式和可变的信号波形。目标的雷达截面积测量采用频率比例的方法：利用毫米波雷达对按比例缩小了的目标模型进行测量，可得到在较低频率上的雷达目标截面积。

此外，毫米波雷达在地形跟踪、导弹引信、船用导航等方面也有应用。近年来，随着毫米波器件精度的提升，毫米波雷达在卫星遥感、电子对抗等领域也有了长足的进步与发展。

随着雷达技术的进步，毫米波雷达开始应用于交通、气象检测与预报等多个民用领域。在交通领域，毫米波雷达因其抗干扰、全天候、全天时的特性，成为汽车等平台搭载的重要传感器，广泛应用于防撞击、自动驾驶、行人检测等方面，对于提高产品自动化水平、保障驾乘人员与行人安全有着重要的意义。在气象检测与预报领域，毫米波雷达能够准确地检测云的垂直与水平结构、监测云的变化，效果远远优于普通天气雷达，是云三维精细化结构探测的重要工具。

7.2.4 其他传感器

1. 红外传感器及其应用

（1）红外传感器简介与原理。红外线是频率介于微波与可见光之间的电磁波，在电磁波谱中的频率为 0.3 ~ 400 THz，对应真空中波长为 750 nm ~ 1 mm。红外线肉眼不可见，属于不可见光。

红外传感器是以红外线为介质进行数据处理的一种传感器。根据射线的发出方式，红外传感器可以分为主动式和被动式两种。

① 主动式红外传感器。主动式红外传感器的发射机发出一束经调制的红外光束，被红外接收机接收，从而形成一条红外光束组成的警戒线，若遇到目标遮挡则发生报警。

主动式红外传感器技术采用一发一收，现在已经从最初的单光束发展到多光束，而且可以双发双收，最大限度降低误报率，提高稳定性、可靠性。

② 被动式红外传感器。被动式传感器不主动发射信号，是通过被动接收来自目标的信号进行工作的。根据能量转换方式不同，被动式红外传感器又可以分为光子式和热释电式两种。

（a）光子式红外传感器。该类红外传感器利用红外辐射的光子效应进行工作。当红外线入射到某些半导体材料上时，红外辐射中的光子流与半导体材料中的电子相互作用，改变了电子的能量状态，从而引起各种便于检出的电学现象。通过半导体材料中电子性质的变化，就可以知道相应红外辐射的强弱。

光子式红外传感器灵敏度高、响应速度快、响应频率高，但探测频段较窄，一般工作于低温。

（b）热释电式红外传感器。该类传感器利用红外辐射的热效应引起热释电元件本身的温度变化来实现对某些参数的检测。其主要由光学系统、热释电元件及报警控制器等组成。该类传感器本身不发射任何能量而只被动接收、探测来自外部的红外辐射。一般而言，该传感器以探测人体辐射为目的。一旦有人体红外线辐射进入传感器，经光学系统聚焦就使热释电元件产生突变电信号，从而发出报警等信号。

热释电式红外传感器一般包含两个热释电元件，并且两个热释电元件的电极化方向相反。环境背景辐射对两个热释电元件具有相反的作用，使其产生的释电效应相互抵消，于是探测器无信号输出。一旦人进入探测区域内，人体红外热辐射被热释电元件接收，但是两片热释电元件接收到的热量不同，热释电也不同，无法相互抵消，经信号处理后就能输出报警信号。

虽然其探测率、响应速度都不如光子式红外传感器，但热释电式红外传感器可在室温下使用，应用领域很广。

（2）红外传感器典型算法。

① 红外传感器行人检测算法。该算法使用同步采集图像的两个红外相机（或普通相机加上红外滤光片）获得的红外图像，参照双目相机模型，通过两幅图像的视差来计算点的三维坐标，进而实现红外双目立体视觉。红外双目立体视觉技术将红外热成像技术与双目视觉技术融合，可以实现透雾、透云、不受电磁干扰、不需要辅助光源的全天时、全天候作业。

我们可以使用红外双目立体视觉技术对行人进行检测。处理图像时，使用两个不同的阈值选择图像像素。首先对像素值使用上阈值以去除低温区域，选择高温物体对应的像素。然后，若像素以区域增长的形式与其他已选择的像素邻接，则选择具有高于下阈值的灰度级的像素。处理后生成的图像仅包含呈现热点的高温连续区域（暖区）。若想选择包含暖区的垂直条纹，则需在结果图像上计算逐列直方图。设置的自适应阈值是整个直方图平均值的一部分，使用自适应阈值对直方图进行滤波。若多个热对象在图像中垂直对齐，那么它们的贡献会在直方图中相加。同时，也可以通过计算每个条带的灰度级的新方向直方图来区分哪里属于相同水平条纹的暖区。确定暖区后，就能对行人可能位于的区域生成矩形边界框，再对边界框进行细化，即可准确检测到行人。

② 红外传感器目标跟踪算法。同样地，我们可以使用红外双目立体视觉技术对目标进行跟踪。和普通双目相机的目标跟踪类似，该算法使用对极几何，通过计算匹配特征点之间的视差来获得特征点深度，并采用绝对差值和（sum of absolute differences，SAD）算法的计算成本来匹配特征点。

（3）红外传感器的应用。红外传感器可以应用于非接触式的温度测量，气体成分分析，无损探伤，热像检测，红外遥感，军事目标的侦察、搜索、跟踪和通信等。随着现代科学技术的发展，其应用前景将会更加广阔。

2. 超声波传感器及其应用

（1）超声波传感器简介与原理。按照声波的频率分类，频率在 20 kHz 以上的声波被称为超声波。超声波是一种波长极短的机械波，必须依靠介质进行传播。超声波为直线传播方式，频率越高，衍射能力越弱，但反射能力越强。

以超声波作为检测手段，必须产生超声波和接收超声波，完成这种功能的装置就是超声波传感器，习惯上称为超声换能器，或者超声探头。超声波传感器既可以发射超声波，也可以接收超声波。超声波传感器常用的材料有压电晶体（电致伸缩）及镍铁铝合金（磁致伸缩）两类。

由压电晶体制成的超声波传感器是一种可逆传感器，既可以将电能转变成机械振荡产生超声波，也可将接收到的超声波转变成电能，所以可以分为发送器或接收器。有的超声波传感器既作发送器，也能作接收器。这里仅介绍小型超声波传感器，其发送器与接收器略有差别。

小型超声波传感器由发送传感器（或称波发送器）、接收传感器（或称波接收器）、控制部分与电源部分组成。发送器传感器常使用直径约为 15 mm 的陶瓷振子换能器，陶瓷振子换能器的作用是将陶瓷振子的电振动能量转换成超能量并向空中辐射；接收传感器由陶瓷振子换能器与放大电路组成，陶瓷振子换能器接收超声波产生的机械振动，并将其转变成电能，作为接收传感器的输出，从而对超声波进行检测；控制部分主要对发送传感器发出的脉冲频率、占空比、稀疏调制、计数及探测距离等进行控制；电源部分主要为整个传感器提供电力，保证其正常工作。

（2）超声波传感器的典型算法。超声波传感器的典型应用包括成像、测距等，相关的算法研究主要集中在成像方面。

① 相控阵超声检测技术中的全聚焦成像算法。

（a）全矩阵数据。全矩阵数据是指将阵列超声波传感器内所有阵元依次作为发射-接收阵元组合，采集到的超声回波时域信号是发射阵元序列、接收阵元序列和时间采样点数的三维数据。假设将相控阵超声检测采集的全部回波数据为一个线性空间，全矩阵数据即为该线性空间的一组基底。

（b）全矩阵数据采集。采集全矩阵数据的过程称为全矩阵数据采集，如图 7-13 所示。现行的阵列超声波传感器一般都具有并行独立的接收通道，那么全矩阵数据采集过程为：首先使阵元 1 激励超声波（阵元 1 发射），所有阵元并行接收，所获得的回波数据定义为 $S_{1j}(j=1, 2,\cdots, N)$，共获得 N 组数据，如图 7-14 所示的全矩阵数据的第 1 行数据 $S_{11}, S_{12}, \cdots, S_{1N}$；然后，依次使换能器中各阵元分别激励，重复上述过程。将发射阵元 i、接收阵元 j 采集的超声回波数据记为 S_{ij}，作为全矩阵数据的第 i 行第 j 列的数据，包含每个时间采样点时接收信号的幅值。

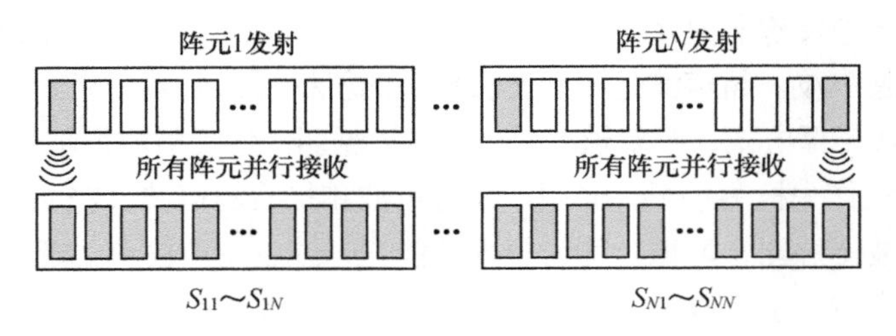

图 7-13　全矩阵数据采集

T \ R	1	2	…	j	…	N
1	S_{11}	S_{12}	…	S_{1j}	…	S_{1N}
2	S_{21}	S_{22}	…	S_{2j}	…	S_{2N}
⋮	⋮	⋮		⋮		⋮
i	S_{i1}	S_{i2}	…	S_{ij}	…	S_{iN}
⋮	⋮	⋮		⋮		⋮
N	S_{N1}	S_{N2}	…	S_{Nj}	…	S_{NN}

图 7-14　全矩阵数据

（c）全聚焦成像算法。全聚焦成像算法使用了所有的全矩阵数据，后处理聚焦到被测区域内任意点，利用合成的幅值信息，实现图像表征。对于规则的矩形试块，全聚焦成像算法的原理如图 7-15 所示，阵列超声波传感器通过楔块耦合于被测区域上表面。建立二维直角坐标系 Oxz，坐标原点 O 设置在楔块下表面中心。按照全矩阵数据采集方法获得全矩阵数据 $S_{ij}(i=1, 2,\cdots, N; j=1, 2,\cdots, N)$，针对某一目标聚焦点$(x, z)$，利用延时法则将阵列超声波传感器中所有发射-

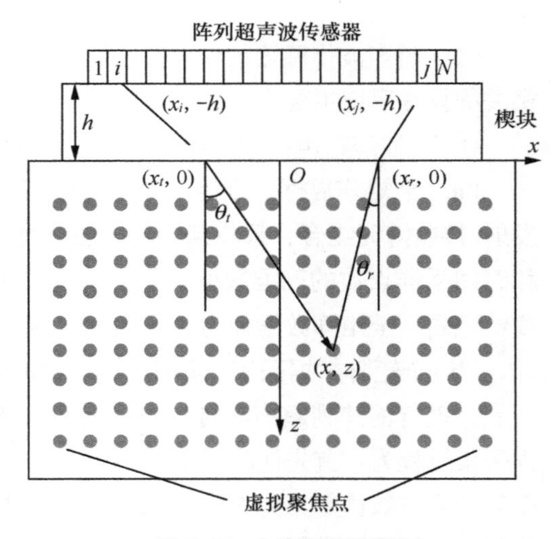

图 7-15　全聚焦成像算法

接收阵元组合的超声回波信号在该点叠加，获得表征该点信息的幅值 $I(x, z)$。依次得到被测区域内每一个聚焦点的幅值，即可完成整个被测区域内的成像。

特定聚焦点 (x,z) 的幅值 $I(x,z)$ 可表示为

$$I(x,z)=\sum_{i=1}^{N}\sum_{j=1}^{N}S_{ij}\left[t_{ij}(x,z)\right] \tag{7-52}$$

式中，$S_{ij}\left[t_{ij}(x,z)\right]$ 为阵元 i 激励、阵元 j 接收的超声回波信号中表征目标聚焦点 (x, z) 的幅值信息，$t_{ij}(x, z)$ 为提取该幅值的延迟时间，包括声波从阵元 i 激励传播到目标聚焦点 (x, z)，再被阵元 j 接收所需要的时间，参考图 7-15 所示的几何关系，可知

$$t_{ij}(x,z)=\frac{\sqrt{(x_i-x_t)^2+h^2}+\sqrt{(x_j-x_r)^2+h^2}}{c_1}+\frac{\sqrt{(x-x_t)^2+z^2}+\sqrt{(x-x_r)^2+z^2}}{c_2} \tag{7-53}$$

式中，x_i、x_j 分别为发射、接收阵元的横坐标，x_t、x_r 分别为发射、接收声束在界面折射点的横坐标，可由费马原理确定，c_1、c_2 分别为楔块、试块内的纵波声速，h 为楔块高度。

② 超声图像滤波算法。由于成像机制的限制，图像质量相对较差一直是超声图像的主要缺点。因此，需要相应的滤波算法能够在保留图像特征（例如对医疗诊断有用的信息）的同时对图像进行去噪。

与普通图像的滤波类似，传统均值滤波算法可以概括为：对图像中的每一个点 (x,y) 的灰度函数 $f(x,y)$，取一个以该点为中心的窗口 $W(x,y)$，然后对窗口内的每一点赋予一定的权值，最终输出 $g(x,y)$ 为窗口内各点的某种加权平均，即

$$g(x,y)=F\left[f(x,y),W(x,y)\right] \tag{7-54}$$

其实质是根据所取窗口内的信息确定一个新值来取代原值，使它符合某种预定义的规则。基于传统均值滤波算法的改进算法（多方位滤波算法、自适应权重调节滤波算法、自适应窗口选取滤波算法、两步法等）已经得到了大量的应用。

（3）超声波传感器的应用。超声波传感器已应用在生产实践的不同方面，其中医学应用是其重要应用之一。超声波诊断已经成为临床医学中不可缺少的诊断方法，其优点是受检者无痛苦、无损害，方法简便，显像清晰，诊断的准确率高等。超声波诊断的最典型原理是超声波的反射。当超声波在人体组织中传播遇到两层声阻抗不同的介质界面时，在该界面就产生反射回波；每遇到一个反射面，回波就会在示波器的屏幕上显示出来，两个界面的阻抗差值也决定了回声的振幅的高低。医护人员可以通过显像仪器做出相应的诊断。

在工业方面，超声波传感器的应用有 3 种基本类型：透射型超声波传感器用于遥控器，防盗报警器、自动门、接近开关等；分离式反射型超声波传感器用于

测距、测液位或测料位；反射型超声波传感器用于材料探伤、测厚等。

在未来的应用中，超声波传感器将与其他技术融合，进一步提升探测精度与性能，构成更为智能化的传感系统。

3. 声呐及其应用

（1）声呐简介与原理

声呐一般是利用声波在水中的传播和反射特性，通过电声转换和信息处理进行导航和测距的技术，也指利用这种技术对水下目标进行探测（存在、位置、性质、运动方向等）和通信的电子设备，是水声学中应用最广泛、最重要的一种装置。另外，声呐也被运用于地震、危险岩体等的监测。

声呐与前面所述的超声波传感器是两个不同的概念：声呐利用的声波不仅限于超声波；其工作场景一般在水下或地中；声呐的设备集成度也与我们常说的超声波传感器有所不同（超声波传感器一般是某个系统、仪器的组成部分，而声呐一般本身就是一个集成了接收发射阵、信号处理机等的仪器设备）。

声呐可按工作方式、装备对象、战术用途、基阵携带方式和技术特点等进行分类。例如，按工作方式不同，声呐可分为主动声呐和被动声呐；按装备对象不同，声呐可分为水面舰艇声呐、潜艇声呐、航空声呐、便携式声呐和海岸声呐等。下面分别对主动声呐和被动声呐的原理进行说明。

① 主动声呐。主动声呐是指声呐主动发射声波探测目标，然后接收水中目标反射的回波，进而测定目标信息的设备。由于目标信息保存在回波之中，所以可根据接收到的回波信号来判断目标的存在，并测量或估计目标的距离、方位、速度等参数。具体地说，可通过回波信号与发射信号间的时延推断目标的距离，由回波波前法线方向可推知目标的方向，由回波信号与发射信号之间的频移可推知目标的径向速度。此外，由回波的幅度、相位及变化规律，可以识别出目标的外形、大小、性质和运动状态。主动声呐主要由换能器基阵（常为收发兼用）、发射机（包括波形发生器、发射波束形成器）、定时中心、接收机、显示器、控制器等部分组成。

主动声呐大多数采用脉冲体制，由简单的回声探测仪器演变而来，适用于探测冰山、暗礁、沉船、海深、鱼群、水雷和关闭了发动机的潜艇。

② 被动声呐。被动声呐是指声呐被动接收舰船等水中目标产生的辐射噪声和水声设备发射的信号，以测定目标的方位和距离的设备。它由简单的水听器演变而来，通过收听目标发出的噪声，就能判断出目标的位置和某些特性，特别适用于不能发声暴露自己而又要探测敌舰活动的潜艇。由于被动声呐本身不发射信号，所以目标将不会觉察声呐的存在。

然而，潜在目标发出的声音及其特征，往往无法在声呐设计时就被考虑。声呐设计者只能对某种典型预定目标的声音进行设计，如目标为潜艇，那么目标自身发出的噪声就可能包括螺旋桨转动噪声、艇体与水流摩擦产生的流水噪声，以及各种发动机的机械振动引起的辐射噪声等。因此被动声呐（噪声站）与主动声呐最根本的区别在于它需要在距离很近的本舰噪声背景下接收远场目标发出的噪声。此时，目标噪声作为信号经远距传播后变得十分微弱。由此可知，被动声呐往往工作在低信噪比情况下，因而需要采用比主动声呐更多的信号处理措施。一般而言，回音站、测深仪、通信仪、探雷器等均可归为主动声呐类，而噪声站、侦察仪等则归为被动声呐类。

（2）声呐的典型算法。针对海洋科学研究高精度探测的现实需求，现代声呐发展了多种成像声呐算法，如合成孔径算法、多波束测深声呐算法等。

① 合成孔径成像算法。合成孔径声呐（synthetic aperture sonar，SAS）使用小孔径的声呐换能器阵列，通过运动形成虚拟大孔径的方法，来获取更高的航迹向分辨率。相比于实孔径声呐，SAS 最突出的优势是航迹向分辨率与作用距离、信号的频率无关。

合成孔径成像算法的基本原理就是利用接收到的回波信号的时延信息求解出目标与收发换能器之间的距离，进而推导出目标的所在位置。常见的算法有：时域延时求和算法、距离多普勒算法、Chirp-Scaling 算法、波数域算法等。根据所使用换能器阵列的阵形推导出各换能器阵元与目标之间的时延差，并提出实用的成像算法是合成孔径技术的研究热点。

② 多波束测深声呐算法。多波束测深技术是随着现代水声、电子、计算机、信号处理技术的进步而发展起来的。时至今日，多波束测深技术已经经历了半个多世纪的发展，逐渐形成了各种功能的实用化声呐产品。

概括起来，现阶段多波束测深技术主要朝超宽覆盖、小水深测量、运动姿态稳定、精细化测量等方向发展。其中，声呐信号处理是一个研究的热点问题。关于多波束测深声呐的信号处理方法，主要研究的趋势是高分辨率、高精度。国内外主要有 3 种算法：一是利用信号子空间类高分辨方法代替常规波束形成方法，如多重信号特征法、子空间旋转法、解卷积类方法以及子空间拟合类算法等；二是利用相位法代替幅度法的波达时间估计方法，如多子阵幅度-相位联合检测法等；三是基于常规波束形成算法，如 BDI 算法等。

（3）声呐的应用。经历了多年的发展，声呐如今已成为军事、民用各领域中广为使用的传感器。声呐是各国海军进行水下监视使用的主要技术，用于对水下目标进行探测、分类、定位和跟踪；进行水下通信和导航，保障舰艇和反潜飞机的战术机动和水中武器的使用。此外，声呐还广泛用于鱼雷制导、水雷引信，以及鱼群探测、海洋石油勘探、船舶导航、水下作业、水文测量、海底地质地貌的勘测等；陆地声呐被应用于濒危岩体崩塌的监测、地震仪、地下勘探等。

7.3 多模态信息融合 SLAM

7.3.1 多模态信息融合技术的层次与分类原则

在环境感知系统中，各种传感器承担着至关重要的角色，为定位与建图算法提供全局或局部的测量信息，但各种传感器又分别存在各自的问题，难以适用于各种各样的复杂环境。例如，GPS 被广泛用于户外环境中提供载体在全局坐标系下的位置信息，然而，在室内、隧道、海底等环境中，难以获得可靠的 GPS 信息；IMU 可感知无人系统自身的运动，但 IMU 测量存在零偏不确定性和累积误差，无法长时间独立使用；单目相机、双目相机、深度相机等在 SLAM 相关领域的应用已经非常广泛，但仅基于视觉的 SLAM 系统在动态环境、显著特征过多或过少、存在部分或全部遮挡的条件下（如图 7-16 所示的环境）工作时会失败，且受天气、光照影响较大，难以长时间稳定运行；基于激光构建场景是相对传统且可靠的方法，能够比较准确地提供无人系统与周围环境障碍物间的距离信息，误差模型简单，对光照不敏感，点云的处理比较容易且理论研究也相对成熟，落地产品更丰富，但其重定位能力较差。

图 7-16 具有挑战性的应用场景

基于上述实际应用中的挑战与难点，现有的研究试图将多种来源的信息进行融合，扬长避短，改善环境感知系统的鲁棒性。目前，多模态信息融合方法分为多种特征、多种传感器、多维度信息融合 3 个层次。

（1）在对图像进行特征提取时，除了处理点特征以外，还提取线特征、平面特征和像素灰度信息等信息，同时对激光雷达点云信息进行线特征、面特征、体素特征点的合理利用，从而达到多特征基元的融合。

（2）针对用单传感器构建 SLAM 系统的局限性，研究者们利用不同传感器的优势克服其他传感器的缺陷来提高定位建图算法在不同场景中的适用性和对位姿估计的准确性，涌现出视觉惯导系统（visual-inertial navigation system，VINS）、激光惯导系统、激光视觉惯导系统等多传感器融合系统。

（3）近年来，语义信息逐渐应用到环境感知系统中。语义信息是一种长期稳定的特征信息，不易受环境因素影响，相比于易受光照、季节和天气等因素影响的局部图像几何信息，具有巨大的优势。故而语义信息和几何信息的多维度信息融合成为了目前的研究热点之一。

7.3.2　多特征基元融合

在视觉和激光环境感知中，普遍使用点特征提取环境信息。然而，稀疏的点云难以准确描述周围环境的结构信息，在走廊、车库等环境中，甚至无法有效提取足够的特征点，而直线、平面等多维几何特征却十分丰富。因此，许多学者尝试使用环境中的点、线、面特征来辅助视觉感知系统进行状态估计。

1. 点特征和线特征融合

线特征是指环境中与直线、线段有关的特征，如墙壁交界线、道路边缘、电线杆等。与点特征相比，线特征广泛存在于各类环境场景中，如图 7-17 所示，由于线比点高一个维度，其表示的地图能更加准确地表达环境的信息，尤其是对结构化场景（如工业建筑、铁路及室内走廊等），线特征具有明显的优势。此外，相比于不稳定的点特征，图像中线特征的匹配具有更好的光照不变性，且不易受视点变化的影响，更有利于进行回环检测。

图 7-17　线特征

图像中的线特征可以使用以下的方法提取到。

（1）给定一幅图像，首先检测 Canny 边缘，在边缘像素处，只要其满足与当前线段的共线性，则将当前线段与相邻线段连接，继续拟合线段并延伸到下一边缘像素。

（2）如果线段连接处曲率较高，则返回当前线段并重复步骤（1），直到消耗所有边缘像素。

（3）遍历所有线段，如果两线段重叠或位置相近，方向差异较小，则将两线段合并。

线特征的参数化方法是研究线特征 SLAM 算法的基础。通常三维空间中的直线使用 Plücker 坐标系表示。假定直线上存在任意两点 A、B，则该直线的 Plücker 坐标为一个 6 维向量 $\boldsymbol{L}=(\boldsymbol{n};\boldsymbol{v})$，如图 7-18 所示，其中，世界坐标的原点为 O，$\boldsymbol{n}$ 为直线的矩向量，方向垂直于原点与该直线确定的平面 $\boldsymbol{\eta}$，幅值为 OAB 所组成三角形面积的 2 倍；$\boldsymbol{v}$ 为直线的方向向量，由 A 指向 B。$\boldsymbol{v}$、$\boldsymbol{n}$ 可表示为

$$\boldsymbol{v}=\overrightarrow{OB}-\overrightarrow{OA} \tag{7-55}$$

$$\boldsymbol{n}=\overrightarrow{OA}\times\overrightarrow{OB} \tag{7-56}$$

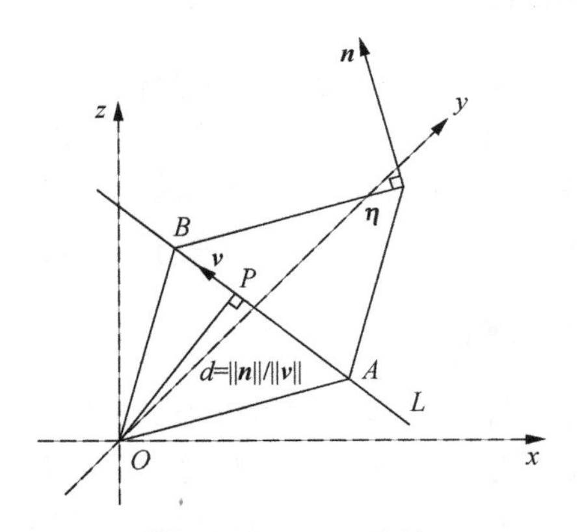

图 7-18　Plücker 直线

直线的 Plücker 坐标表示方式存在 Plücker 约束 $\{\boldsymbol{v}\perp\boldsymbol{n}\}$，不利于后端的非线性优化过程，可以通过 QR 分解转化为正交表示法 $(\boldsymbol{U},\boldsymbol{W})\in\mathrm{SO}(3)\times\mathrm{SO}(2)$ 用于优化：

$$[\boldsymbol{n}|\boldsymbol{v}]=\boldsymbol{U}\begin{bmatrix}\omega_1 & 0\\ 0 & \omega_2\\ 0 & 0\end{bmatrix}\boldsymbol{W}=\begin{bmatrix}\omega_1 & -\omega_2\\ \omega_2 & \omega_1\end{bmatrix} \tag{7-57}$$

与点特征将两点的距离作为重投影误差不同，线特征之间不能直接进行减法运算。一种可能的重投影误差函数可以定义为两个端点到预测线的距离。令 $\boldsymbol{P}$、$\boldsymbol{Q} \in \mathbb{R}^3$ 为三维直线的两个端点，$\boldsymbol{p}_{\mathrm{d}}$、$\boldsymbol{q}_{\mathrm{d}} \in \mathbb{R}^2$ 为图像平面的对应检测点，$\boldsymbol{p}_{\mathrm{d}}^h$、$\boldsymbol{q}_{\mathrm{d}}^h \in \mathbb{R}^3$ 为对应的齐次坐标，则归一化线系数可以表示为

$$\boldsymbol{I} = \frac{\boldsymbol{p}_{\mathrm{d}}^h \times \boldsymbol{q}_{\mathrm{d}}^h}{\left|\boldsymbol{p}_{\mathrm{d}}^h \times \boldsymbol{q}_{\mathrm{d}}^h\right|} \tag{7-58}$$

则线段的重投影误差可以表示为

$$E_{\mathrm{line}}\left(\boldsymbol{P},\boldsymbol{Q},\boldsymbol{I},\boldsymbol{\theta},\boldsymbol{K}\right) = E_{\mathrm{pl}}^2\left(\boldsymbol{P},\boldsymbol{I},\boldsymbol{\theta},\boldsymbol{K}\right) + E_{\mathrm{pl}}^2\left(\boldsymbol{Q},\boldsymbol{I},\boldsymbol{\theta},\boldsymbol{K}\right) \tag{7-59}$$

$$E_{\mathrm{pl}}\left(\boldsymbol{P},\boldsymbol{I},\boldsymbol{\theta},\boldsymbol{K}\right) = \boldsymbol{I}^{\mathrm{T}}\pi\left(\boldsymbol{P},\boldsymbol{\theta},\boldsymbol{K}\right) \tag{7-60}$$

式中，$\pi\left(\boldsymbol{P},\boldsymbol{\theta},\boldsymbol{K}\right)$ 表示端点 $\boldsymbol{P}$ 在图像平面上的投影，$\boldsymbol{K}$ 为相机内参矩阵，$\boldsymbol{\theta} = \left\{\boldsymbol{R},\boldsymbol{t}\right\}$ 为相机外参矩阵。当融合点和线两种特征时，由于线段的重投影误差和点的重投影误差都通过距离度量，因此可以通过将两误差项简单相加得到最终的总误差。

$$C = \sum_{i,j}\rho\left(\boldsymbol{e}_{i,j}^{\mathrm{T}}\ \boldsymbol{\Omega}_{i,j}^{-1}\boldsymbol{e}_{i,j} + \boldsymbol{e}_{i,j}^{\mathrm{T}\,\prime}\ \boldsymbol{\Omega}_{i,j}^{-1}\boldsymbol{e}_{i,j}^{\prime} + \boldsymbol{e}_{i,j}^{\mathrm{T}\,\prime\prime}\boldsymbol{\Omega}_{i,j}^{-1}\boldsymbol{e}_{i,j}^{\prime\prime}\right) \tag{7-61}$$

式中，ρ 为误差函数，$\boldsymbol{\Omega}_{i,j}$ 为协方差矩阵，$\boldsymbol{e}_{i,j}$、$\boldsymbol{e}_{i,j}^{\prime}$、$\boldsymbol{e}_{i,j}^{\prime\prime}$ 分别表示点误差和线段的两个端点误差。

2. 线特征和面特征融合

面特征是指环境中与平面有关的特征，如地面、墙壁等。人造环境通常具有大量平面结构，这些平面结构及其相互关系构成了场景的高级全局表示。相比于依赖局部几何特征的点对点匹配，依靠场景的高级表示的配准具有更高的一致性和鲁棒性。

三维面特征通常可以通过基于随机采样一致（random sample consensus，RANSAC）算法提取，该算法通常对噪声和离群点具有鲁棒性。RANSAC 算法的核心思想：随机抽取子集假设为内点拟合模型，使用拟合好的模型判别全集中的外点和内点，重新使用内点拟合模型直至模型收敛。具体来说，RANSAC 算法包含以下步骤。

（1）初始面特征集合为空，内点集为空，合点集为所有点。

（2）随机抽取点加入内点集，拟合平面。

（3）通过各内点到平面的距离重新判断是否为内点。如果内点的占比超过一定值，则将拟合平面加入面特征集合，删除合点集的内点并清空内点集；否则从

内点集中删除外点，返回步骤（2）。

（4）当合点集小于一定值或平面置信度小于一定值时，结束算法。

在获取面特征后，既可以通过提取平面边缘获取线特征，也可以再次通过RANSAC算法提取线特征。

平面/线特征的一种描述方式如图7-19所示。

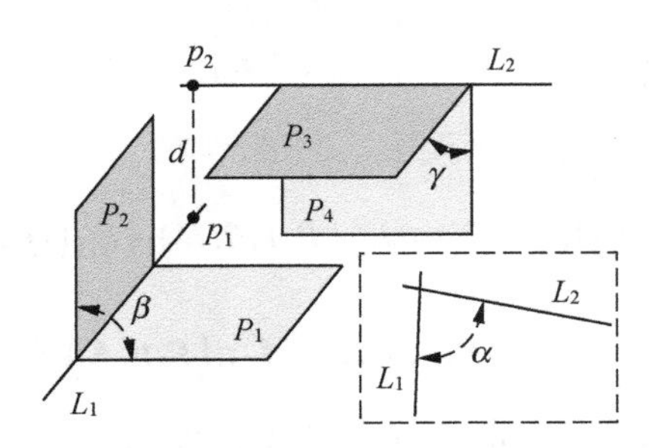

图7-19　一种平面/线特征的描述方式

基于平面的配准描述符如下。

$$\boldsymbol{d}^8 = \begin{bmatrix} \operatorname{dist}(L_1, L_2) \\ \angle(L_1, L_2) \\ \angle(P_1, P_2) \\ \angle(P_3, P_4) \\ \min[\angle(L_1, P_3), \angle(L_1, P_4)] \\ \min[\angle(L_1, P_3), \angle(L_1, P_4)] \\ \min[\angle(L_2, P_1), \angle(L_2, P_2)] \\ \min[\angle(L_2, P_1), \angle(L_2, P_2)] \end{bmatrix} \tag{7-62}$$

式中，L_1、L_2分别为P_1与P_2、P_3与P_4的交线，$\operatorname{dist}(L_1, L_2)$为$L_1$与$L_2$的距离，$\angle(L_1, L_2)$为$L_1$与$L_2$的夹角。这种基于平面的配准描述符纯粹定义在两对非平行平面上，利用它们可以在两个描述符之间建立唯一的刚性配准变换。最佳配准可以由下式确定。

$$\operatorname{conf}(\boldsymbol{t}, \boldsymbol{R}) = \omega_{\text{plane}} \times R_{\text{plane}} + \omega_{\text{line}} \times R_{\text{line}} \tag{7-63}$$

式中，R_{plane}和R_{line}分别为面特征和线特征匹配的占比，ω_{plane}和ω_{line}分别为两项权重。

3. 特征点法与直接法融合

在视觉环境感知系统中，特征点法通过提取和匹配相邻图像（关键）帧的特征点估计对应的帧间相机运动，包括特征检测、匹配、运动估计和优化等步骤。最具代表性的工作为牛津大学 klein 等提出的 PTAM(parallel tracking and mapping) 方法，开创性地将相机跟踪和建图分为两个并行的线程。基于关键帧的特征点技术已经成为视觉 SLAM 和视觉里程计的黄金法则，在同等算力的情况下，比滤波方法更加精确。

与特征点法不同的是，直接法不用提取图像特征，而是直接使用像素强度信息，通过最小化光度误差来实现运动估计。虽然直接法相较于特征点法省去了特征点和描述子的计算时间，只利用像素梯度就可构建半稠密甚至稠密地图。但是由于图像的非凸性，完全依靠梯度搜索不利于求得最优值，而且灰度不变是一个非常强的假设，单个像素又没有什么区分度，所以直接法在选点较少时无法体现出其优势。

利用特征法和直接法的各自优点，Forster 等在多旋翼飞行器上提出了一种半直接单目视觉里程计，包括运动估计线程和建图线程，具体流程如图 7-20 所示。这种组合方式还可推广到多相机系统中。

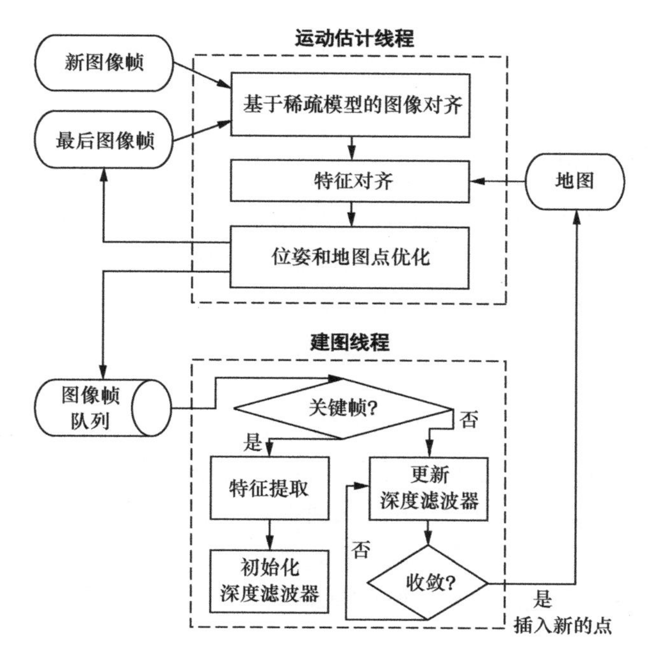

图 7-20　特征点法与直接法结合的半直接单目视觉里程计流程

7.3.3 多传感器融合

市面上的相关传感器众多，如激光雷达、相机、IMU、GPS 等，但通常各有缺点，无法独当一面。例如，相机图像富含细节信息，但其极易受到光照等影响，且缺乏尺度信息；IMU 可提供无人系统加速度计和陀螺仪信息，但存在零漂和累计误差等问题。因此，大量研究人员考虑融合多种传感器的观测信息，取长补短：当仅靠视觉信息无法估计无人系统位姿信息时，通过 IMU 可继续提供较为可信的位姿估计，并通过视觉信息补偿 IMU 的零漂和累积误差。

根据是否把从传感器信息中提取得到的特征加入到后端优化的状态向量，多传感器融合的 SLAM 方案分为松耦合（loosely-coupled）和紧耦合（tightly-coupled）两种。松耦合是指根据各传感器的信息分别估计无人系统的位姿信息，再对估计的运动轨迹结果进行融合，此类方案的代表有 SSF、MSF 等。紧耦合的方案将提取的传感器特征信息和位姿共同加入后端优化的状态向量，再使用基于滤波（filter-based）或者基于优化（optimization-based）的理论模型进行优化，如 MSCKF、VINS-MONO 等。

下面对视觉惯性系统、激光惯性系统、激光视觉惯性系统等典型的多传感融合系统进行介绍。

1. 视觉惯性系统

下面以 VINS-MONO 为例，介绍视觉信息和惯性信息的融合方法。VINS-MONO 是一种基于紧耦合滑动窗口非线性优化方法的单目视觉惯性系统。该系统框架包括 IMU 预积分、估计器初始化机制、故障检测和复原机制、外参在线校订、基于优化的紧耦合视觉惯性里程计、重定位机制以及全局位姿图优化模块等内容。

在每个时间步，首先对传感器原始数据进行预处理。对于视觉图像，在最新的图像帧中提取特征，在相邻两帧图像之间进行特征追踪，并选取关键帧：特征检测采用角点特征，相邻特征之间设置最小像素间隔，并基于 RANSAC 算法剔除异常点；特征追踪使用 KLT 稀疏光流算法。对于 IMU 数据，在世界坐标系内进行积分获取两帧图像之间的位移、速度和旋转角，并获取协方差传递矩阵用于修正预积分结果。

然后，进行状态的初始化。通过视觉解算出相机的去尺度化的位姿；通过视觉惯性对齐，校准陀螺仪偏差，对速度、重力向量和尺度因子进行初始化，将相机坐标系下的运动转移到世界坐标系。

最后，进行局部非线性优化，即将视觉约束、IMU 约束放在一个目标函数中进行优化，输出较为精确的位姿。

当跟踪出现异常，即在最新帧中被跟踪的特征数小于某一阈值，或估计器最后两个输出显著不连续性，或外参估计值出现较大变化时，视觉算法（边缘检测算法和特征提取算法）不能继续运行，需要重新初始化以复原。

为了消除跟踪过程中的累积误差，需要进行闭合回环检测、建立当前帧与回环的特征关联、将这些特征关联集成到前面的视觉惯性里程计模块以消除漂移。所谓回环检测，就是将前面检测到的图像关键帧保存起来，当再回到之前经过的同一个地方，通过特征点的匹配关系，判断是否已经来过这里。在进行回环检测时，利用相机约束、IMU 约束以及回环检测约束非线性优化全局轨迹。

2. 激光惯性系统

下面以 LOAM 为例，介绍激光信息和惯性信息的融合方法。LOAM 是在 2014 年提出来的三维激光雷达里程计建图算法。该算法建图较为稀疏，主要通过提取特征边缘和特征平面进行匹配，算法过程简单并且效率很高。LOAM 主要解决的问题是点云中的点随激光雷达运动产生的运动畸变（即由于点云扫描的时间差，点云中的点相对实际环境中的物品表面上的点存在位置上的误差）。这种运动畸变会造成点云在匹配时发生错误，从而不能正确获得两帧点云的相对位置关系，也就无法获得正确的里程计信息。

LOAM 可以同时获得低漂移和低复杂度，并且不需要高精度的测距和惯性测量。其核心思想是通过两个算法（一个算法执行高频率的里程计但是低精度的运动估计，另一个算法在比定位低一个数量级的频率执行匹配和注册点云信息）的结合来获得高精度、实时性的激光里程计。

与视觉惯性系统类似，LOAM 首先提取传感器的特征点。通过计算单帧激光每个点的曲率，选取边缘点和平面点作为特征点：

$$c=\frac{1}{|\mathcal{S}|\cdot\left\|\boldsymbol{X}_{(k,i)}^{L}\right\|}\cdot\left\|\sum_{j\in\mathcal{S},j\neq i}\left(\boldsymbol{X}_{(k,i)}^{L}-\boldsymbol{X}_{(k,j)}^{L}\right)\right\| \tag{7-64}$$

式中，i 是一帧激光雷达数据的任意一个点，$\mathcal{S}$ 是以点 i 为中心的连续点集，$\boldsymbol{X}_{(k,i)}^{L}$ 是在相机坐标系下点 i 的坐标。

然后在相邻帧中寻找特征点的对应。设 $\mathcal{P}$ 为点云集，$\mathcal{E}_k$ 和 $\mathcal{H}_k$ 分别为第 k 帧的边缘点集和平面点集（见图 7-21）。对于点 $i\in\mathcal{E}_k$，找到其最近的点 $j\in\mathcal{P}_{k-1}$，并

在点 j 前后相邻的两个扫描点中找到与点 i 最近的点，记为 l 。如果 j、l 满足边缘点的条件，则直线 (j,l) 就是点 i 的对应直线，误差函数为

$$d_{\mathcal{E}}=\frac{\left|\left(\boldsymbol{X}_{(k+1,i)}^{L}-\boldsymbol{X}_{(k,j)}^{L}\right)\times\left(\boldsymbol{X}_{(k+1,i)}^{L}-\boldsymbol{X}_{(k,l)}^{L}\right)\right|}{\left|\boldsymbol{X}_{(k,j)}^{L}-\boldsymbol{X}_{(k,l)}^{L}\right|} \tag{7-65}$$

对于点 $i\in\mathcal{H}_k$ ，找到其最近的点 $j\in P_{k-1}$ ，并在点 j 同一帧中找到与点 i 第二近的点 l ，在其前后两个相邻帧中找到与点 i 最近的点 m 。如果 j、l、m 满足平面点的条件，则平面 (j,l,m) 则就是点 i 的对应面，误差函数为

$$d_{\mathcal{H}}=\frac{\left|\left(\boldsymbol{X}_{(k+1,i)}^{L}-\boldsymbol{X}_{(k,j)}^{L}\right)\cdot\left(\left(\boldsymbol{X}_{(k,j)}^{L}-\boldsymbol{X}_{(k,l)}^{L}\right)\times\left(\boldsymbol{X}_{(k,i)}^{L}-\boldsymbol{X}_{(k,m)}^{L}\right)\right)\right|}{\left|\left(\boldsymbol{X}_{(k,j)}^{L}-\boldsymbol{X}_{(k,l)}^{L}\right)\times\left(\boldsymbol{X}_{(k,i)}^{L}-\boldsymbol{X}_{(k,m)}^{L}\right)\right|} \tag{7-66}$$

通过下面相邻两帧的对应关系，即可直接求解两帧的变换矩阵 $\boldsymbol{T}_{k+1}^{L}$ 。

$$\boldsymbol{f}\left(\boldsymbol{T}_{k+1}^{L}\right)=\boldsymbol{d} \tag{7-67}$$

式中， $\boldsymbol{f}$ 的每一行均为一个特征点， $\boldsymbol{d}$ 为误差向量。

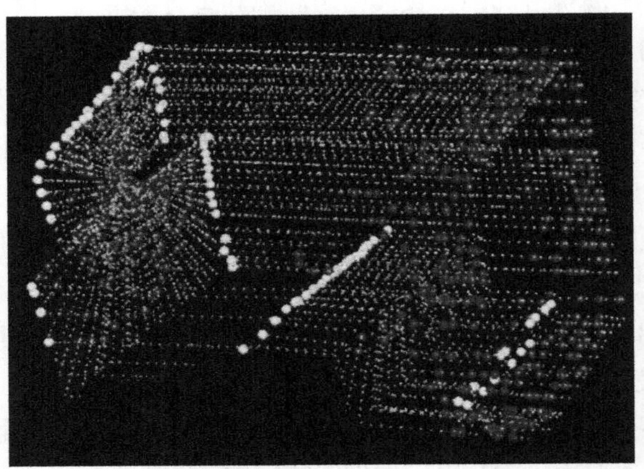

图 7-21　点云中的边缘点集（白色）和平面点集（灰色）

3. 激光视觉惯性系统

为了使 SLAM 算法在光照较差或结构退化的场景中都能有效工作，将激光雷达、相机和 IMU 三者进行融合是个很好的方案。一种典型的紧耦合激光视觉惯性系统框架如图 7-22 所示，IMU 线程模块前向状态传播并用于激光雷达数据的去畸变，图像线程模块则进行深度增强和匹配/跟踪，激光雷达线程模块对数

据进行去畸变、滤波然后实现跟踪，最后用一个优化线程模块来联合优化 3 种传感器，直接提取激光雷达点云中的线、面特征，达到实时处理激光雷达数据的目的。

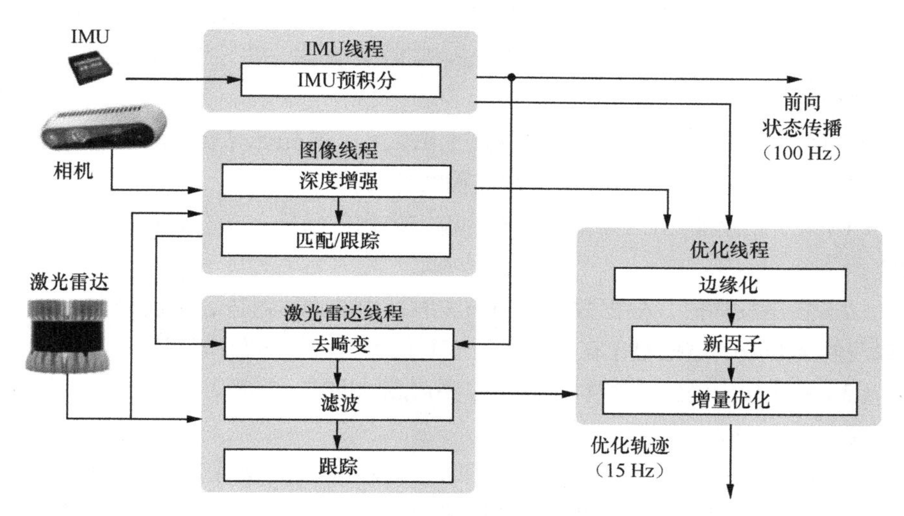

图 7-22　一种典型的紧耦合激光视觉惯性紧耦合系统框架

7.3.4　多维度信息融合

传统 SLAM 系统通常依赖于从传感器的原始数据中提取的几何基元特征（如特征点、线和面等），通过对几何特征编码的场景特征向量进行匹配，实现闭环检测。但在不特定恶劣环境下，几何特征的提取极不稳定，难以保证准确的闭环检测。语义信息是一种长期稳定的特征，不易受环境因素的影响，但只用语义信息无法实现精确定位。因此，尝试将语义信息融合到传统 SLAM 系统中，以构建长期稳定的定位系统。近年来，基于数据驱动的深度学习方法逐渐兴起，通过对大量数据的学习可以得到比手工设计更加精确的模型，进而将传统 SLAM 方法与深度学习方法有效融合也可以提升定位系统的精度和鲁棒性。此外，物理信息辅助位姿估计也是热门话题之一，通过对特定物理信息分析建模，可为状态估计提供有效约束。

1. 几何信息与语义信息融合

下面以 SLAM++为例，介绍语义信息在 SLAM 系统中的应用。SLAM++是一种基于对象的三维 SLAM 方法，它能在算法循环中充分利用由许多重复、特定对象和结构组成的场景中的先验知识。在深度相机经过混乱的场景时，实时三维对象识别和跟踪提供了六自由度的相机对象约束，这些约束将反馈到明确的对象图中，通过高效的姿态图优化不断细化。对象图能够精确预测基于迭代最近点（iterative closest point，ICP）的相机的每个实时帧模型，并在当前未描述的图像区域有效地主动搜索新对象。

算法流程如下：给定一个实时深度地图，我们首先计算表面测量的顶点和法向量地图，作为序列跟踪和物体检测流程的输入。

（1）使用在当前 SLAM 图中预测的稠密多物体场景，基于 ICP 跟踪实时相机位姿。

（2）检测物体时，根据数据库中和实时帧中的物体对应，生成带有估计位姿的检测候选对象。这些对象在下一次的 ICP 估计时进行筛选和更新。

（3）将成功检测到的物体以物体-位姿顶点的形式，与实时估计的相机-位姿顶点相连，加入 SLAM 图中。

（4）从 SLAM 图中绘制对象，将预测的深度和法线映射生成到实时估计帧中，从而可以主动搜索图中当前对象没有描述的像素。在每个对象和实时图像之间运行一个单独的 ICP，从而向 SLAM 图中添加一个新的相机对象约束。

2. 深度学习方法与传统 SLAM 方法融合

传统 SLAM 方法发展至今，理论已趋于成熟，并在各种数据集上获得了不错的效果。但实际应用场景的复杂度一般要高于数据集，某些基于物理模型或几何理论的假设不再与实际情况相符。近年来基于深度学习的方法逐渐兴起，可以通过数据驱动的方式学习得到比手工设计更加精确的模型，从而提升 SLAM 系统的性能。从里程计估计、建图、全局定位到同步定位与建图，深度学习的方法已经在 SLAM 系统的方方面面得到应用。

里程计用两帧或多帧传感器数据来估计载体的相对位姿变化，以初始状态为基础推算出全局姿态，其核心问题是如何从各种传感器测量中准确地估计出平移变换和旋转变换。当前的深度学习方法在视觉里程计、惯性里程计、视觉惯性里程计、激光里程计等的应用已经实现端到端的方案。典型的基于监督学习的视觉里程计结构如图 7-23 所示，基于监督学习的视觉里程计使用卷积神经网络（CNN）和递归神经网络（RNN）的组合方式实现视觉里程计的端到端学习，卷积神经网络完成对图像的视觉特征提取，递归神经网络则用来传递特征并对其时间相关性进行建模。

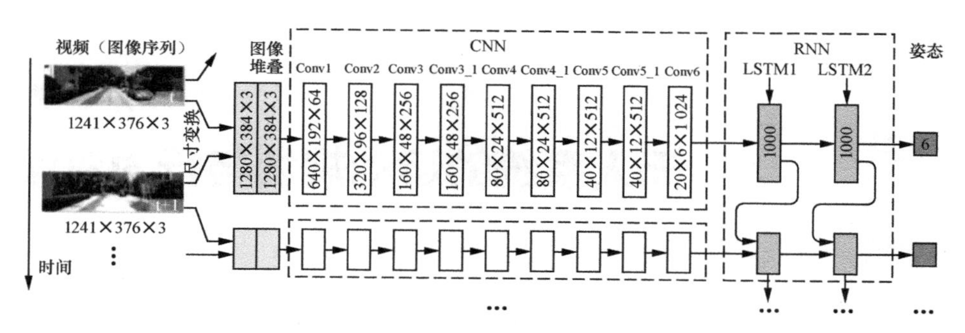

图 7-23　基于监督学习的视觉里程计结构

第8章 无人系统的运动规划与行为决策

无人系统研究的目标是获得一个完全自主的无人装置。为完成给定的最终任务，无人系统应能够自主选择一些具体子任务，并执行这些子任务。为此，无人系统必须进行运动规划和行为决策。行为决策用于确定最核心的内容，如选择航路点和评估可能存在的环境不确定性。在序列行为决策中，无人系统能在对外界观测结果的基础上选择最优行动，使目标函数达到最优。整个序列行为决策是由无人系统根据自身任务要求，通过一系列决策过程实现的。运动规划负责在已知信息基础上开发航迹算法。由于现实环境往往是动态变化的，环境中也存在诸多不确定因素，这对无人系统的操控是一个挑战。

无人系统作为一个复杂的软硬件结合系统，其安全可靠运行需要车载硬件、传感器集成、感知、预测以及控制规划等多个模块的协同配合工作。这里的规划在广义上可以划分为无人系统运动规划和无人系统行为决策。

8.1 无人系统运动规划

基于环境感知技术，无人系统得以了解自己所在的位置和周围环境。路径规划就是通过环境感知建立的环境模型，在一定的约束条件下，规划出一条连接无人系统当前位置和目标位置的无碰撞路径。运动规划决定着无人系统运动的路径点序列，控制器根据局部范围内路径序列生成运动控制指令，实现无人系统的自主移动。运动规划是一种计算问题，旨在寻找将无人系统从初始状态移动至目标状态的动作序列。“运动规划”和“路径规划”这两个词经常混用，但两者有一个关键区别：运动规划在无人系统位置随时间变化时生成系统的运动，而路径规划只生成无人系统的路径。通过运动规划，无人系统可以在遵循现有路径的同时改变运动。

路径规划结果通常从路径代价、最优性和完备性 3 个方面进行评估。

（1）路径代价：当机器人或车辆在寻找路径时，它所采取的每一步都与代价相关联。穿越自由空间的代价通常设为零，穿越包含障碍空间的代价设为无穷大。

（2）最优性：如果路径规划算法总能找到最优路径，则称其为最优算法。为了使路径最优，其转换代价（边缘代价）之和在从初始位置到目标位置的所有可能路径中必须是最低的。

（3）完备性：在有限的时间内，当路径存在时，路径规划算法能找出路径，当路径不存在时，算法能报告路径不存在，则称该算法为完备的。

最优且完备的路径规划算法所提供的路径不一定是最短的，但代价会是最小的。在某些特定的情况下，如让室内无人系统沿着走廊移动，可以将无人系统沿走廊中心移动的代价定义为低于靠近墙壁移动的代价。在这种情况下，最优路径是让无人系统沿着走廊中心移动，减少与墙壁碰撞的机会。

目前，路径规划的种类很多。根据移动目标的不同，路径规划可以分为点到点的路径规划和全覆盖路径规划。根据对环境信息的掌握程度不同，路径规划可以分为已知环境下的全局路径规划和未知环境下的局部路径规划。在已知环境中，无人系统根据当前的环境信息采用适当的建模方法对当前的环境信息进行建模，在建好的环境模型中采用比较成熟的路径规划算法或改进算法规划出一条最优路径。该规划方法需要预先知道准确的环境信息，并且计算量很大且实时性差。在未知环境中或环境信息部分了解的情况下，无人系统需利用自身的传感器探索并认知环境信息，然后规划出路径，让无人系统具有良好的避碰能力。因此，该规划方法具有智能行为，又被称智能优化方法。

通过无人系统上的传感器和通信网络系统所获取的环境信息，目前已研发了一系列路径规划技术。这些技术的主要目标是为了使无人系统的运动更安全、更舒适且更加节约能源。随着路径规划的研究发展，求解路径规划的算法也越来越多，不同的路径规划问题需要使用不同的方法来解决，部分方法介绍如下。

8.1.1　传统路径规划方法

传统的路径规划方法是研究人员多年来用于解决无人系统路径规划问题的常用方法。这些方法大多数都依赖于物体到无人系统的距离信息、吸引力和排斥力、统计特征、聚类或图形地图计算来确定无人系统的路径规划。值得关注的传统路径规划方法有人工势场法、基于视觉的路径规划方法、沿墙路径规划算法、基于滑模控制的路径规划算法、反应式动态路径规划算法、启发式搜索算法等。

1. 人工势场法

人工势场法是研究人员经常使用的一种路径规划方法。人工势场法是一种数学方法，可使无人系统被目标点吸引，同时被环境中的障碍物排斥。将人工势场法应用于路径规划的想法是由 Khatib 教授提出的。此后，一些研究人员对人工势场法进行了修改，以使其更有效地进行路径规划和避障。人工势场法的算法中定义了总吸引力、总排斥力和合力。典型的基于高斯函数的人工势场法算法可表示为

$$F_{\mathrm{A}}\left(p\right)=f_{\mathrm{att}}\left[1-\exp\left(-c_{\mathrm{att}}\times d_{\mathrm{g}}^{2}\right)\right] \tag{8-1}$$

$$F_{\mathrm{R}}\left(p\right)=\begin{cases}f_{\mathrm{repi}}\left[\exp\left(-c_{\mathrm{rep}}\times d_{\mathrm{obs}}^{2}\right)\right], d_{\mathrm{obs}}\leqslant d_{0}\\0,\text{其他}\end{cases} \tag{8-2}$$

$$F_{\mathrm{total}}\left(p\right)=F_{\mathrm{A}}\left(p\right)+F_{\mathrm{R}}\left(p\right) \tag{8-3}$$

式中，p 为无人系统所处的位置，$F_{\mathrm{A}}\left(p\right)$ 是总吸引力，f_{att} 是任何情况下引力的最大值，c_{att} 是吸引常数，d_{g} 是无人系统与目标之间的欧几里得距离；$F_{\mathrm{R}}\left(p\right)$ 是总排斥力，f_{repi} 是任何情况下排斥力的最大值，c_{rep} 是排斥常数；d_{obs} 是无人系统与障碍物之间的欧几里得距离，d_0 为障碍物影响的距离。如图 8-1 所示，无人系统在引力势场的总吸引力 $F_{\mathrm{A}}\left(p\right)$ 和斥力势场的总排斥力 $F_{\mathrm{R}}\left(p\right)$ 的合力 F_{total} 作用下向目标移动。

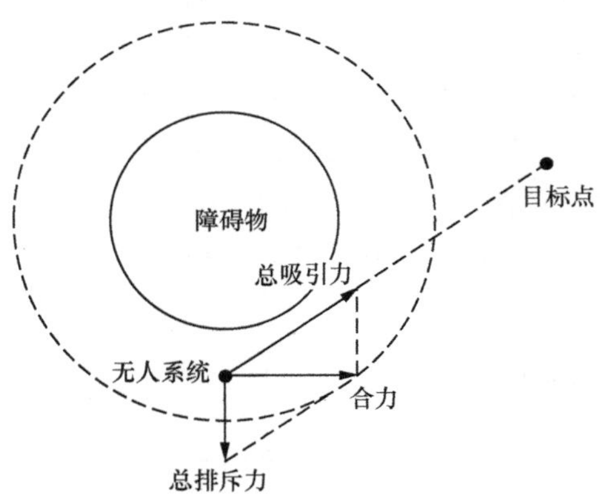

图 8-1 人工势场法

通过考虑系统的运动属性，人工势场法在无人系统路径规划中还可被进一步扩展

为势场窗口法。与传统的人工势场法相比，势场窗口法进行的势场计算有所不同。

2. 基于视觉的路径规划方法

大多数路径规划方法同时使用摄像机和传感器获得的信息来确定其路径规划算法。但存在某些路径规划方法基本上只依赖于来自摄像机获取的信息，这些方法被称为基于视觉的路径规划方法。基于视觉的路径规划方法通常使用区域兴趣提取方法，采用局部盲反卷积法对收集的图像进行分类，以生成图像处理后的局部结构形式组成的特征图，然后将得到的特征图用作检测和避障的基础。无人系统在使用这种方法规划移动路径时，所捕获的图像会被缩小为较少像素的列宽，以便于更快地进行计算，然后提取特征图，用以确定无人系统的移动方向是否存在障碍物。该方法与直方图法、区域法和光谱残差法（这 3 种方法的障碍物碰撞命中率介于 11%和 14%之间）相比，障碍物碰撞命中率降低了 4% ~ 5%。

基于视觉的路径规划方法可使用从捕获图像中提取的障碍物流来确定图像深度，并使用平衡策略的控制律估计碰撞时间。针对非结构化室内环境，低分辨率图像和声呐传感器的组合被用于开发基于视觉的障碍物检测算法。当对摄像机拍摄的图像进行图像分割时，可使用声呐传感器从图像中提取深度信息。另外，使用单个摄像机进行基于块的运动估计时，可实现基于视觉的动态障碍物检测和回避。

最近有研究人员提出了一种基于转移学习的视觉导航方法，以增强自主无人系统语义导航中的环境感知能力。该方法包括位置识别、旋转区域和侧面识别 3 层模型。实验结果表明该方法在语义导航中表现良好，无人系统能够识别其初始状态和姿态并实时进行姿态校正，但是需要进一步改进这一方法使其能够应用于复杂的室外环境中。

3. 沿墙路径规划算法

沿墙路径规划算法根据无人系统周围的墙壁，借助距离传感器引导无人系统从一个位置移动到另一个位置。以 Gavrilut 等提出的算法为例，通过将红外传感器集成到微控制器中，实现了无人系统的沿墙避障方法。该方法的缺陷是无法检测到相对小的障碍物。

4. 基于滑模控制的路径规划算法

一些研究人员还研究了基于滑模控制的路径规划算法。滑模控制是一种非线性控制方法，利用不连续的控制信号来调整非线性系统的特性，强迫系统在两个系统的正常状态之间滑动，最后进入稳态。其状态反馈控制律不是时间的连续函数。相反地，状态反馈控制律会根据目前在状态空间中的不同位置，从一个连续的控制系统切换到另一个连续的控制系统。因此，滑模控制属于变结构控制。在现代控制理论的范围中，任何变结构系统（如滑模控制）都可以视为是并合系统的特例，因为系统有些时候会在连续的状态空间中移动，有时也会在几个离散的控制模式中切换。Matveev 等提出了一种滑模策略，该算法可以实现边界巡逻和运动障碍物躲避，但是需要很高的数学运算代价。

5. 反应式动态路径规划算法

反应式动态路径规划算法采用基于传感器或基于视觉的方法，对导航过程中无法预料的障碍物和状况做出适当的决策反应。多年来，无人系统多采用反应式动态路径规划算法进行路径规划和避障。研究人员基于情境活动范式和分而治之的研究策略，提出了一种虚拟半圆的方法，该方法将划分、评估、决策和运动生成模块组合在一起，使无人系统能够在复杂的环境中避免与障碍物发生碰撞。Matveev 等提出了一种需要耗费大量计算的方法，该方法也是一种反应式策略，用于在动态环境中对无人系统进行导航，其中环境中的未知障碍物不具有运动规律且形状可变。此外，还有一种基于集成环境表示法的反应导航方法来躲避动态环境中的障碍，该环境具有各种障碍物，包括静止物体和运动物体。

6. 启发式搜索算法

启发式搜索和非启发式搜索是对路径规划算法进行分类的两种解决方法。启发式搜索的关键步骤是如何确定下一个要考察的节点，不同的确定方法会形成不同的搜索策略。启发式搜索以启发信息为引导，指引搜索朝着最有希望的方向前进。该搜索方法不仅能提高搜索的效率，同时也能降低搜索问题的复杂性。A*算法是典型的启发式搜索算法，将 A*算法应用于路径规划中能有效地寻找到最优路径。

8.1.2 基于采样的路径规划算法

不同于启发式搜索算法，以概率路线图（probabilistic road map，PRM）算法和快速探索随机树（rapidly-exploring random tress，RRT）算法为代表的基于采样的路径规划算法的常见工作流程分为下面 4 步。

（1）表示状态空间：定义一个状态空间，在其中包含任何应用的可能状态或配置。

（2）定义状态校验器：状态校验器基于状态空间，并与通过 SLAM 算法获得的地图相对应。它检查单个状态的有效性或两个采样状态之间运动的有效性。例如，碰撞检查器是一种状态校验器，可指示无人系统状态或配置与障碍物发生碰撞的情况。

（3）对新状态进行采样并检查有效性：基于采样的路径规划算法在定义的状态空间中随机对状态采样，并使用状态校验器创建从起点到目标的无障碍路径。RRT 和 PRM 等算法使用不同的采样方案对状态进行采样，并创建搜索树或路线图。

（4）表示采样状态：将一组有效状态表示为路径。

由于来自大型栅格地图的数据需要很高的计算成本，所以基于搜索的算法不适合具有高自由度或地图尺寸非常大的应用。PRM 算法是一种基于采样的路径规划方法，在这种情况下很有用。

PRM 是地图中不同可能路径的网络图。该图由给定区域内有限数量的随机点或节点生成。在对每个节点进行随机采样后，PRM 算法通过连接固定半径内的所有节点来创建多个节点簇，如图 8-2 所示。

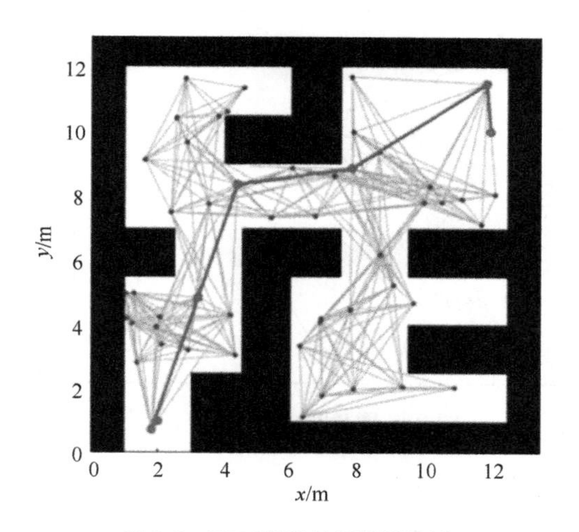

图 8-2 PRM 算法路径规划示例

一旦构建好路线图，就可以在地图上查询从给定起始位置到给定目标位置的路径。由于 PRM 算法允许在同一路线图中针对不同的起点和目标位置进行多次查询，因此如果地图是静态的（不随时间变化），则可以节省计算时间。PRM 算法使用图搜索方法（如 A*规划器）在其创建的路线图中搜索路径。

RRT 算法是一种适用于非完整约束的采样方法，如图 8-3 所示。RRT 算法能有效地搜索非凸高维空间。它使用状态空间中的随机样本，以增量方法创建搜索树。搜索树最终遍及整个搜索空间，并将起始状态连接到目标状态。

RRT 算法规划器按照以下步骤生长搜索树，以起始状态 X_{start} 为根。

（1）规划器在状态空间 X 中采样一个随机状态 X_{rand}。

（2）规划器基于状态空间中的距离定义，遍历当前的搜索树 T 找到一个已经在搜索树中并且最接近 X_{rand} 的状态 X_{near}。

（3）规划器从 X_{near} 向 X_{rand} 扩展，直至达到状态 X_{new}。

（4）新状态 X_{new} 被添加到搜索树中。

重复这个过程，直至树达到 X_{goal}。每次采样一个新节点 X_{new} 时，都会对它与其他节点的连接进行碰撞检查。要实现从 X_{start} 到 X_{goal} 的可行驶路径，可以使用运动基元或运动模型，如 Reeds-Shepp 曲线。双向 RRT（biRRT）是 RRT 的一种变体，它创建两个树，从起始状态和目标状态同时开始。双向 RRT 对机器人操作臂很有用，因为它可以提高高维空间中的搜索速度。注意，RRT 规划可能产生包含急转弯的路径，此时可以使用路径平滑算法来补偿这些不规则性。

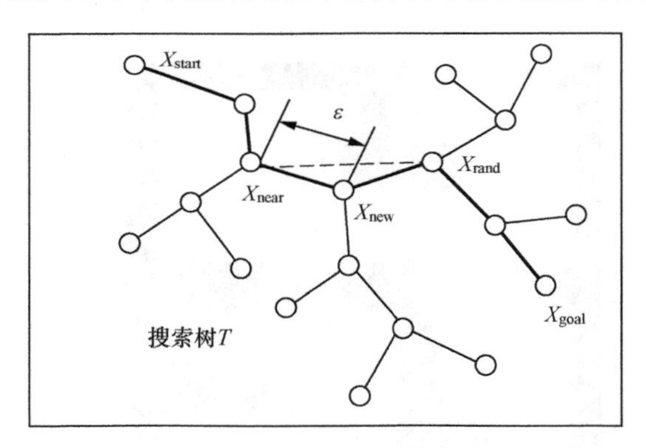

图 8-3　RRT 算法

RRT 算法给出了有效路径，但不一定是最短路径。RRT*算法是 RRT 算法的优化版本。在理论上，RRT*算法可以在节点数接近无穷时提供到达目标的最短可能路径，如图 8-4 所示。

RRT*算法的基本原理与 RRT 算法相同，但它有两个关键的补充，使其能够产生显著不同的结果。

（1）RRT*算法包含每个节点的代价，该代价由相对于其父节点的距离定义。它总是在 X_{new} 附近的固定半径内寻找代价最低的节点。

（2）RRT*算法检查节点成本是否降低，并对搜索树重新布线，以获得更短、更平滑的路径。

RRT*算法给出了一个渐近最优解，因此特别适合高维问题。它在包含许多障碍物的密集环境中也很有用。虽然 RRT*算法能寻找具有最少节点的最短路径，但它不适用于非完整系统。相比之下，RRT 算法可用于非完整系统，并且能够处理微分约束。

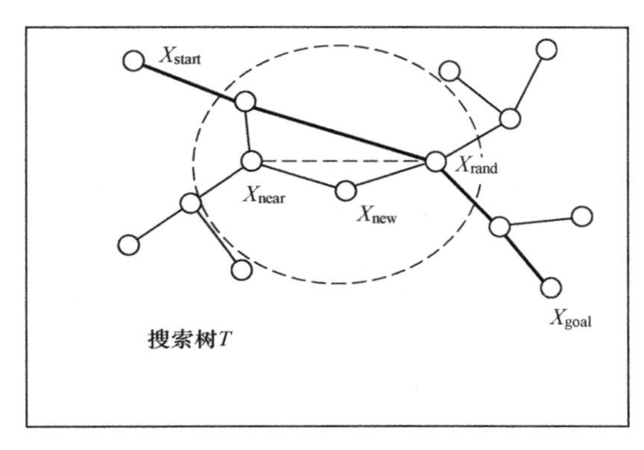

图 8-4　RRT*算法

8.1.3　运动规划算法原理

常见的运动规划算法包含基于栅格的 A*算法、Hybrid A*算法和轨迹最优 Frenet 算法。

1. 基于栅格的 A*算法

基于栅格的 A*算法是一种离散路径规划器，可在栅格地图上创建连接起始节点和目标节点的加权图，如图 8-5 所示。A*算法适用于离散化栅格地图，使用 x-y 线性连接扩展搜索树。算法基于代价函数逐一探索节点，该函数估计从一个节点移动到另一个节点的代价（cost）。

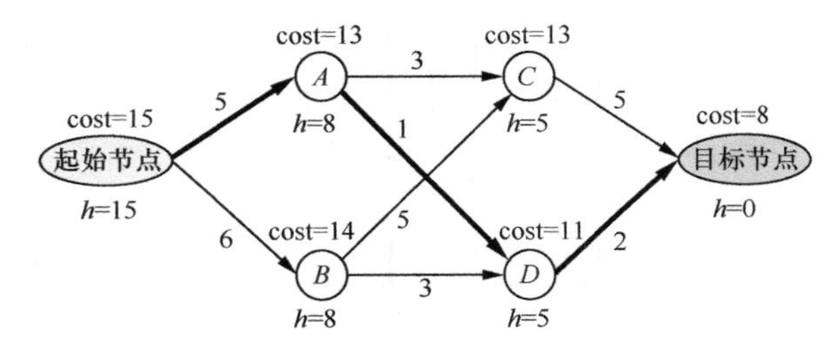

图 8-5　基于栅格的 A*算法示例

为了找到代价最小的路径，A*算法的最小化代价函数 $f(n)$ 可表示为

$$f(n)=g(n)+h(n) \tag{8-4}$$

式中，n 是路径上的下一个节点，$g(n)$ 是从起始节点到 n 的路径的代价，$h(n)$ 是一个启发式函数（用于估计从 n 到目标的最低代价的路径）。常用的启发式函数有欧几里得距离函数和曼哈顿函数。

2. Hybrid A*算法

Hybrid A*算法是 A*算法的扩展。与 A*算法一样，Hybrid A*算法适用于离散化搜索空间，但它将每个栅格单元与无人系统的一个连续三维状态 (x,y,θ) 相关联。它使用由运动基元组成的连续状态空间生成平滑的可行驶路径。

Hybrid A*算法使用高效的引导式启发式搜索算法，使搜索树向目标方向展开，如图 8-6 和图 8-7 所示。它还使用路径的解析展开，以提高准确性和减少规划时间。Hybrid A*算法根据已有的精确目标姿态，为无人系统生成平滑的可行驶路径。

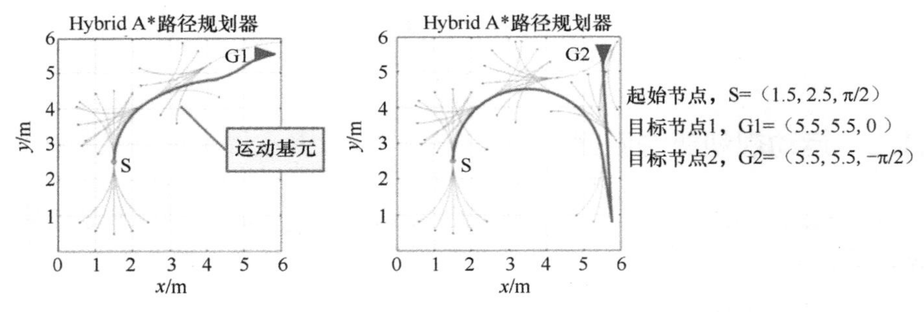

图 8-6　Hybrid A*算法路径规划示例一

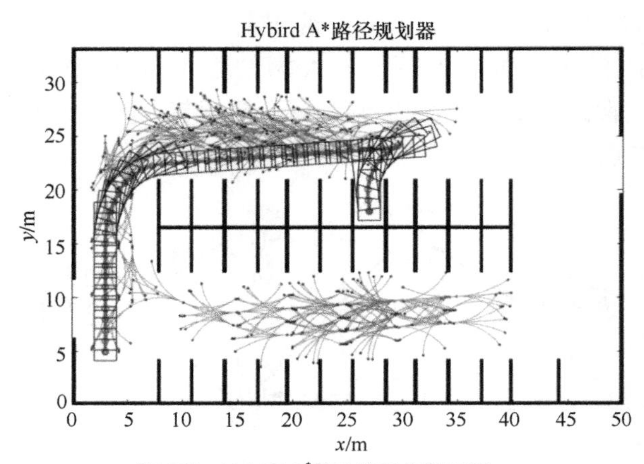

图 8-7　Hybrid A*算法路径规划示例二

与传统 A*算法不同 1，Hybrid A*算法适用于具有非完整约束的无人系统。它保证了运动学可行性，并考虑了无人系统的方向和速度等微分约束。

3. 轨迹最优 Frenet 算法

轨迹最优 Frenet 算法是一个局部规划器，能根据全局参考路径来规划轨迹，如图 8-8 所示。轨迹是一组状态，状态中的变量是时间的函数。在需要考虑速度的情况下，轨迹规划很有用。

作为局部规划器，轨迹最优 Frenet 算法需要一个全局参考路径，形式为一组航路点。对于沿弯曲连续参考路径的规划，它使用 Frenet 坐标，该坐标由行程长度和距参考路径的横向距离组成。

轨迹最优 Frenet 算法从初始状态开始进行备选轨迹采样，相对参考路径偏离一定的横向距离。它使用 Frenet 参考系和两种状态——笛卡儿状态和 Frenet 状态。

初始状态通过五阶多项式连接到采样的终点状态，该多项式试图最小化抖动并保证状态的连续性。

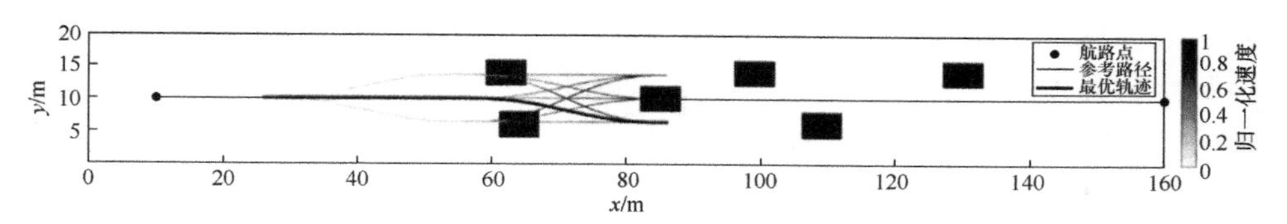

图 8-8　轨迹最优 Frenet 算法

轨迹最优 Frenet 算法沿参考路径寻找最优轨迹，其中参考路径点由 Hybrid A*算法或 RRT 算法之类的全局规划器生成。轨迹最优 Frenet 算法生成多个备选路径，并根据最终状态与参考路径的偏差、路径平滑度、时间和距离来评估这些路径的代价，通过使用状态校验器来检查状态的有效性。轨迹最优 Frenet 算法可作为全局规划器与无人系统控制器之间的局部规划器，适用于变道机动和自适应巡航控制等任务，也可以用于无人系统的动态重规划。

8.1.4　智能运动规划

1. 遗传算法

遗传算法（genetic algorithm，GA）是基于自然选择和基因遗传学原理的随机搜索算法，它借鉴物种进化的思想，将优化问题进行编码，每一个可能解均被表示成字符串的形式，初始化随机产生一个种群的候选群，用合理的适应度函数对种群进行性能评估，并在此基础上进行复制、交叉和变异遗传操作。相比于其他搜索方法，遗传算法采用多点搜索，因而更有可能搜索到全局最优解。遗传算法的问题是进化速度难以控制，常出现早熟收敛。同时需要的经验参数太多，难以满足实时需要，不利于自动处理。尤其是在复杂的环境中，如果不能给出较好的初始解，则较难通过交叉、变异等操作寻找到可行路径。

遗传算法本质上的并行性，使其擅长于求解组合优化问题，其 N 个个体的一次搜索空间为 $O(N^3)$个组合模式，仅仅需要 N 个模式的计算量，就能在搜索空间中排除个数与 N^3 成正比的组合模式，因此继神经优化之后，遗传算法对旅行商问题的求解也取得了很大的成功，从而说明遗传算法对这类问题存在巨大的优化计算能力。

遗传算法利用选择、交叉和变异来培养群体样本，对生物进化过程做数学方式的模拟。它不要求适应度函数是可导或连续的，而只要求适应度函数为正，同时作为并行算法，它的隐并行性适用于全局搜索。多数优化算法都是单点搜索算法，很容易陷入局部最优，而遗传算法却是一种多点搜索算法，因而更有可能搜索到全局最优解。遗传算法的整体搜索策略和优化计算不依赖于梯度信息，从而解决了一些其他优化算法无法解决的问题。

遗传算法解决复杂问题的成功，使得人们开始尝试将其用于求解路径规划问题。1988 年，Cleghorn 等率先将遗传算法用于平面避障规划，与 A*算法相比，遗传算法具有较低的时间和空间复杂度，可以获得较好的路径。

遗传算法的不足是运算速度不快，进化众多的规划要占据较大的存储空间和运算时间。优点是克服了人工势场法的局部极小值问题，计算量不大，易做到边规划边跟踪，适用于未知时变环境的路径规划，实时性较好。遗传算法运用于无人系统路径规划的研究近来取得了许多成果，其基本思想是首先将路径个体表达为路径中的一系列中途点，并转换为二进制串，初始化路径群体，然后进行遗传操作（如选择、交叉、复制、变异），经过若干代进化以后，停止进化，最终输出当前最优个体。

2. 人工神经网络

人工神经网络（artificial neural network，ANN）是对人脑的模拟。近年来，神经网络被大量用于无人系统的路径规划中。无人系统路径规划的本质是感知空间到行为空间的一种映射，映射关系的实现方法不同，难以用精确数字方程来表示。利用神经网络方法进行路径规划的基本原理是将环境障碍等作为神经网络的输入层信息，经由神经网络并行处理，神经网络输出层输出期望的转向角和速度等，引导无人系统避障行驶，直至到达目的地。该方法具有并行处理效率高、学习能力强、能收敛到最优路径等特点。

3. 模糊逻辑

模糊逻辑近似自然语言方式，可以很好地处理数据的不确定性和非精确性。模糊逻辑规划器主要由模糊化、知识库、模糊推理和清晰化 4 个部分组成，利用反射式导航（re-active navigation）机制，将当前环境障碍信息作为模糊推理的输入，推理出无人系统期望的转向角和速度等。该方法在环境未知或发生变化的情况下，能够快速、准确地规划无人系统的局部路径，对障碍较少且要求有较少路径规划时间的无人系统来说，是一种很好的导航方法。但是，其缺点是当障碍物数量增加时，该方法的计算量较大，影响路径规划结果，而且只利用局部信息做出快速反应，比较容易陷入局部极小。

8.1.5　运动规划算法的发展趋势

随着人工智能以及大数据技术的不断发展，全局路径规划现在有了更为广阔的空间和更加灵活的技术手段。另外，运动规划也可以与无人系统动力学、状态参数估计、机器学习等相结合，从而能够在各个方面对算法进行优化。

1. 与无人系统动力学结合

将动力学参数评价指标和最优规划等结合，利用直接构造法进行运动规划是近年来采用较多的方法，在这个过程中可以充分考虑无人系统动力学因素，规划出的轨迹更加合理。将模型预测控制融入运动规划中，预先选择边界条件范围离线计算可行路径集，在行为决策系统制定出全局路径后，将阿克曼转向几何模型作为预测模型，在需要规划轨迹的全局路径段从可行路径集中选择部分路径并结合速度计算生成备选轨迹集，然后将动力学因素和障碍物等作为评价指标，利用最优规划从备选轨迹集中选出最终轨迹。该方法由于使用离线计算的可行路径集，因此大大提高了算法效率。

2. 与状态参数估计结合

状态参数估计可以更加准确地获得无人系统参数，因此可以将状态参数估计加入运动规划器中，通过在线估计无人系统状态并将其反馈给运动规划器，可提高运动规划质量。

3. 与机器学习结合

机器学习作为人工智能的重要分支，其与运动规划的结合可以改善规划结果。例如，有的学者利用局部加权学习的方法取代距离度量，同时根据估计结果计算树中节点对应的代价较小的区域，除此之外，每个搜索过的节点都被标记了“安全”和“危险”两个标签，利用贝叶斯分类器估计整个状态空间中的安全区域，从而每次都只在安全区域中采样，随着采样的不断进行，估计的安全区域会更加准确。这两个措施使搜索更加趋向于代价低的安全区域，加快搜索速度。也有一部分人将机器学习融入运动规划中，预先模拟多个试验场景，生成每个场景对应安全轨迹的速度文件，用卷积神经网络进行训练，从而加快安全速度的生成。

8.2 无人系统行为决策

行为决策层汇集了所有重要的无人系统周边信息，不仅包括了无人系统的当前位置、速度、朝向，还收集了一定距离以内无人系统感知的相关障碍物信息。行为决策层需要解决的问题，就是在知晓这些信息的基础上，通过预测周围其他有人/无人系统的运动轨迹和行为，结合无人系统自身任务来改变无人系统的运动状态，形成无人系统的行为策略。

无人系统的行为决策模块是一个信息汇聚的地方，需要考虑多种不同类型的信息及自身任务的要求。行为决策问题往往很难用一个单纯的数学模型解决，更适合采用行为决策模块的解决方法：在明确自身所处的场景基础上，针对特定的场景，基于规则或经验构成的先验知识，在多个备选行为中基于任务需求等要素条件，选择此场景下的最优行为。例如，利用一些软件工程的先进理念来设计规则系统。随着无人系统规划控制问题研究的深入，越来越多的研究结果开始采用贝叶斯模型对无人系统行为进行建模。其中，马尔可夫决策过程（MDP）和部分可观的马尔可夫决策过程（POMDP）是在学术界较为流行的无人系统行为决策方法。本节先介绍无人系统的运动轨迹预测，然后介绍基于规则的行为决策和基于马尔可夫决策过程的行为决策。

8.2.1　无人系统的轨迹预测

大多数研究使用无人系统的历史轨迹来模拟其行为，基于该行为预测未来轨迹。轨迹预测可细分为基于物理模型的轨迹预测、基于行为模型的轨迹预测、基于神经网络的轨迹预测、基于交互的轨迹预测等。

1. 基于物理模型的轨迹预测

基于物理模型的轨迹预测是基于物理模型将无人系统表示为受物理定律支配的动态实体，预测无人系统的未来运动。

无人系统运动受不同力（如纵向力、横向力或倾斜角）的作用。因此，其动力学模型非常复杂并且涉及许多内部参数。建立这种复杂的模型在涉及与控制相关的计算时可能是必要的，但在轨迹预测中，为了简化计算，一般会使用更简单的模型。

运动学模型基于运动参数之间的数学关系来描述无人系统的运动，而不考虑影响运动的力。在运动学模型中，摩擦力被忽略。在轨迹预测方面，运动学模型比动力学模型的应用更加广泛。此外，由于动力学模型所需的系统内部参数不能被外部传感器观察到，使得动力学模型在很多场景中无法应用。运动学模型中最简单的是恒定速度模型和恒定加速度模型，它们都假定无人系统是直线运动的。

上述提到的无人系统运动学模型可以以多种方法用于轨迹预测，它们之间的主要区别在于如何处理预测的不确定性。

单轨迹法预测系统未来轨迹的方法是将系统模型应用于系统的当前状态，假设当前状态是完全已知的并且系统模型能完美预测系统的运动。这种方式计算复杂度低，可以很好地满足实时性的要求。然而，该方法没有考虑当前状态的不确定性和模型的缺点，计算出的长期预测轨迹是不可靠的。

当前系统状态及其预测的不确定性也可以通过正态分布来建模。用“高斯噪声”来表达不确定性的方法最早来自于卡尔曼滤波。卡尔曼滤波可以从噪声传感器的测量结果中递归地估计无人系统的状态。在卡尔曼滤波中，一般假设系统模型和传感器模型是线性的，并且使用正态分布表示不确定性。在预测步骤中，采用高斯分布的形式，将时间 t 处的状态馈送到无人系统模型，得到 t+1 时刻的预测状态。在更新步骤中，将 t+1 时刻处的传感器测量值与预测状态组合成 t+1 时刻的估计状态。每次新测量可用时，循环预测和更新步骤称为滤波。通过循环预测步骤，可以获得无人系统在每个未来时间步长的状态均值和协方差矩阵，并将其转换为具有不确定性的预测轨迹。然而，使用单峰正态分布建模的不确定性并不能准确地建模现实世界中的不确定性。因此，有研究人员使用高斯混合来建模不确定性。

扩展卡尔曼滤波理论利用系统最新状态估计结合系统动力学模型的方法对系统将来状态进行进一步估计。这种方法主要基于无人系统的运动学方程导出其非线性模型，进而对无人系统的未来位置与方向进行预测。其中，协方差矩阵经过分析和转换可以用作卡尔曼滤波过程中不确定性的置信度度量，作为衡量预测质量的指标。

在一般情况下，尽管计算预测轨迹时都假设模型是线性的或考虑不确定性的高斯分布，但一般来说预测状态上的分布的解析表达式并不一定符合假设。蒙特卡洛方法提供了近似表达这种分布的工具，可以从无人系统模型的输入变量中随机抽样，生成可能的未来轨迹。为了考虑路径拓扑，可以对抽样过程应用权重，使所生成的轨迹遵守环境的约束。蒙特卡洛方法可用于从完全已知的当前状态或通过滤波算法估计的当前状态来预测无人系统的轨迹。

2. 基于行为模型的轨迹预测

基于行为的模型解决了基于物理模型不考虑行为的问题。在这种模型中，基于行为的先验信息可以帮助预测未来一段时间内每个有人/无人系统符合某种行为的运动特征，因此可以较为准确地实现较长时间的运动预测。

基于行为模型的轨迹预测方法通常有两种，分别是直接通过原型轨迹来进行预测和先识别驾驶意图再进行预测。在结构化驾驶环境下，系统的运动轨迹通常可以根据环境拓扑分类为有限个轨迹簇，这些轨迹簇通常都对应着典型的系统行为。基于原型轨迹的方法就是将感知到的其他系统的轨迹与先验的运动模式进行匹配，然后根据匹配结果结合原型轨迹来进行运动预测。通常通过学习的方法，对样本轨迹进行分类学习（可以通过谱聚类方法对采集的轨迹进行分类，也可以通过简单求解样本的均值和标准差来进行分类），就能获得原型轨迹。在轨迹分类过程中，高斯混合模型可以在高维空间中投影轨迹，针对轨迹长度进行分类。

在对运动模式进行建模时，常常利用基于高斯过程的方法。高斯过程可以看作多维高斯分布在无限维的扩展，用均值函数和协方差函数唯一确定。对于运动模式而言，高斯过程的均值函数可以很好地表征轨迹速度的动态变化趋势，面协方差函数则可以表示任意两维之间的关系，因此可以根据观察到的历史轨迹来预测无人系统未来的行驶轨迹。高斯过程在表达无人系统的运动模式时对于观测噪声具有较好的鲁棒性。另外，虽然样本轨迹一般为离散的数据，但是基于高斯过程可以对运动轨迹速度实现完整、连续的概率表达，因此可以根据历史轨迹得到模型范围内任何时间上运动预测的概率分布。

基于原型轨迹的预测方法中，感知到的目标历史轨迹和计算得到的运动模式之间的匹配方法是影响预测准确度的关键。在这个过程中，需要定义一个度量来表征一段轨迹与原型轨迹之间的契合程度，有的方法通过两条轨迹中轨迹点之间的欧几里得距离来表示这个度量，有的方法则通过最长共同序列来计算两个轨迹序列之间的相似程度。如果基于高斯过程进行运动模式的建模，那么运动模式的判断通常通过计算感知到的历史轨迹属于某个高斯过程模型的概率来实现。卡方统计的方法也可以用于预测高斯过程模型，如将高斯过程和 RRT 算法结合，通过搜索树扩张时的特性来对运动模式进行筛选，从而求解最终的高斯过程模型。RRT 算法可以实现更高的计算效率。快速搜索随机树本身的特性也有助于克服传统高斯过程方法未考虑系统动力学约束的问题。

使用原型轨迹的方法用于轨迹预测时的主要问题在于对环境拓扑结构信息的严重依赖。样本轨迹的采集与运动模式的训练都依赖于已知的环境拓扑结构。已训练好的模型只能用于具备相似的环境拓扑结构的场景中，方法的可扩展性较差。另外，这类方法的准确性很大程度上取决于匹配度量的选择。在速度变化较大的场景下制定准确的度量往往比较困难。

另外一些基于行为模型的轨迹预测方法首先是对环境中其他系统的行驶意图进行估计，然后基于这些系统的行驶意图进行运动预测。这类方法是基于机器学习的方法来识别系统的行驶意图，并不依赖于原型轨迹，因此可以用于任意的环境结构。在利用这类方法进行行驶意图的估计时需要先定义一个有限的行为集合，然后根据感知到的运动特征对有人/无人系统未来的行为进行分类。这些特征包括可以通过传感器观测的系统状态变量、环境结构、交通信息等。

不同的机器学习方法被应用在意图分类问题中求解系统的行为，在进行运动预测时可以基于高斯过程的模型计算未来时间内其他有人/无人系统运动状态的条件概率分布。同时，也可以通过随机搜索树的扩展来进行其他有人/无人系统的运动状态预测。虽然基于行为模型的轨迹预测能够将环境中其他有人/无人系统的行为抽象出来，这通常能够帮助实现更加可靠的长期预测，但是随着特征空间维度的增加，对行为进行分类的困难程度会显著提高。与此同时，用于训练的高质量的样本通常是很有限的，不可能覆盖所有的交通场景。最关键的是，这类方法将环境中的每一辆其他有人/无人系统作为一个独立的个体来进行运动特征预测，然而在真实环境下的所有系统在共用的环境下是互相影响的，同时环境中的交通信号、交通规则等因素会影响有人/无人系统的行为。如果不考虑有人/无人系统之间的交互行为，运动预测就可能会产生很大的误差。

3. 基于神经网络的轨迹预测

相比于通过建立无人系统物理模型来分析环境结构、交通规则、驾驶意图等因素对轨迹预测的影响，用基于大数据学习的方式来对涵盖了上述所有复杂因素的无人系统运动轨迹数据进行深度神经网络模型学习，会有更强的表达性和更好的效果。

进行轨迹预测之前通常需要对采集到的轨迹数据进行预处理，剔除异常噪声轨迹点，从而提高轨迹精度。预处理步骤可以基于轨迹高斯混合模型聚类算法。轨迹高斯混合模型首先采用 K 均值聚类算法对历史轨迹数据聚类，并初步计算模型参数。根据模型参数种类个数可以初步确定聚类簇数量 K，然后利用最大似然估计算法迭代优化 K 均值初步聚类结果，最终得到 K 个聚类簇。

一些方法基于长短期记忆（long short-term memory，LSTM）神经网络对周围系统的短期驾驶行为进行学习并进行轨迹预测。该网络接收坐标系下针对周围系统排好序的传感器测量数据，训练后产生占用栅格地图，地图上包含周围环境未来时刻可能到达的位置及相应的概率。

由于周围信息通过无人系统所携带的传感器获取，而无人系统自身在不断运动，因而需要将其速度与航向角输入到搭建好的 LSTM 神经网络中以补偿无人系统运动带来的坐标变化，从而进行轨迹预测。训练的数据来源于无人系统的行驶过程。

LSTM 神经网络是 RNN 的一种形式，采用一个存储器单元来代替网络的每一个节点的思想，解决了梯度弥散的问题。LSTM 神经网络通过“门”结构实现了信息的选择性通过，该结构由 Sigmoid 函数和点乘操作构成。一个 LSTM 神经网络单元有 3 个门，即遗忘门、输入门和输出门。

LSTM 神经网络模组能够存储和检索任意时长的信息。不同于一般的 RNN，LSTM 神经网络中的反向传播误差不会随着时间指数下降，而且模型很容易训练，因此研究基于 LSTM 神经网络的轨迹预测十分有意义。

4. 基于交互的轨迹预测

基于交互的轨迹预测认为无人系统和周围的其他系统之间存在相互影响，并考虑了它们之间的行为依赖关系。因此，相比于基于行为模型的轨迹预测，该方法可以提供更加准确可靠的预测结果。较为常用的交互式轨迹预测是假设所有系统都尽量避免碰撞，并选择风险最小的行驶轨迹。这种方法首先计算每个系统行驶意图的先验概率分布，然后通过对系统之间的交互关系进行建模，得到风险评估以修正先验分布。这种方法的缺点是可能会在危险的场景中出错。

另外，基于动态贝叶斯网络也可实现无人系统交互轨迹预测。该方法在进行行为推理时考虑系统之间的交互，同时在系统的行为建模中纳入了交通规则，并基于统计推理解算系统运动状态的后验概率分布。

8.2.2　基于规则的行为决策

基于规则的行为决策的核心思想是利用分治的原则将无人系统周边的场景进行划分。在每个场景中，独立运用对应的规则来计算无人系统对每个场景中元素的决策行为，再将所有划分的场景的决策进行综合，得出一个最后综合的总体行为决定。下面介绍几个重要概念：综合行为决策（synthetic decision）、个体行为决策（individual decision）以及场景（scenario）。

1. 综合行为决策

综合行为决策代表无人系统行为决策层面整体最高层决策，例如，无人车按照当前车道跟车保持车距行驶，换道至左/右相邻车道，立刻停车到某一停止线后等；作为最高层面的综合决策，其所决策的指令状态空间定义需要和下游的运动规划协商一致，使得做出的综合行为决策指令让下游可以直接规划出路线轨迹。为了便于下游直接执行，综合行为决策的指令集往往带有具体的指令参数数据。下游的运动规划基于宏观综合行为决策及伴随指令传来的参数数据，结合地图信息，规划出安全无碰撞的行驶路线。

2. 个体行为决策

与综合行为决策相对应的是个体行为决策。行为决策层面是所有信息汇聚的地方。因此，最终的综合行为决策必须是考虑了所有重要信息元素后得出的。对所有重要行为决策层面的输入个体，都产生一个个体行为决策。这里的个体，可以是感知输出的其他系统和障碍物，也可以是结合了地图元素的抽象个体，如交通指示标志。事实上，最终的综合行为决策是先经过场景划分，产生每个场景下个体行为决策，再综合考虑归纳这些个体行为决策才得到最终的决策。个体行为决策和综合行为决策相似的地方是除了其指令集本身外，个体行为决策也带有参数数据。个体行为决策不仅是构成最后综合行为决策的元素，而且也和综合行为决策一起被传递给下游动作规划模块。这种设计虽然传递了更多的数据，但传递作为底层决策元素的个体行为决策能够非常有效地帮助下层模块更有效地实现路径规划。同时，当需要调试解决问题时，传递过来的个体行为决策能够大大提高调试的效率。

3. 场景

个体行为决策的产生依赖于场景构建。场景可以被理解成一系列具有相对独立意义的无人系统周边环境的划分。利用这种分而治之思想的场景划分，可将无人系统行为决策层面汇聚的众多周边不同类别信息元素聚类到多个场景实体中。在每个场景实体中，通过交通规则，并结合系统意图，计算出对每个信息元素的个体行为决策，再通过一系列准则和必要的运算把这些个体行为决策最终综合输出给下游。

每个场景模块利用自身的业务逻辑来计算其不同元素个体的决策。通过场景的复合，以及最后对所有个体的综合行为决策考虑，无人系统得到的最终行为决策是最安全的决策。这里的问题是会不会出现不同场景对同一个物体通过各自独立的规则计算出矛盾的决策？从场景的划分可以看出，一个物体出现在不同场景里的概率是很小的。事实上，这种场景划分的方法本身就尽可能避免了这一情况的出现。

行为决策运行流程首先是结合地图数据及感知结果构建不同层次的场景。在路由寻径的指引下，每个场景结合自身的规则（往往是交通规则或者安全避让优先），计算出属于每个场景物体的个体行为决策。在所有的个体决策计算完毕后，检查有无冲突的个体决策。在对冲突的个体决策进行冲突解决（往往是优先避让）后，会在统一的时空里推演预测当前的所有个体行为决策能否汇总成一个安全行驶无碰撞的综合行为决策。如果综合行为决策存在，便将其和个体行为决策一起输出给运动规划模块，计算无人系统的时空轨迹。

8.2.3 基于马尔可夫决策过程的行为决策

一个马尔可夫决策过程由五元组定义：$(S, A, P_{\mathrm{a}}, R_{\mathrm{a}}, \gamma)$。

（1）S 代表无人系统所处的有限状态空间，状态空间的划分可以结合无人系统当前位置及其在地图上的场景进行设计。例如，在位置维度可以考虑将无人系统按照当前所处的位置划分成等距离的格子；参考地图的场景，可以将无人系统所处的通道和周边环境情况归纳到有限的抽象状态中。

（2）A 代表了无人系统的行为决策空间，即无人系统在任何状态下的所有行为空间的集合。例如，可能的状态空间包括跟随、换道、左转、右转、路口的先后关系、停止等。

（3）$P_{\mathrm{a}}(s,s')=\mathrm{P}(s'|s,a)$ 为状态转移函数，是一个条件概率，代表了无人车在状态 s 和动作 a 下，到达下一个状态 s'的概率。

（4）$R_{\mathrm{a}}(s,s')$ 是一个奖励函数，代表了无人系统在动作 a 下，从状态 s 到状态 s'所得到的奖励。该奖励函数可以考虑安全性、舒适性以及下游动作规划执行难度等因素综合设计。

（5）γ 是奖励的衰减因子，下一个时刻的奖励便按照这个因子进行衰减；在任何一个时间，当前的奖励系数为 1，下一个时刻的奖励系数为 γ，下两个时刻的奖励系数为 γ^2，依此类推。其含义是当前的奖励总是比未来的奖励重要。

在上述马尔可夫决策过程的定义下，无人系统行为决策层面需要解决的问题可以正式描述为寻找一个最优"策略"，记为π。在任意给定的状态 S 下，策略会决定产生一个对应的行为。当策略确定后，整个马尔可夫决策过程的行为可以看成是一个马尔可夫链。行为决策策略的选取目标是优化从当前时间点开始到未来的累积激励。在马尔可夫决策过程定义下，最优"策略" π 通常可以用动态规划的方法求解。假设转移矩阵 $\boldsymbol{P}$ 和奖励分布 R 已知，最优策略的求解通常都是基于不断计算和存储以下两个基于状态 s 的数组。

$$\begin{gathered}\pi(s_t)\leftarrow \underset{a}{\operatorname{argmax}}\left\{\sum_{s_{t+1}}P_a(s_t,s_{t+1})\left(R_a(s_t,s_{t+1})+\gamma V(s_{t+1})\right)\right\}\\ V(s_t)\leftarrow\sum_{s_{t+1}}P_{\pi(s_t)}(s_t,s_{t+1})\left(R_{\pi(s_t)}(s_t,s_{t+1})+\gamma V(s_{t+1})\right)\end{gathered} \tag{8-5}$$

式中，数组$V(s_{\mathrm{t}})$代表了未来衰减叠加的累积（期望）奖励，$\pi(\mathrm{s_t})$代表需要求解的策略。具体的求解过程可以在所有可能的状态 s 和 s'之间进行重复迭代计算，直到二者收敛为止。更进一步，在 Bellman 的值迭代算法中，不需要进行显式的计算，而是可以将其必要的计算包括在$V(s_{\mathrm{t}})$的计算中，因此可以得到以下的单步迭代计算。

$$V_{i+1}(s)\leftarrow\max_a\left\{\sum P_a(s,s')\left(R_a(s,s')+\gamma_i(s')\right)\right\} \tag{8-6}$$

式中，i 代表迭代步骤，在 i=0 时使用一个初始猜测 $V_0(s)$ 开始迭代，直到$V(s)$的计算趋于稳定为止。利用马尔可夫决策过程建模解决无人系统行为决策的方法比较多样，本书在这里不再赘述所有的基于马尔可夫决策过程的行为决策方法。需要强调的是，利用马尔可夫决策过程解决无人系统行为决策的最关键部分在于奖励函数 R 的设计。在设计这一奖励函数时，需要考虑以下因素。

（1）到达目的地："鼓励"无人系统按照规划的路线行进到达目的地，也就是说，如果选择的动作可能会使无人系统偏离既定的路径，那么应当给予惩罚。

（2）安全性和避免碰撞：如果将无人系统周边的空间划分成等间距的方格，远离可能有碰撞的方格应当得到奖励，接近可能有碰撞的方格应当给予惩罚。

（3）平滑性：从某一个速度状态到一个比较接近的速度状态，其惩罚应该较小；反之如果猛然加速，其惩罚应该比较高。

马尔可夫决策过程的状态空间、条件概率和奖励函数等参数往往需要细致的设计。

第9章
无人系统的自主控制

自主控制是无人系统研究领域的关键技术，也是衡量无人系统先进程度的重要指标。目前，无人系统的智能程度和自主控制水平还比较低，主要以操作人员简单遥控和预编程控制为主。自主控制可以使战场上的无人系统更好地应对高度不确定的环境变化和处理各种突发威胁，这不仅可以提高无人系统的生存概率，还可协助无人系统根据需要对目标进行实时定位，进而精确打击目标。

9.1 无人系统自主控制概述

9.1.1 自主无人控制系统简介

自主无人控制系统的设计包括一系列自动驾驶仪设计，所以自主无人控制系统的设计通常从选择自动驾驶仪的适当功能开始，然后从一系列能达到功能要求的控制器中选择一个合适的控制器。这些控制器可以是简单的 PID 控制器，也可以是一些略为复杂的观测/预估控制器、自适应控制器、模糊控制器，甚至是更复杂的非线性控制器。控制器的选择考虑了多重因素，如功能需求、安全性、稳定裕度、鲁棒性、操纵品质等。

自主无人控制系统的功能通常与无人系统的复杂程度和具备的功能有关。大多数自主无人控制系统最重要的功能是在保证达到其他性能约束的情况下提高无人系统驾驶的稳定性。大多数控制器设计的任务是保证无人系统在受到小扰动时能稳定行驶。还有一些特殊的自动驾驶控制器用于控制飞行器自动降落或者控制无人系统自动巡逻。典型无人系统可以简单地分为两个独立的运动模态：纵向运动和横向运动。

例如，对于无人机，纵向运动一般包括由升降舵控制的俯仰运动和由推力或者油门辅助控制的前向运动。飞行器滚转和偏航耦合的横向运动分别由副翼和方向舵控制。用来描述纵向运动的变量有前向速度、攻角、俯仰角速度、俯仰角和高度。用来描述横向运动的变量有偏航位移、侧滑角、偏航速度、滚转角速度、偏航角速度、滚转角和偏航角。无人机的运动响应最好按照其模态来描述：纵向运动分为长周期模态和短周期模态；横向运动分为荷兰滚模态、螺旋模态和滚转模态。在典型无人机的纵向运动中，俯仰运动前向速度常常较其他纵向速度（如俯仰角速度）改变得很慢。因此，常假设前向速度为常值（保持不变），这就产生了短周期模态。另外，俯仰运动相对较快，因此它对应的方程假定为瞬时成立，这样就得到了简化的长周期模态。类似地，在横向运动中，假设滚转衰减运动较其他横向运动发生得更快，滚转角速度积分比其他横向模态发生得更慢。

对应纵向运动和横向运动，自主无人控制系统可以大致分为纵向控制和横向控制。控制系统功能的实现可以大致分为两个过程：一个是内回路设计；另一个是外回路设计。

发动机油门控制是无人机速度控制的主要方法，用于无人机速度控制的典型自动油门控制系统如图 9-1 所示。基于推力控制的纵向自动驾驶和横向自动驾驶，可采用左侧发动机总推力与差分推力相加作为输入，右侧发动机总推力与差分推力相减作为输入。基于位置跟踪的自动驾驶，可通过无人系统位姿估计和航迹跟踪实现。图 9-2 所示为典型的无人机自动着陆控制系统。

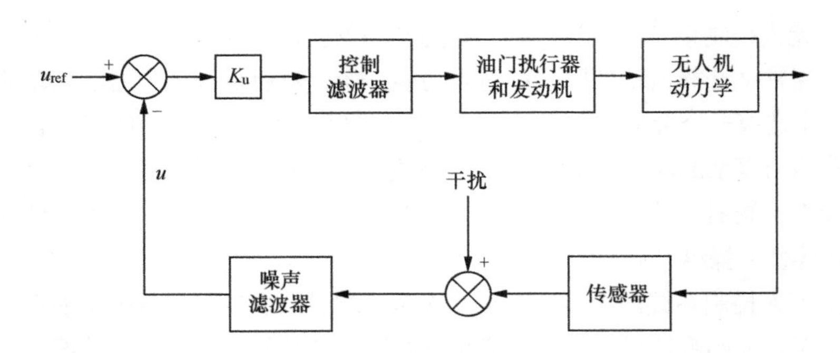

图 9-1　典型自动油门控制系统

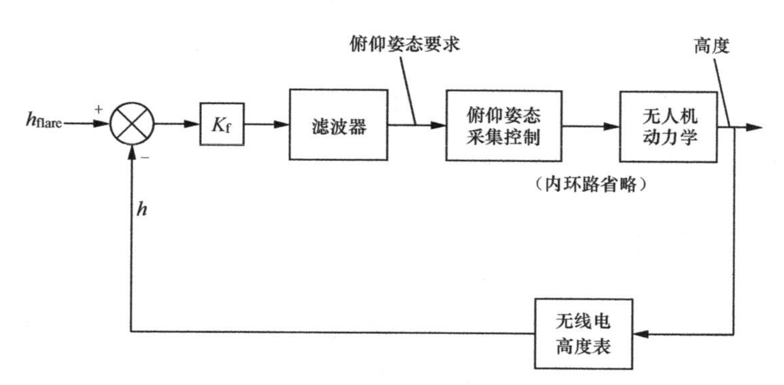

图 9-2　典型的无人机自动着陆控制系统

9.1.2　自主控制的相关概念

自主控制是实现无人系统自主无人驾驶的关键技术。在高度自动化的应用背景下，无人系统运动控制需要考虑许多控制任务。例如，无人系统运行的稳定性以及障碍物规避等；对于一条光滑的参考轨迹，无人系统能够在动态约束（如最大转向角、最大转向速率等）下实现轨迹跟踪。下面简单介绍几种控制器属性。

（1）实时能力：控制律需要在规定时间内在嵌入式控制单元上执行。

（2）参数化：控制器参数的调整应该很简单。

（3）结构化：控制器可以在不同的无人系统上工作。

（4）鲁棒性：已知的系统模型信息存在参数不确定性（未知负载或未知路面等），且输入输出信息存在扰动（风、浪等），因此所确定的控制律必须具有良好的鲁棒性。

（5）非线性/对无人系统运行速度的依赖性：对于无人系统自主驾驶的任意运行速度情景，控制器均能保证无人系统正常工作。

满足上述要求的控制器由基于参考轨迹的前馈项和负责抑制干扰的反馈控制器组成。

9.2　无人系统运动模型

对于大多数无人系统的运动控制，可以将地球视为惯性参考坐标系，将无人系统建模为刚体。为了建立无人系统的运动方程，习惯上还要定义一个非惯性坐标系——机/车/船体坐标系。为了便于计算，通常选择无人系统运行的起点位置作为惯性参考系原点。

9.2.1 无人机动力学模型

目前，大多数无人机由地面飞行员远程控制。远程驾驶无人机并非易事，地面飞行员要具有足够的专业知识和良好的直觉技能。即便如此，无人机远程驾驶也存在容易出现人为错误且操作范围有限的问题。随着应用领域和无人机数量的增长，需要更智能的飞行器，能够在较少甚至没有人为交互的情况下飞行。在实现完全自主的飞行器之前，必须解决与智能（自主）飞行器相关的不同领域的许多问题，包括任务规划、机器视觉、路径规划和避障、平台开发、导航传感器开发、动态建模、模型识别以及控制。

本节介绍无人机的动力学模型。首先定义两个坐标系：惯性坐标系 0 $\left(Ox_1x_2x_3\right)$ 和以质心为原点的机体坐标系 B 。假设每架无人机有 6 个自由度，其中包括 3 个平移自由度和 3 个旋转自由度。平移自由度$\left(x_1,x_2,x_3\right)$为质心沿 3 个相互正交的轴（前后、左右和上下）平移的自由度，由惯性坐标系 0 表示；旋转自由度为绕 3 个相互正交的轴（滚转、俯仰和偏航）旋转的自由度，由欧拉角$\left(\phi,\theta,\psi\right)$表示。定义机体坐标系 B 相对于惯性坐标系 0 的变换矩阵为

$$\boldsymbol{R}_{0\mathrm{B}}=\begin{pmatrix} \cos\psi\cos\theta & \left(-\sin\psi\cos\phi+\cos\psi\sin\theta\sin\phi\right) & \left(\sin\psi\sin\phi+\cos\psi s\theta\cos\phi\right) \\ \sin\psi\cos\theta & \left(\cos\psi\cos\phi+\sin\psi\sin\theta\sin\phi\right) & \left(-\cos\psi\sin\phi+\sin\psi s\theta\cos\phi\right) \\ -\sin\theta & \cos\theta\sin\phi & \cos\theta\cos\phi \end{pmatrix} \tag{9-1}$$

无人机的惯性位置以及欧拉角决定了无人机在任何给定时间的位姿，这些变量代表无人机作为动态系统的广义坐标（或配置变量）$\boldsymbol{q}$：

$$\boldsymbol{q}=\begin{bmatrix} x_1 & x_2 & x_3 & \phi & \theta & \psi \end{bmatrix}^{\mathrm{T}} \tag{9-2}$$

此外，为了定义无人机的动态状态，选择无人机质心的惯性速度和无人机在其机身框架中的角速度分量作为广义速度 $\boldsymbol{v}$：

$$\boldsymbol{v}=\begin{bmatrix} \dot{x}_1 & \dot{x}_2 & \dot{x}_3 & \omega_1^{\mathrm{B}} & \omega_2^{\mathrm{B}} & \omega_3^{\mathrm{B}} \end{bmatrix}^{\mathrm{T}} \tag{9-3}$$

广义速度是配置变量速率的线性组合，两者的关系为

$$v=\begin{bmatrix}1&0&0&0&0&0\\0&1&0&0&0&0\\0&0&1&0&0&0\\0&0&0&1&0&-\sin\theta\\0&0&0&0&\cos\phi&\cos\theta\sin\phi\\0&0&0&0&-\sin\phi&\cos\theta\cos\phi\end{bmatrix}\begin{bmatrix}\dot{x}_1\\\dot{x}_2\\\dot{x}_3\\\dot{\phi}\\\dot{\theta}\\\dot{\psi}\end{bmatrix} \tag{9-4}$$

或者

$$\boldsymbol{v}=\boldsymbol{T}_{\mathrm{R}}\dot{\boldsymbol{q}} \tag{9-5}$$

式中，$\boldsymbol{T}_{\mathrm{R}}$ 为速率变换矩阵，尽管该矩阵在 $\theta=\pm\frac{\pi}{2}$ 处是奇异矩阵，但预计无人机不会在该方向上运行（指向正上方或正下方）。无人机系统的 12×1 状态向量为

$$\boldsymbol{x}=\begin{bmatrix}\boldsymbol{q}\\\boldsymbol{v}\end{bmatrix} \tag{9-6}$$

定义了广义坐标和广义速度就可以推导出无人机运动方程。这里使用牛顿-欧拉方法。该无人机的质量为 m，机体坐标系中 $\boldsymbol{F}^{\mathrm{B}}$ 和 $\boldsymbol{M}^{\mathrm{B}}$ 分别表示外力和外部扭矩。外力包括机体坐标系中的气动阻力矢量 $\boldsymbol{D}^{\mathrm{B}}$、机体坐标系中的主、尾旋翼推力矢量 $\boldsymbol{T}^{\mathrm{B}}$ 以及惯性坐标系中的重力 $\boldsymbol{W}$：

$$\boldsymbol{F}^{\mathrm{B}}=\boldsymbol{T}^{\mathrm{B}}+\boldsymbol{D}^{\mathrm{B}}+\boldsymbol{R}_{0\mathrm{B}}^{\mathrm{T}}\boldsymbol{W} \tag{9-7}$$

式中，

$$\boldsymbol{T}^{\mathrm{B}}=\begin{bmatrix}0\\-T_{\mathrm{T}}\\-T\end{bmatrix},\quad \boldsymbol{W}=\begin{bmatrix}0\\0\\mg\end{bmatrix}$$

式中，T 为主旋翼推力，T_{T} 为尾旋翼推力。

外部扭矩包括 3 个主要方向的扭矩 M_{ϕ}、M_{θ} 和 $T_{\mathrm{T}}l_{\mathrm{t}}$ 以及由于转子铰链相对于机身滚转轴的偏移 l_{r} 产生的扭矩 Tl_{r} 和电机扭矩 τ_{m}：

$$\boldsymbol{M}^{\mathrm{B}}=\begin{bmatrix}M_{\phi}\\M_{\theta}+Tl_{\mathrm{r}}\\T_{\mathrm{T}}l_{\mathrm{t}}+\tau_{\mathrm{m}}\end{bmatrix} \tag{9-8}$$

通常假定 τ_{m} 与主旋翼推力 T 成正比，即

$$\tau_{\mathrm{m}}=K_{\mathrm{m}}T \tag{9-9}$$

式中，K_{m} 为比例系数。

无人机的平移运动和旋转运动的动力学方程分别可以表示为

$$m\begin{bmatrix}\ddot{x}_1\\ \ddot{x}_2\\ \ddot{x}_3\end{bmatrix}=\boldsymbol{R}_{0\mathrm{B}}\boldsymbol{T}^{\mathrm{B}}+\boldsymbol{R}_{0\mathrm{B}}\boldsymbol{D}^{\mathrm{B}}+\boldsymbol{W} \tag{9-10}$$

$$\boldsymbol{I}\begin{bmatrix}\dot{\omega}_1^{\mathrm{B}}\\ \dot{\omega}_2^{\mathrm{B}}\\ \dot{\omega}_3^{\mathrm{B}}\end{bmatrix}=\boldsymbol{M}^{\mathrm{B}}-\boldsymbol{\omega}^{\mathrm{B}}\times\boldsymbol{I}\boldsymbol{\omega}^{\mathrm{B}} \tag{9-11}$$

式中，$\boldsymbol{I}$表示为

$$\boldsymbol{I}=\begin{bmatrix}\boldsymbol{I}_{11} & 0 & 0\\ 0 & \boldsymbol{I}_{22} & 0\\ 0 & 0 & \boldsymbol{I}_{33}\end{bmatrix}$$

式中，$\boldsymbol{I}_{11}$、$\boldsymbol{I}_{22}$、$\boldsymbol{I}_{33}$为转动惯量。

结合上述方程，可以写出无人机运动方程的一阶形式为

$$\dot{\boldsymbol{x}}=\begin{bmatrix}\dot{\boldsymbol{q}}\\ \dot{\boldsymbol{v}}\end{bmatrix}=\begin{bmatrix}\boldsymbol{T}_{\mathrm{R}}^{-1}\boldsymbol{v}\\ m^{-1}\left(\boldsymbol{R}_{0\mathrm{B}}\boldsymbol{T}^{\mathrm{B}}+\boldsymbol{R}_{0\mathrm{B}}\boldsymbol{D}^{\mathrm{B}}+\boldsymbol{W}\right)\\ \boldsymbol{I}^{-1}\left(\boldsymbol{M}^{\mathrm{B}}-\boldsymbol{\omega}^{\mathrm{B}}\times\boldsymbol{I}\boldsymbol{\omega}^{\mathrm{B}}\right)\end{bmatrix} \tag{9-12}$$

控制无人机运动的独立输入被组织在一个列向量中，即

$$\boldsymbol{u}=\begin{bmatrix}T & M_{\phi} & M_{\theta} & T_{\mathrm{T}}\end{bmatrix}^{\mathrm{T}} \tag{9-13}$$

如果已知控制输入$\boldsymbol{u}$，则可以通过对式（9-10）和式（9-11）积分获得无人机运动的轨迹。此时可通过设计控制律$\boldsymbol{u}$，使得无人机稳定在给定点或遵循所需的三维轨迹。

9.2.2 无人车运动学模型

本节介绍两类无人车运动学模型，分别是 Hilare 型无人车和类似汽车型无人车。Hilare 型无人车有两个独立驱动轮作为驱动机构，通常由一个被动脚轮平衡，具有良好的机动能力且更易于控制。类似汽车型无人车顾名思义具有类似于汽车的驱动机构，该无人车由为差速器提供动力的单个电机驱动，差速器又将电机的扭矩分配给后轮。该无人车在前轮处有一个由电机驱动的转向机构。类似汽车型无人车具有非零最小转弯半径，此类无人车规划轨迹的最小曲率半径必须大于其

最小转弯半径，否则无人车无法顺利完成任务。

1. Hilare 型无人车的运动学模型

Hilare 型无人车如图 9-3 所示，假设无人车的轮胎和地板之间没有打滑，Oxy 为惯性坐标系，$O_1x_{r_1}x_{r_2}$ 为无人车车体坐标系，(x_1,x_2) 为车轮中心在惯性坐标系中的坐标。令垂直于轮轴并且通过轮中心点 O_1 的线与 x 轴正半轴的夹角为 θ，则无人车的 3 个状态变量的向量为

$$\boldsymbol{q}=\begin{bmatrix}x_1\\x_2\\\theta\end{bmatrix} \tag{9-14}$$

假设轮中心点 $O_1(x_1,x_2)$ 沿着 $O_1x_{r_1}$ 以线速度 v 移动，无人车的角速度为 ω。基于以上符号以及无人车无滑移的假设，无人车在惯性坐标系中的速度分量满足

$$\begin{cases}\dot{x}_1=v\cos\theta\\\dot{x}_2=v\sin\theta\end{cases} \tag{9-15}$$

无人车行驶方向变换率满足

$$\dot{\theta}=\omega \tag{9-16}$$

故 Hilare 型无人车的运动学方程的矩阵形式为

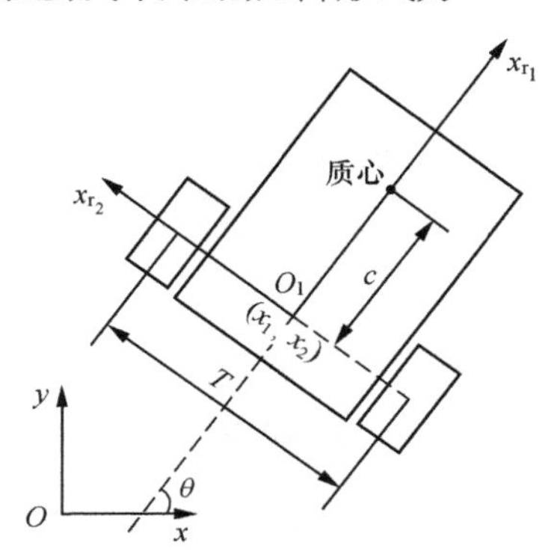

图 9-3 Hilare 型无人车

$$\dot{\boldsymbol{q}}=\begin{bmatrix}\cos\theta & 0\\\sin\theta & 0\\0 & 1\end{bmatrix}\boldsymbol{u} \tag{9-17}$$

式中，$\boldsymbol{u}=[v\quad\omega]^{\mathrm{T}}$。如果向量 $\boldsymbol{u}$ 是一个已知的时间函数，通过积分运动学方程就

可以预测无人车的运动。

2. 类似汽车型无人车的运动学模型

考虑图 9-4 所示的类似汽车型无人车模型。Oxy 为惯性坐标系，无人车体坐标系 $O_1x_{r_1}x_{r_2}$ 以无人车后轴的中点 O_1 为原点。纵轴 x_{r_1} 指向无人车的前部，横轴 x_{r_2} 指向左轮。无人车在任何给定时间的几何构型可以通过 4 个状态变量［即车体坐标系原点的全局位置的两个分量 (x_1,x_2)，无人车纵轴与惯性轴 x 之间的夹角 θ 和转向角 ϕ（前轮平面与车身纵轴 x_{r_1} 之间的角度）］定义为

$$\boldsymbol{q}=\begin{bmatrix}x_1\\x_2\\\theta\\\phi\end{bmatrix} \tag{9-18}$$

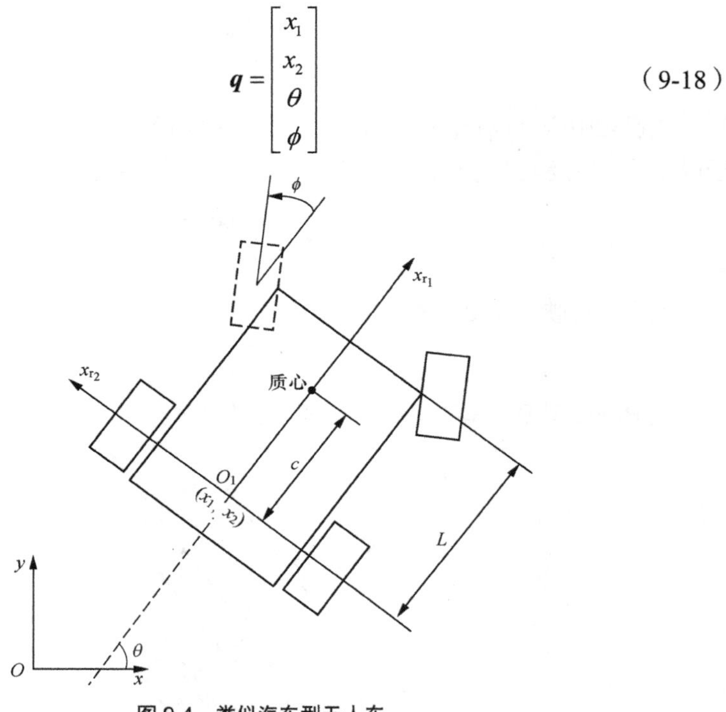

图 9-4　类似汽车型无人车

类似汽车型无人车的驱动输入是无人车体坐标系原点沿 Ox_{r_1} 轴方向的线速度 v_1 和前轮的转向角速率 v_2，即

$$\boldsymbol{u}=\begin{bmatrix}v_1\\v_2\end{bmatrix} \tag{9-19}$$

假设无滑移条件成立，即类似汽车型无人车轮胎和地面之间的相互作用力不超过最大静摩擦力。这一假设保证了无人车的轮子没有横向速度分量，基于此还可以假设前后轴中点的速度横向分量为零，前后轮轴中点横向无滑移条件可表示为

$$\begin{cases}\dot{x}_1\sin\theta-\dot{x}_2\cos\theta=0\\ \dot{x}_{f_1}\sin(\theta+\phi)-\dot{x}_{f_2}\cos(\theta+\phi)=0\end{cases}\tag{9-20}$$

式中，(x_{f_1},x_{f_2})是前轮中心的笛卡儿位置。又因为无人车是刚体，由后轮轴中心点位置、无人车的方向、无人车轴距L就可以计算出前轴中点的位置为

$$\begin{cases}x_{f_1}=x_1+L\cos\theta\\ x_{f_2}=x_2+L\sin\theta\end{cases}\tag{9-21}$$

将式（9-21）代入式（9-20）第二个方程，得到前轮横向无滑移条件的另一种表示式为

$$\dot{x}_1\sin(\theta+\phi)-\dot{x}_2\cos(\theta+\phi)-L\dot{\theta}\cos\phi=0\tag{9-22}$$

后轴中心点速度分量在惯性坐标系中的表示为

$$\begin{cases}\dot{x}_1=\dot{x}_{r_1}\cos\theta-\dot{x}_{r_2}\sin\theta\\ \dot{x}_2=\dot{x}_{r_1}\sin\theta+\dot{x}_{r_2}\cos\theta\end{cases}\tag{9-23}$$

式中，$\dot{x}_{r_1}$和$\dot{x}_{r_2}$分别是无人车体坐标系的纵向速度分量和横向速度分量。无滑移条件规定$\dot{x}_{r_2}=0$。此外，假设无人车的线速度是驱动输入，即$\dot{x}_{r_1}=v_1$，基于以上信息可以得到无人车的运动学方程为

$$\begin{cases}\dot{x}_1=v_1\cos\theta\\ \dot{x}_2=v_1\sin\theta\end{cases}\tag{9-24}$$

将式（9-24）代入无滑移条件（9-22）得到

$$[\cos\theta\sin(\theta+\phi)-\sin\theta\cos(\theta+\phi)]v_1-L\dot{\theta}\cos\phi=0\tag{9-25}$$

简化可得

$$\dot{\theta}=\frac{\tan\phi}{L}v_1\tag{9-26}$$

另外，基于转向角速度是第二个驱动输入这一事实，可得

$$\dot{\phi}=v_2\tag{9-27}$$

则整个运动学模型用矩阵形式表示为

$$\dot{\boldsymbol{q}}=\begin{bmatrix}\cos\theta & 0\\ \sin\theta & 0\\ \dfrac{\tan\phi}{L} & 0\\ 0 & 1\end{bmatrix}\boldsymbol{u}\tag{9-28}$$

9.2.3 无人艇模型

在过去几十年的研究中，水面船舶的控制器设计旨在保持船舶在线性航线上以恒定速度运动，这些控制器被称为自动驾驶仪。自动驾驶仪已在大中型船舶上应用，可以帮助船员在长途航行中控制船只，其工作方式类似于汽车的巡航控制。但是，小型自主无人艇需要的是能够跟踪轨迹的控制器，因此不能将自动驾驶仪应用于无人艇。无人艇模型的不确定性、显著的海浪扰动、欠驱动动态以及缺乏非完整运动学约束是无人艇控制器设计时必须处理的问题。较精确的无人艇模型有 6 个自由度，但通常将此模型简化为三自由度模型，该模型仅反映喘振、摇摆和偏航自由度，这些自由度必须由轨迹跟踪控制器控制。通过这种简化，无人艇的模型看起来类似于移动机器人的模型。但是这两者非常不同并且必须区别对待，主要原因有以下几点。

① 一方面，力和力矩是可用的物理控制输入；另一方面，由于缺乏非完整横向运动约束，单独的运动学模型不能确定无人艇的横向运动响应。因此，设计无人艇控制器时必须使用无人艇动力学模型而非运动学模型。

② 无人艇具有非线性动态模型。无人艇的控制器开发可以通过使用线性模型和经典的 PID 控制方法来简化。然而，采用线性化动力学模型和经典控制方法，只能保证控制器在系统状态接近线性状态时的性能质量。使用非线性控制理论才能够得出关于无人艇的全范围运动的系统响应。

③ 由于无人艇的横向运动没有约束，因此无人艇可被归类为完整系统。又因为无人艇动力学模型比无人艇执行器具有更多的自由度，因此无人艇是欠驱动系统。欠驱动系统的控制器设计是具有挑战性的，由于没有横向运动约束，无人艇的运动方向不一定与运动路径相切。因此，无人艇未驱动自由度的零动态稳定性需要基于无人艇动力学模型的严格证明。

1. 无人艇动力学模型

下面首先介绍无人艇的六自由度动力学模型，该模型可用于模拟无人艇的运动。但是对于控制系统开发，采用简化的三自由度动力学模型更合适。因此，本节最后还将六自由度动力学模型简化为三自由度动力学模型。无人艇的 6 个自由度由 3 个艇质心的全局位置分量和 3 个无人艇体坐标系相对于全局惯性坐标系的方向角度组成。这 6 个自由度以及它们对应的 6 个广义速度分量构成了无人艇的动态状态，其中广义速度是根据艇体坐标系定义的。广义速度分别是喘振线速度

(u)、摇摆线速度(v)和升沉线速度(w)，以及绕纵向轴角速度(p)、绕横向轴角速度(q)和绕法向轴角速度(r)。

无人艇通常有两个控制输入，输入的类型取决于无人艇的传动系统。例如，两个独立的螺旋桨可以为无人艇系统提供驱动力(F)和转向扭矩(T)。假设艇体为椭圆体，并且可以忽略高阶阻尼力，则无人艇在局部坐标系中的动力学可描述为

$$\begin{cases} m_{11}\dot{u}-m_{22}vr+m_{33}wq+d_{11}u=W_u+F \\ m_{22}\dot{v}-m_{33}wp+m_{11}ur+d_{22}v=W_v \\ m_{33}\dot{w}-m_{11}uq+m_{22}vp+d_{33}w=W_w+mg+Z_w \\ I_{xx}\dot{p}+(m_{33}-m_{22})wv+(I_{zz}-I_{yy})rq+d_{44}p=K_p \\ I_{yy}\dot{q}+(m_{11}-m_{33})uw+(I_{xx}-I_{zz})pr+d_{55}q=F\overline{FG}+M_q \\ I_{zz}\dot{r}+(m_{22}-m_{11})vu+(I_{zz}-I_{yy})qp+d_{66}r=T \end{cases} \tag{9-29}$$

式中，m_{11}、m_{22}、m_{33}表示艇的附加质量（包括流体动力学的影响），d_{11}、d_{22}、…、d_{66}表示线性流体动力学阻尼系数，I_{xx}、I_{yy}、I_{zz}表示惯性矩，W_u、W_v、W_w是无人艇局部坐标系下描述的波浪力分量。$F\overline{FG}$是围绕穿过无人艇质心的横向（俯仰）轴（距离为$\overline{FG}$）的推进器的力的扭矩。Z_w、K_p和M_q分别是浮力、滚转和俯仰回复扭矩，满足

$$K_p=-mg\overline{MT}_p\sin\phi,\quad M_q=-mg\overline{MT}_q\sin\theta,\quad Z_w=-\rho gA_{\text{wp}}z \tag{9-30}$$

式中，$\overline{MT}_p$和$\overline{MT}_q$分别表示无人艇横向和纵向的稳心高度，A_{wp}表示水面面积，ϕ和θ分别表示无人艇局部坐标系的滚转角和俯仰角。

由式（9-29）可知，无人艇的动力学模型相当复杂。如果可以简化这个模型，那么控制律的推导将变得更简单。这种简化是通过良好的船舶设计，有意地将一些船舶自由度的固有稳定性内置到船舶动力学中实现的。例如，船舶的浮力稳定了升沉运动。此外，由于船舶被设计为具有足够的纵向稳心高度和横向稳心高度，因此船舶的横摇和俯仰运动总是稳定的。假设船舶的角自由度很小，考虑到升沉(w)、滚转(p)和俯仰(q)运动的稳定性，在实际设计控制器时可以忽略这些状态。基于以上分析，六自由度无人艇动力学模型可以简化为三自由度无人艇动力学模型。图9-5所示为无人艇的简化三自由度模型，只有喘振(u)、摇摆(v)和偏航(r)在水面艇体坐标系$O_1x_{r_1}x_{r_2}$中表示船的广义速度，简化的三自由度水面艇动力学方程具体为

$$\begin{cases} m_{11}\dot{u} - m_{22}vr + d_{11}u = W_u + F \\ m_{22}\dot{v} + m_{11}ur + d_{22}v = W_v \\ I_{zz}\dot{r} + \left(m_{22} - m_{11}\right)vu + d_{66}r = T \end{cases} \tag{9-31}$$

式中，第二个方程式不受控制器输入的直接影响。然而，这个方程决定了无人艇的横向运动响应。

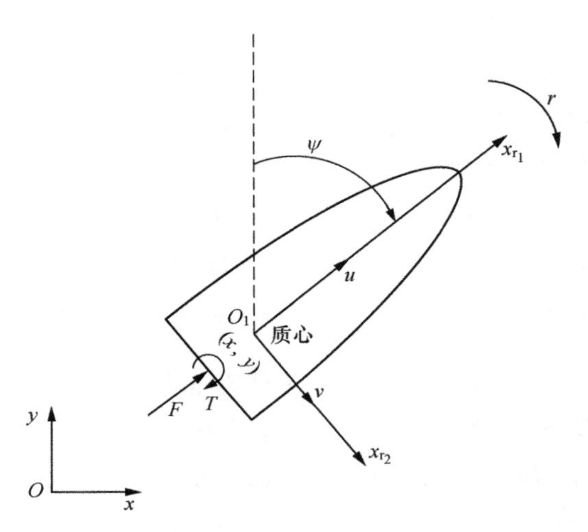

图 9-5　无人艇的三自由度动力学模型

2. 无人艇全局动力学方程

当给定控制器输入时，式（9-31）可以模拟无人艇的行为。但是，由于在本书的后续章节中，将考虑控制多个无人艇的相对距离，因此无人艇在全局坐标系（惯性坐标系）中的运动学方程变得非常有用。因此，这里对无人艇的运动学方程做简单介绍。全局动力学方程可以通过局部速度分量(u, v, r)和全局速度分量$(\dot{x}, \dot{y}, \dot{\psi})$之间的运动学关系得到，即

$$\begin{cases} \ddot{x} = \dfrac{1}{m_{11}}\left(f_x + F\cos\psi\right) \\ \ddot{y} = \dfrac{1}{m_{22}}\left(f_y + F\sin\psi\right) \\ \ddot{\psi} = \dfrac{1}{I_{zz}}\left(f_\psi + T\right) \end{cases} \tag{9-32}$$

式中，

$$\begin{cases} f_x = m_r d_{22} v \sin\psi - d_{11} u \cos\psi + \dot{\psi}\left(v\cos\psi - m_r u \sin\psi\right) m_d \\ f_y = -m_r d_{22} v \cos\psi - d_{11} u \sin\psi + \dot{\psi}\left(v\sin\psi + m_r u \cos\psi\right) m_d \\ f_\psi = -m_d u v - d_{33}\dot{\psi} \\ u = \dot{x}\cos\psi + \dot{y}\sin\psi \\ v = -\dot{x}\sin\psi + \dot{y}\cos\psi \end{cases} \tag{9-33}$$

式中，

$$\begin{cases} m_d = m_{22} - m_{11} \\ m_r = \dfrac{m_{11}}{m_{22}} \end{cases} \tag{9-34}$$

上述方程根据全局坐标系分量描述了无人艇的动力学方程。

9.3　无人系统运动控制

自主无人控制系统需要确保无人系统表现出稳定的行为并提供所需的性能。例如，在存在外部干扰的情况下以足够的精度跟踪所需的轨迹。因此，自主无人控制系统通常对执行任务和系统安全至关重要。不正确的控制设计、系统模型不确定（缺乏鲁棒性）以及组件故障等情形都可能导致无人系统性能下降甚至无法正常工作。

图 9-6 所示为一个典型的无人控制系统架构。该控制系统的目标是在存在外部干扰的情况下，通过尝试消除参考命令和无人系统测量响应之间的跟踪误差来跟踪参考命令。无人系统测量响应通常使用无人系统的状态（包括无人系统的位置、速度、角速度和姿态）估计来实现。这些状态估计是从导航系统获得的，该系统融合了来自多个传感器的噪声测量值。本节将主要介绍无人系统控制设计的各种方法以及使用每种方法的优势和挑战。

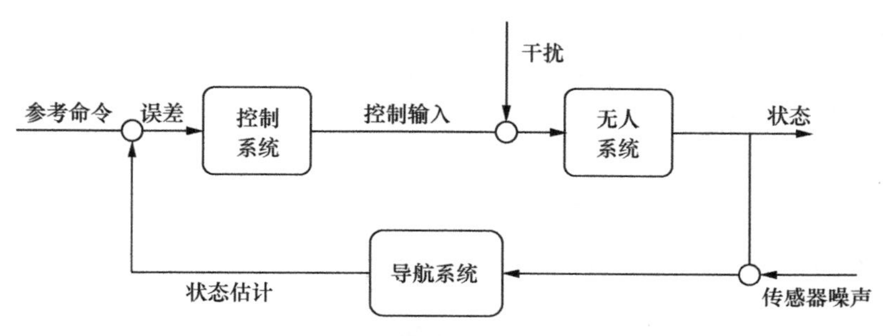

图 9-6　典型的无人控制系统架构

9.3.1 参考轨迹的生成

无人系统运动控制的一个先决条件是生成参考轨迹。对于自动驾驶来说，轨迹生成对于在高速公路或城市场景中安全有效地操纵无人系统至关重要。自适应巡航控制（adaptive cruise control，ACC）和车道保持辅助（lane keeping assist，LKA）等基本辅助功能可以在没有参考轨迹的情况下执行（这些辅助功能以目标车辆或目标车道作为参考）。相比之下，车道变换辅助（lane change assist，LCA）需要平滑的路径轨迹以保证安全地变更车道。

关于参考轨迹生成的研究近年来受到广泛关注。参考轨迹生成的研究主要源自下面两个研究领域。

① 机器人学领域。当机器人在已知或未知环境中执行导航任务时，通常使用网格分解传感器数据，并将其转化为无障碍物的单元格和有障碍物的单元格。相邻单元格之间通过加权边连接，并以初始条件作为起点构建环境地图。然后应用基于图形的算法来寻找从起点到终点的成本最低的路径。这条路径由几个段组成，对这些段一个接一个地跟踪，就会产生不平滑的路径。因此，需要在自动驾驶中应用平滑算法，以避免所生成的轨迹不平滑。

大多数算法都忽略了系统的运动学和动力学，从而导致所生成的自主驾驶轨迹方案可能在实际中不可行。这些方法的另外缺点是构建地图需要大量内存来应对数据存储和后期的轨迹平滑处理。此外，高速公路的车道通常以传感器融合的“驾驶通道”的形式提供，因此可能导致不必要的路径搜索。

② 控制理论领域。最优理论用于在给定初始条件和终止条件的情况下，寻找最小成本函数的动态系统轨迹。此时，明确考虑了系统的动力学，路径生成结果对于模型是可行的。该方法还可以通过制定约束条件或避免导致碰撞的轨迹来分析障碍。

控制理论为解决轨迹生成任务提供了几种设计方案，如多项式方法、模型预测控制（model predictive control，MPC）等。其中，多项式方法简单，下面以无人车为例对其做简要介绍。

生成平滑变道轨迹的一种常见方法是通过计算五阶多项式近似轨迹实现的。在大多数情况下，横向轨迹由多项式定义，纵向轨迹则基于更简单的方法选择。为简单起见，假设纵向速度恒定，横向轨迹生成过程包括下面 3 个主要步骤。

（1）定义终点。为了避开障碍物并完成高效驾驶，需要在道路上定义一组终点位置，作为轨迹目标。这些终点通常包括可能的车道中心。此外，出于安全目的，也可以考虑其他位置作为终点，例如，如果卡车与车道标记略微重叠，则车辆应该保持安全距离，并且更倾向于在车道的外侧行驶（但仍然在车道上）。这种非中心驾驶模式类似于人类驾驶大型交通工具的策略。

（2）轨迹生成。给定无人系统各状态（位置、速度和加速度）的初始条件和终止条件，选择合适的五阶多项式以最小化由横向加速度组成的成本函数，横向加速度是位置的三次时间导数。初始条件由传感器数据或观测器提供，根据需要选择终止条件。基于具体的问题，可以建立问题公式求解多项式的系数，并生成从起点到每个终点的轨迹。不同的成本函数求得的多项式系数不同。

（3）轨迹评估。选择最优成本函数，以生成最优轨迹。成本函数通常包括避障、车道选择和期望横向车道位置等。避障无疑是这一步的关键任务。可以通过将导致碰撞的轨迹对应的成本函数设置为无穷大，以实现避免碰撞。因此，需要对无人系统和障碍物的位置进行精确的预测。如果没有检测出可能发生碰撞，成本函数可以根据距离估计。此外，对于特定时间、特定情况对无人车轨迹提出的以下要求，也可作为成本函数的组成依据。

① 所需车道（由驾驶员定义，在中国默认为最右边的车道）。

② 当前车道的横向位置。

③ 变加速度和/或匀加速度。

④ 期望纵向速度。

⑤ 平稳性。

最后，叠加所有计算成本并选择成本最低的轨迹。针对如果在每个时间步生成轨迹，可能会导致控制系统的高频切换的问题，可以通过添加合适的滤波器以生成平滑且高效的轨迹。

在许多轨迹生成方法中，纵向行为不是恒定的，而是通过速度分布给出的。该分布允许考虑恒速、匀变速或其他固定时间函数的组合，然后基于该速度执行评估过程。

9.3.2　线性控制

1. 单输入单输出控制——经典 PID 控制器

经典 PID 控制器有 3 种标准形式，最简单的是比例反馈，它使用的控制器

$G_c \equiv K_P$（K_P 为比例增益）。这对于某些系统来说是足够的，但在系统某些动态不稳定时，比例控制器的应用会受到限制。积分反馈的控制律 $G_c = \frac{K_I}{s}$（K_I 为积分增益，s 为拉普拉斯变换中的复变量）。这通常用于减少/消除稳态误差，因为如果稳态误差存在且近似为一个常数，相应的控制输入会增大，以降低稳态误差。

如果比例和积分（PI）反馈相结合，则控制律 $G_c = K_P + \frac{K_I}{s}$ 在原点引入极点，在 $-\frac{K_I}{K_P}$ 引入零点。随着增益的增加，零点具有降低闭环极点移动到右半平面的效果，因此比例和积分反馈组合解决了仅使用积分控制时存在的一些问题。

第三种形式是微分反馈，它使用的控制器 $G_c = K_D s$（K_D 为微分增益）。微分反馈对稳态响应没有帮助（如果稳定，那么误差近似为 0）。但是，它提供了误差变化率的反馈，因此微分反馈控制可以预测未来的误差。

上面讨论的 3 种方法可以组合成标准的 PID 控制器：

$$G_c = K_P + \frac{K_I}{s} + K_D s \tag{9-35}$$

设计 PID 控制器的典型困难是噪声测量信号的数值微分在实践中会导致噪声滞后估计。此外，具有未知偏差的信号的长期积分还可能导致过大的控制命令。因此，人们通常会改为使用带限微分/积分，通过高频极点修正 PD 控制，并且仅对高于特定频率（高通滤波器）的信号采用 PI 控制器进行积分。这导致控制器组件的主要构建策略有不同，其形式为

$$G_B = K_c \frac{s+z}{s+p} \tag{9-36}$$

式中，K_c 为控制增益。

根据增益的选择，可以将式（9-36）变形为各种类型的控制器。例如，如果 $z > p$，其中 p 很小，那么 G_B 本质上是一个 PI 补偿器。反之，如果 $p \gg z$，那么在低频时，$\frac{p}{s+p}$ 的影响很小，所以 $G_B = \frac{K_c}{p}(s+z)\frac{p}{s+p} \approx K_c'(s+z)$ 本质上是一个 PD 补偿器。

PID 控制器中的参数 K_P、K_I、K_D 可以是固定的，也可以通过“增益调度”进行设计，该方案基于速度或其他调度变量更新参数。这种控制器的主要优点是它的通用性，即不需要知道无人系统的数学模型。然而，积分部分可能很麻烦，微分部分可能对测量中的噪声敏感。因此，在许多情况中，这种简单的控制器可

以被其他控制策略取代。

2. 多输入多输出（MIMO）控制

虽然经典的 PID 控制对于闭环单输入单输出（SISO）回路非常有效。但是，对于具有多个传感器和执行器的多输入多输出系统，设计控制器通常具有挑战性。解耦的线性化无人系统动力学方程的状态空间表达式为

$$\dot{\boldsymbol{x}} = \boldsymbol{A}\boldsymbol{x} + \boldsymbol{B}\boldsymbol{u} \tag{9-37}$$

$$\boldsymbol{y} = \boldsymbol{C}\boldsymbol{x} + \boldsymbol{D}\boldsymbol{u} \tag{9-38}$$

式中，矩阵 $\boldsymbol{D}$ 通常满足 $\boldsymbol{D} = 0$。线性系统的时间响应由矩阵 $\boldsymbol{A}$ 的特征值决定，它们与传递函数表示的极点相同。如果特征值（极点）是不稳定的，控制目标是设计合适的输入 $\boldsymbol{u}$ 修正矩阵 $\boldsymbol{A}$ 的特征值，进而改变系统动态。下面简要介绍几种状态空间控制方法。

（1）全状态反馈控制。考虑系统，当输入为全状态反馈（见图 9-7）时，即

$$\boldsymbol{u}(t) = \boldsymbol{r}(t) - \boldsymbol{K}\boldsymbol{x}(t) \tag{9-39}$$

式中，$\boldsymbol{r}(t) \in \mathbb{R}^{m}$ 是参考输入，$\boldsymbol{K} \in \mathbb{R}^{m\times n}$ 是控制增益。

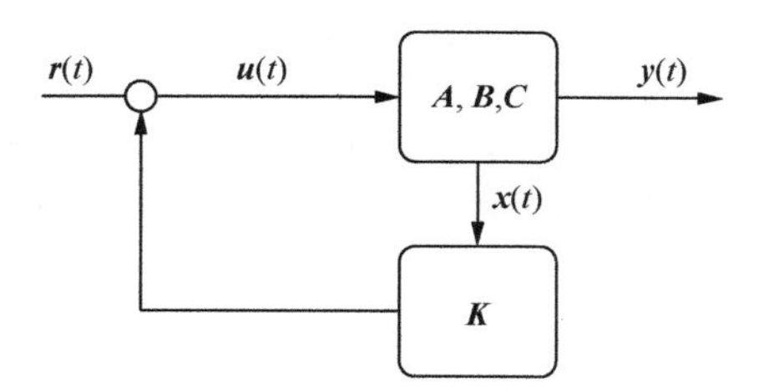

图 9-7 全状态反馈系统框架

由控制输入和开环系统构成的闭环系统为

$$\begin{cases} \dot{\boldsymbol{x}}(t) = \boldsymbol{A}\boldsymbol{x}(t) + \boldsymbol{B}\left(\boldsymbol{r}(t) - \boldsymbol{K}\boldsymbol{x}(t)\right) = \left(\boldsymbol{A} - \boldsymbol{B}\boldsymbol{K}\right)\boldsymbol{x}(t) + \boldsymbol{B}\boldsymbol{r}(t) = \boldsymbol{A}_{\mathrm{cl}}\boldsymbol{x}(t) + \boldsymbol{B}\boldsymbol{r}(t) \\ \boldsymbol{y}(t) = \boldsymbol{C}\boldsymbol{x}(t) \end{cases} \tag{9-40}$$

值得注意的是，此时系统输入增益 $\boldsymbol{K}$ 的参数个数为 n。因此控制问题转化为设计增益 $\boldsymbol{K}$ 中的 n 个参数，使得闭环系统状态矩阵 $\boldsymbol{A}_{\mathrm{cl}}$ 的特征值满足稳定条件。对于具有 n 个状态的系统，可控性的充分必要条件为

$$\mathrm{rank}\mathcal{M}_{\mathrm{c}} \triangleq \mathrm{rank}[\boldsymbol{B} \quad \boldsymbol{AB} \quad \boldsymbol{A}^2\boldsymbol{B} \quad \boldsymbol{A}^{n-1}\boldsymbol{B} \quad \boldsymbol{A}^{n-1}\boldsymbol{B}] = n \tag{9-41}$$

这为我们提供了一种一步完成整个设计过程的方法。对于单输入系统，可设计增益为

$$\boldsymbol{K} = \begin{bmatrix}0 & \cdots & 0 & 1\end{bmatrix}\mathcal{M}_{\mathrm{c}}^{-1}\varPhi_{\mathrm{c}}(\boldsymbol{A}) \tag{9-42}$$

式中，多项式 $\varPhi_{\mathrm{c}}(\boldsymbol{A})$ 的根提供了所需极点的位置。

（2）线性二次调节器（LQR）。当所需的性能标准与所需的极点位置之间的联系可能很难得到时，自动选择极点位置，以便闭环系统优化成本函数：

$$J_{\mathrm{LQR}} = \int_0^{\infty}\left[\boldsymbol{x}(t)^{\mathrm{T}}\boldsymbol{Q}\boldsymbol{x}(t) + \boldsymbol{u}(t)^{\mathrm{T}}\boldsymbol{R}\boldsymbol{u}(t)\right]\mathrm{d}t \tag{9-43}$$

式中，$\boldsymbol{x}(t)^{\mathrm{T}}\boldsymbol{Q}\boldsymbol{x}(t)$ 是状态代价，$\boldsymbol{Q}$ 满足 $\boldsymbol{Q}^{\mathrm{T}} = \boldsymbol{Q} \geqslant 0$ 是状态代价的权重；$\boldsymbol{u}(t)^{\mathrm{T}}\boldsymbol{R}\boldsymbol{u}(t)$ 是控制代价，$\boldsymbol{R}$ 满足 $\boldsymbol{R}^{\mathrm{T}} = \boldsymbol{R} \geqslant 0$ 是控制代价的权重。众所周知，这个无穷最优控制问题的解为

$$\boldsymbol{u}(t) = -\boldsymbol{K}_{\mathrm{lqr}}\boldsymbol{x}(t) \tag{9-44}$$

的线性时不变状态反馈，其中 $\boldsymbol{K}_{\mathrm{lqr}} = \boldsymbol{R}^{-1}\boldsymbol{B}^{\mathrm{T}}\boldsymbol{P}_{\mathrm{r}}$，$\boldsymbol{P}_{\mathrm{r}}$ 是式（9-45）代数黎卡提方程（ARE）的半正定对称解 $\boldsymbol{Q}$。

$$0 = \boldsymbol{A}^{\mathrm{T}}\boldsymbol{P}_{\mathrm{r}} + \boldsymbol{P}_{\mathrm{r}}\boldsymbol{A} + \boldsymbol{Q} - \boldsymbol{P}_{\mathrm{r}}\boldsymbol{B}\boldsymbol{R}^{-1}\boldsymbol{B}^{\mathrm{T}}\boldsymbol{P}_{\mathrm{r}} \tag{9-45}$$

式（9-45）可以很容易地通过数值求解。

这种设计策略中的矩阵 $\boldsymbol{Q}$ 和 $\boldsymbol{R}$ 可以自由选择。一种很好的用于选择 $\boldsymbol{Q}$ 和 $\boldsymbol{R}$ 的经验法则是 Bryson 规则：

$$\boldsymbol{Q} = \mathrm{diag}\left(\frac{\alpha_1^2}{(x_1)_{\max}^2}, \quad \ldots, \quad \frac{\alpha_n^2}{(x_n)_{\max}^2}\right) \tag{9-46}$$

$$\boldsymbol{R} = \rho\,\mathrm{diag}\left(\frac{\beta_1^2}{(u_1)_{\max}^2}, \quad \ldots, \quad \frac{\beta_m^2}{(u_m)_{\max}^2}\right) \tag{9-47}$$

式中，$(x_i)_{\max}^2 (i = 1, 2, \cdots, n)$ 和 $(u_i)_{\max}^2 (i = 1, 2, \cdots, m)$ 分别表示状态和执行器信号分量中的最大期望响应和控制输入。α_i 和 β_i 满足 $\sum_i \alpha_i^2 = 1$ 和 $\sum_i \beta_i^2 = 1$，作为状态和控

制各分量的相对权重。ρ 是控制和状态惩罚之间的最后一个相对权重——它有效地设置了控制器带宽。

LQR 是一种非常实用的控制方法，可以轻松处理多个执行器和复杂的系统动态。此外，它为环路增益误差提供了非常大的稳定性裕度。但是，LQR 假设系统全状态已知，这限制了其应用。

9.3.3 无人机系统运动控制

1. 无人机动力学模型的位置控制

无人机动力学模型中通过 4 个控制输入控制 6 个广义坐标，因此无人机动力学模型是欠驱动系统。当无人机悬停时，4 个控制输入$\begin{bmatrix} T & M_\phi & M_\theta & T_\mathrm{T} \end{bmatrix}$分别直接影响$\begin{bmatrix} x_3 & \phi & \theta & \psi \end{bmatrix}$。在无风悬停时，$\phi$和$\theta$近似为零，可以通过应用控制输入$M_\theta$产生非零俯仰角$\theta$实现无人机前向加速。同样，可以通过应用控制输入$M_\phi$产生非零滚转角$\phi$实现无人机侧向加速。通过应用两个控制输入$M_\theta$和$M_\phi$可以产生对角线加速度，因此俯仰角和滚转角分别影响$x_1$和$x_2$的加速度和位置。无人机动力学模型的控制策略步骤如下。

① 无人机应该能够在任何高度x_3^d任何航向ψ^d悬停，悬停条件对应于一组独特的滚转角和俯仰角$(\phi_\mathrm{h},\theta_\mathrm{h})$（接近于零），此时主旋翼的推力、无人机的质量和尾旋翼推力处于平衡状态。

② 推导出 4 个控制输入$\begin{bmatrix} T & M_\phi & M_\theta & T_\mathrm{T} \end{bmatrix}$的控制律，可以将悬停对应的 4 个状态变量稳定在其所需值$\begin{bmatrix} x_3^\mathrm{d} & \phi_\mathrm{h} & \theta_\mathrm{h} & \psi^\mathrm{d} \end{bmatrix}$。但是，上述控制律无法控制状态变量$x_1$和$x_2$。

③ 为了使无人机能够在x_1和x_2方向上移动，需要设计偏离平衡位置的俯仰角和滚转角，使得主旋翼的推力向期望位置$(x_1^\mathrm{d},x_2^\mathrm{d})$倾斜以完成无人机向期望位置$(x_1^\mathrm{d},x_2^\mathrm{d})$的加速。当无人机接近期望位置$(x_1^\mathrm{d},x_2^\mathrm{d})$时，俯仰角和滚转角需要恢复平衡位置。由以上分析可知，需要设计基于(x_1,x_2)位置误差的滚转和俯仰离去角$(\phi_\mathrm{p},\theta_\mathrm{p})$的控制律。

④ 将悬停控制的滚转角和俯仰角与定位控制的离去角组合得到组合角（$\phi_\mathrm{c}=\phi_\mathrm{h}+\phi_\mathrm{p}$和$\theta_\mathrm{c}=\theta_\mathrm{h}+\theta_\mathrm{p}$），即可实现同时悬停和定位。

图 9-8 所示为无人机的 PID 位置控制框图。

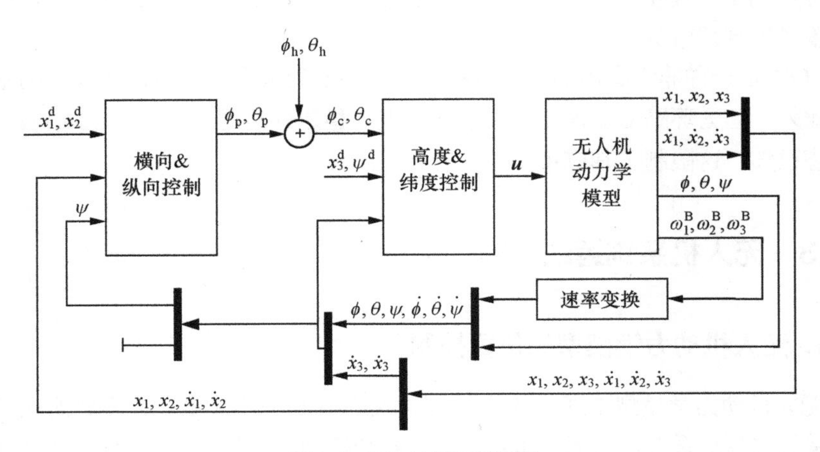

图 9-8　PID 位置控制框图

悬停微调角(ϕ_h, θ_h)可以通过无人机平衡时的动力学方程解算，其中加速度和速度为零，即

$$(\boldsymbol{R}_{0B})_h \boldsymbol{T}_h^B + \boldsymbol{W} = 0 \tag{9-48}$$

式中，h 表示悬停条件，旋转矩阵$(\boldsymbol{R}_{0B})_h$由欧拉角定义为

$$(\boldsymbol{R}_{0B})_h = \boldsymbol{R}_{x_3}(\psi^d)\boldsymbol{R}_{x_2}(\theta_h)\boldsymbol{R}_{x_1}(\phi_h) \tag{9-49}$$

将式（9-49）代入式（9-48）并整理得到

$$\boldsymbol{R}_{x_2}(\theta_h)\boldsymbol{R}_{x_1}(\phi_h)\boldsymbol{T}_h^B = -\boldsymbol{R}_{x_3}^{-1}(\psi^d)\boldsymbol{W} \tag{9-50}$$

假设微调角较小，可以将式（9-50）展开为

$$\begin{bmatrix} 1 & 0 & \theta_h \\ 0 & 1 & 0 \\ -\theta_h & 0 & 1 \end{bmatrix}\begin{bmatrix} 1 & 0 & 0 \\ 0 & 1 & -\phi_h \\ 0 & \phi_h & 1 \end{bmatrix}\begin{bmatrix} 0 \\ -T_{Th} \\ -T_h \end{bmatrix} = \begin{bmatrix} \cos\psi^d & \sin\psi^d & 0 \\ -\sin\psi^d & \cos\psi^d & 0 \\ 0 & 0 & 1 \end{bmatrix}\begin{bmatrix} 0 \\ 0 \\ -mg \end{bmatrix} \tag{9-51}$$

从式（9-51）可得到角加速度和角速度为零时的悬停条件为

$$\begin{bmatrix} 0 \\ 0 \\ 0 \end{bmatrix} = (\boldsymbol{M}^B)_h = \begin{bmatrix} M_{\phi h} \\ M_{\theta h} + T_h l_r \\ T_{Th} l_t + K_m T_h \end{bmatrix} \tag{9-52}$$

求解可得到 2 个微调角和 4 个微调输入的表达式为

$$\begin{cases} \phi_{\mathrm{h}} = \dfrac{K_{\mathrm{m}}}{l_{\mathrm{t}}} \\ \theta_{\mathrm{h}} = 0 \\ T_{\mathrm{h}} = \dfrac{mg}{1-\left(\dfrac{K_{\mathrm{m}}}{l_{\mathrm{t}}}\right)^2} \\ M_{\phi\mathrm{h}} = 0 \\ M_{\theta\mathrm{h}} = \dfrac{-mgl_{\mathrm{r}}}{1-\left(\dfrac{K_{\mathrm{m}}}{l_{\mathrm{t}}}\right)^2} \\ T_{T\mathrm{h}} = \dfrac{-mg\left(\dfrac{K_{\mathrm{m}}}{l_{\mathrm{t}}}\right)}{1-\left(\dfrac{K_{\mathrm{m}}}{l_{\mathrm{t}}}\right)^2} \end{cases} \tag{9-53}$$

式（9-53）将被证明在推导无人机动力学模型的 PID 控制规律时非常有用。

（1）纵向和横向控制律。纵向和横向控制律旨在研究控制无人机从当前位置 (x_1,x_2) 到达期望位置 $(x_1^{\mathrm{d}},x_2^{\mathrm{d}})$ 的控制策略，这一控制规律基于横向和纵向位置误差，下面推导实现纵向和横向控制的数学公式。令符号 $\hat{\boldsymbol{T}}$ 表示主旋翼推力方向的单位向量，该单位向量在水平面 x_1x_2 上的投影 $\hat{\boldsymbol{T}}_{\mathrm{p}}$ 为

$$\hat{\boldsymbol{T}}_{\mathrm{p}} = \hat{\boldsymbol{T}} - \left(\hat{\boldsymbol{T}}\cdot\hat{\boldsymbol{l}}_3\right)\hat{\boldsymbol{l}}_3 \tag{9-54}$$

式中，$\hat{\boldsymbol{l}}_3$ 为惯性坐标系中 Ox_3 轴的单位矢量。

所定义的控制律必须在横向和纵向位置误差为零时保证主推力向量的单位水平投影也为零：

$$\hat{\boldsymbol{T}}_{\mathrm{p}} = \begin{bmatrix} -\left(k_{x_1\mathrm{P}}\right)e_1 - \left(k_{x_1\mathrm{D}}\right)\dot{e}_1 - \left(k_{x_1\mathrm{I}}\right)\int_0^t e_1\mathrm{d}t \\ -\left(k_{x_2\mathrm{P}}\right)e_2 - \left(k_{x_2\mathrm{D}}\right)\dot{e}_2 - \left(k_{x_2\mathrm{I}}\right)\int_0^t e_2\mathrm{d}t \\ 0 \end{bmatrix} \tag{9-55}$$

式中，$k_{x_1\mathrm{P}}$、$k_{x_1\mathrm{D}}$、$k_{x_1\mathrm{I}}$、$k_{x_2\mathrm{P}}$、$k_{x_2\mathrm{I}}$、$k_{x_2\mathrm{D}}$ 都是正数，无人机的纵向和横向位置误差投影为

$$\begin{cases} e_1 = x_1 - x_1^{\mathrm{d}} \\ e_2 = x_2 - x_2^{\mathrm{d}} \end{cases} \tag{9-56}$$

假设位置控制的期望值导数为零，单位水平推力分量与离去角 ϕ_{p} 和 θ_{p} 相关。主旋翼推力方向的单位向量可写为

$$\hat{\boldsymbol{T}} = \boldsymbol{R}_{x_3}(\psi)\boldsymbol{R}_{x_2}(\theta_{\mathrm{p}})\boldsymbol{R}_{x_1}(\phi_{\mathrm{p}})\begin{bmatrix} 0 \\ 0 \\ -1 \end{bmatrix} \tag{9-57}$$

将式（9-57）代入式（9-54）得到

$$\boldsymbol{R}_{x_2}(\theta_{\mathrm{p}})\boldsymbol{R}_{x_1}(\phi_{\mathrm{p}})\begin{bmatrix} 0 \\ 0 \\ -1 \end{bmatrix} = \boldsymbol{R}_{x_3}^{-1}(\psi)\left(\hat{\boldsymbol{T}}_{\mathrm{p}} + \left(\hat{\boldsymbol{T}}\hat{\boldsymbol{l}}_3\right)\hat{\boldsymbol{l}}_3\right) \tag{9-58}$$

式（9-58）中的前两个分式给出了离去角的纵向和横向控制律：

$$\begin{bmatrix} \phi_{\mathrm{p}} \\ \theta_{\mathrm{p}} \end{bmatrix} = \begin{bmatrix} -\sin\psi & \cos\psi \\ -\cos\psi & -\sin\psi \end{bmatrix} \begin{bmatrix} \left(k_{x_1\mathrm{P}}\right)e_1 + \left(k_{x_1\mathrm{D}}\right)\dot{e}_1 + \left(k_{x_1\mathrm{I}}\right)\int_0^t e_1 \mathrm{d}t \\ \left(k_{x_2\mathrm{P}}\right)e_2 + \left(k_{x_2\mathrm{D}}\right)\dot{e}_2 + \left(k_{x_2\mathrm{I}}\right)\int_0^t e_2 \mathrm{d}t \end{bmatrix} \tag{9-59}$$

以上控制律可以将无人机引导到期望位置，当无人机到达期望位置时，离去角为零。此时如果期望无人机保持在所需的位置就必须采取悬停控制策略。因此，期望的滚转角和俯仰角满足

$$\begin{cases} \phi_{\mathrm{c}} = \phi_{\mathrm{h}} + \phi_{\mathrm{p}} \\ \theta_{\mathrm{c}} = \theta_{\mathrm{h}} + \theta_{\mathrm{p}} \end{cases} \tag{9-60}$$

（2）纬度和高度控制律。现在，需要另一个控制律以保证无人机从初始位置到期望位置的过程中保持内部所需的滚转角和俯仰角。该控制律还确保无人机保持在所需的高度和航向角。由于这种控制涉及滚转、俯仰、航向角和高度，因此称为纬度和高度控制律。无人机物理输入的控制律为：

$$\begin{cases} T = T_{\mathrm{h}} + \left[\left(k_{x_3\mathrm{P}}\right)e_3 + \left(k_{x_3\mathrm{D}}\right)\dot{e}_3 + \left(k_{x_3\mathrm{I}}\right)\int_0^t e_3 \mathrm{d}t\right] \\ M_{\phi} = M_{\phi\mathrm{h}} - \left[\left(k_{\phi\mathrm{P}}\right)e_4 + \left(k_{\phi\mathrm{D}}\right)\dot{e}_4 + \left(k_{\phi\mathrm{I}}\right)\int_0^t e_4 \mathrm{d}t\right] \\ M_{\theta} = M_{\theta\mathrm{h}} - \left[\left(k_{\theta\mathrm{P}}\right)e_5 + \left(k_{\theta\mathrm{D}}\right)\dot{e}_5 + \left(k_{\theta\mathrm{I}}\right)\int_0^t e_5 \mathrm{d}t\right] \\ T_{\mathrm{T}} = T_{T\mathrm{h}} - \left[\left(k_{\psi\mathrm{P}}\right)e_6 + \left(k_{\psi\mathrm{D}}\right)\dot{e}_6 + \left(k_{\psi\mathrm{I}}\right)\int_0^t e_6 \mathrm{d}t\right] \end{cases} \tag{9-61}$$

式中，$k_{x_3\mathrm{P}}$、$k_{x_3\mathrm{I}}$、$k_{x_3\mathrm{D}}$、$k_{\phi\mathrm{P}}$、$k_{\phi\mathrm{I}}$、$k_{\phi\mathrm{D}}$、$k_{\theta\mathrm{P}}$、$k_{\theta\mathrm{I}}$、$k_{\theta\mathrm{D}}$、$k_{\psi\mathrm{P}}$、$k_{\psi\mathrm{I}}$、$k_{\psi\mathrm{D}}$ 都是正数，误差的定义为

$$\begin{cases} e_3 = x_3 - x_3^{\mathrm{d}} \\ e_4 = \phi - \phi_{\mathrm{c}} \\ e_5 = \theta - \theta_{\mathrm{c}} \\ e_6 = \psi - \psi^{\mathrm{d}} \end{cases} \tag{9-62}$$

假设位置控制的期望值导数为零，当误差为零时无人机可以实现在所需位置和航向的悬停。

（3）速率变换。图 9-8 中的“速率变换”块可以通过式（9-4）的子矩阵得到，即

$$\begin{bmatrix} \dot{\phi} \\ \dot{\theta} \\ \dot{\psi} \end{bmatrix} = \begin{bmatrix} 1 & \sin\phi\tan\theta & \cos\phi\tan\theta \\ 0 & \cos\phi & -\sin\phi \\ 0 & \sin\phi\sec\theta & \cos\phi\sec\theta \end{bmatrix} \begin{bmatrix} \omega_1^{\mathrm{B}} \\ \omega_2^{\mathrm{B}} \\ \omega_3^{\mathrm{B}} \end{bmatrix} \tag{9-63}$$

至此，已经介绍了图中各控制模块的数学推导，无人机的 PID 位置控制器设计到此结束。

2. 欠驱动无人机的控制点概念

如前所述，无人机的动力学模型有 6 个自由度和 4 个控制输入，是欠驱动系统，因此必须具有一些固有的稳定性才能可控。无人机的 4 个控制输入直接作用于弹跳、滚转、俯仰和偏航运动，无人机的纵向和横向运动不是直接驱动的。无人机的欠驱动自由度本质上是稳定的，这种稳定性是无人机设计所固有的。为了保证控制器能够感知到无人机所有自由度存在的扰动，需要控制无人机机身上除了质心的一个位置点，该点的位置是无人机所有自由度的函数，被称为“控制点”。令控制点 p 位于无人机偏航轴的负半轴上，与无人机质心的距离为 d ，如图 9-9 所示，这种选择简化了控制器输入和输出之间的关系，令控制器输出为

$$\boldsymbol{z} = \left[x_{p_1} \; x_{p_2} \; x_{p_3} \; \psi \right]^{\mathrm{T}} \tag{9-64}$$

输出（无人机的轨迹）的期望值是时间相关的函数。

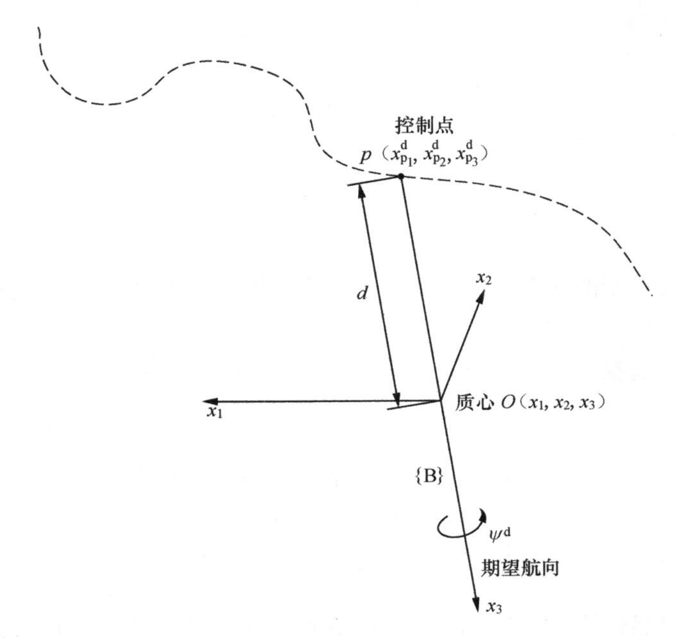

图 9-9　控制点 p 及其期望轨迹

3. 无人机轨迹跟踪鲁棒控制

下面介绍基于滑模控制的轨迹跟踪控制器。所设计的控制器为

$$\boldsymbol{u}=\begin{bmatrix}T & M_\phi & M_\theta & T_\mathrm{T}\end{bmatrix}^\mathrm{T} \tag{9-65}$$

能够使无人机遵循期望轨迹 $\boldsymbol{z}^\mathrm{d}$ 。下面首先介绍控制输入 $\boldsymbol{u}$ 与二阶动态 $\boldsymbol{z}$ 之间的输入输出方程。然后，基于这个方程设计鲁棒的滑模控制器。

（1）输入输出方程。控制点 p 的惯性位置分量 $\boldsymbol{x}_p$ 在控制器输出之中，控制点 p 的加速度可以根据无人机质心加速度计算，即

$$\ddot{\boldsymbol{x}}_p=\ddot{\boldsymbol{x}}+\boldsymbol{R}_{0\mathrm{B}}\left(\boldsymbol{\omega}^\mathrm{B}\times\left(\boldsymbol{\omega}^\mathrm{B}\times\boldsymbol{d}^\mathrm{B}\right)+\dot{\boldsymbol{\omega}}^\mathrm{B}\times\boldsymbol{d}^\mathrm{B}\right) \tag{9-66}$$

式中，

$$\boldsymbol{d}^\mathrm{B}=\left[0,0,-d\right]^\mathrm{T}$$

是控制点相对于无人机质心的位置向量且 $d>0$ ， $\ddot{\boldsymbol{x}}$ 是无人机质心的惯性加速度。代入式（9-10）和式（9-11）得

$$
\begin{aligned}
\ddot{\boldsymbol{x}}_p = & \boldsymbol{R}_{0\mathrm{B}}\left(\boldsymbol{m}^{-1}\boldsymbol{T}^{\mathrm{B}}+\boldsymbol{I}^{-1}\left(\boldsymbol{M}^{\mathrm{B}}\times\boldsymbol{d}^{\mathrm{B}}\right)\right) \\
& +\boldsymbol{m}^{-1}\left(\boldsymbol{R}_{0\mathrm{B}}\boldsymbol{D}_{\mathrm{B}}+\boldsymbol{W}\right)+\boldsymbol{R}_{0\mathrm{B}}\left(\boldsymbol{\omega}^{\mathrm{B}}\times\left(\boldsymbol{\omega}^{\mathrm{B}}\times\boldsymbol{d}^{\mathrm{B}}\right)-\boldsymbol{I}^{-1}\left(\boldsymbol{\omega}^{\mathrm{B}}\times\boldsymbol{I}\boldsymbol{\omega}^{\mathrm{B}}\right)\right)
\end{aligned} \tag{9-67}
$$

式中，$\boldsymbol{T}^{\mathrm{B}}$ 和 $\boldsymbol{M}^{\mathrm{B}}$ 的扩展式为

$$
\boldsymbol{T}^{\mathrm{B}}=\begin{bmatrix}0&0&0&0\\0&0&0&-1\\-1&0&0&0\end{bmatrix}\begin{bmatrix}T\\M_{\phi}\\M_{\theta}\\T_{\mathrm{T}}\end{bmatrix}=\boldsymbol{T}_u\boldsymbol{u}
$$

且

$$
\begin{aligned}
\boldsymbol{M}^{\mathrm{B}}\times\boldsymbol{d}^{\mathrm{B}} &= \begin{bmatrix}-\left(M_{\theta}+Tl_{\mathrm{r}}\right)d\\M_{\phi}d\\0\end{bmatrix} \\
&= \begin{bmatrix}-l_{\mathrm{r}}d&0&-d&0\\0&d&0&0\\0&0&0&0\end{bmatrix}\begin{bmatrix}T\\M_{\phi}\\M_{\theta}\\T_{\mathrm{T}}\end{bmatrix} \\
&= \boldsymbol{M}_u\boldsymbol{u}
\end{aligned}
$$

整理式（9-67），得

$$
\begin{aligned}
\ddot{\boldsymbol{x}}_p = & \boldsymbol{R}_{0\mathrm{B}}\left(\boldsymbol{m}^{-1}\boldsymbol{T}_u+\boldsymbol{I}^{-1}\boldsymbol{M}_u\right)\boldsymbol{u} \\
& +\boldsymbol{m}^{-1}\left(\boldsymbol{R}_{0\mathrm{B}}\boldsymbol{D}_{\mathrm{B}}+\boldsymbol{W}\right)+\boldsymbol{R}_{0\mathrm{B}}\left(\boldsymbol{\omega}^{\mathrm{B}}\times\left(\boldsymbol{\omega}^{\mathrm{B}}\times\boldsymbol{d}^{\mathrm{B}}\right)-\boldsymbol{I}^{-1}\left(\boldsymbol{\omega}^{\mathrm{B}}\times\boldsymbol{I}\boldsymbol{\omega}^{\mathrm{B}}\right)\right)
\end{aligned} \tag{9-68}
$$

进一步将式（9-68）整理为标准形式：

$$
\ddot{\boldsymbol{x}}_p=\boldsymbol{f}_1+\boldsymbol{b}_1\boldsymbol{u} \tag{9-69}
$$

式中，

$$
\begin{aligned}
\boldsymbol{f}_1 &= \boldsymbol{m}^{-1}\left(\boldsymbol{R}_{0\mathrm{B}}\boldsymbol{D}_{\mathrm{B}}+\boldsymbol{W}\right)+\boldsymbol{R}_{0\mathrm{B}}\left(\boldsymbol{\omega}^{\mathrm{B}}\times\left(\boldsymbol{\omega}^{\mathrm{B}}\times\boldsymbol{d}^{\mathrm{B}}\right)-\boldsymbol{I}^{-1}\left(\boldsymbol{\omega}^{\mathrm{B}}\times\boldsymbol{I}\boldsymbol{\omega}^{\mathrm{B}}\right)\right) \\
\boldsymbol{b}_1 &= \boldsymbol{R}_{0\mathrm{B}}\left(\boldsymbol{m}^{-1}\boldsymbol{T}_u+\boldsymbol{I}^{-1}\boldsymbol{M}_u\right)
\end{aligned}
$$

注意，式（9-69）仅描述了控制器输出 $\boldsymbol{z}=\left[x_{p1},x_{p2},x_{p3},\psi\right]^{\mathrm{T}}$ 的 3 个分量，最后一个分量 ψ 可以根据输入输出方程（9-4）得到。根据式（9-4）的最后 3 行得

$$
\begin{bmatrix}\omega_1^{\mathrm{B}}\\\omega_2^{\mathrm{B}}\\\omega_3^{\mathrm{B}}\end{bmatrix}=\begin{bmatrix}1&0&-\sin\theta\\0&\cos\phi&\cos\theta\sin\phi\\0&-\sin\phi&\cos\theta\cos\phi\end{bmatrix}\begin{bmatrix}\dot{\phi}\\\dot{\theta}\\\dot{\psi}\end{bmatrix} \tag{9-70}
$$

解算式（9-70）有

$$\dot{\psi} = \sin\phi\sec\theta\omega_2^{\mathrm{B}} + \cos\phi\sec\theta\omega_3^{\mathrm{B}} \tag{9-71}$$

对式（9-71）两边求导且代入 $\dot{\omega}_2^{\mathrm{B}}$ 和 $\dot{\omega}_3^{\mathrm{B}}$ 得

$$\ddot{\psi} = f_2 + \boldsymbol{b}_2\boldsymbol{u} \tag{9-72}$$

式中，

$$\begin{aligned} f_2 = & \left(\dot{\phi}\cos\phi\sec\theta + \dot{\theta}\sin\phi\sec\theta\tan\theta\right)\omega_2^{\mathrm{B}} \\ & + \left(-\dot{\phi}\sin\phi\sec\theta + \dot{\theta}\cos\phi\sec\theta\tan\theta\right)\omega_3^{\mathrm{B}} \\ & + \left(\sin\phi\sec\theta\right)\left(\frac{\left(I_{33} - I_{11}\right)\omega_1^{\mathrm{B}}\omega_3^{\mathrm{B}}}{I_{22}}\right) \\ & + \left(\cos\phi\sec\theta\right)\left(\frac{\left(I_{11} - I_{22}\right)\omega_1^{\mathrm{B}}\omega_2^{\mathrm{B}}}{I_{33}}\right) \end{aligned}$$

且

$$\boldsymbol{b}_2 = \left[\frac{\sin\phi\sec\theta l_{\mathrm{r}}}{I_{22}} - \frac{\cos\phi\sec\theta K_{\mathrm{m}}}{I_{33}} \quad 0 \quad \frac{\sin\phi\sec\theta}{I_{22}} \quad \frac{\cos\phi\sec\theta l_{\mathrm{r}}}{I_{33}}\right]$$

最后，得到输入输出方程：

$$\begin{bmatrix} \ddot{\boldsymbol{x}}_p \\ \ddot{\psi} \end{bmatrix} = \begin{bmatrix} \boldsymbol{f}_1 \\ f_2 \end{bmatrix}_{(4\times1)} + \begin{bmatrix} \boldsymbol{b}_1 \\ \boldsymbol{b}_2 \end{bmatrix}_{(4\times4)} \boldsymbol{u} \tag{9-73}$$

或者简化为

$$\ddot{\boldsymbol{z}} = \boldsymbol{f} + \boldsymbol{b}\boldsymbol{u} \tag{9-74}$$

这种简单形式的输入输出方程使许多控制理论可以方便地应用于欠驱动无人机系统。

（2）鲁棒的滑模控制器

首先定义系统误差的期望动态：

$$\dot{\tilde{\boldsymbol{z}}} + \boldsymbol{\Lambda}\tilde{\boldsymbol{z}} = \boldsymbol{s} \tag{9-75}$$

式中，$\tilde{\boldsymbol{z}} = \boldsymbol{z} - \boldsymbol{z}^{\mathrm{d}}$。

$\boldsymbol{\Lambda}$ 是对角线元素为正的对角矩阵，$\boldsymbol{s}$ 是滑动曲面参数。当 $\boldsymbol{s}$ 为零时，方程渐近稳定。实现滑模控制律必须保证：如果滑动曲面参数 $\boldsymbol{s}$ 为零，则期望的误差轨迹变为上述方程；如果滑动曲面参数 $\boldsymbol{s}$ 不为零，则滑动曲面参数 $\boldsymbol{s}$ 将接近零并保持为零。

假定无人机标称参数的输入输出方程为

$$\ddot{\boldsymbol{z}} = \hat{\boldsymbol{f}} + \hat{\boldsymbol{b}}\boldsymbol{u} \tag{9-76}$$

式（9-75）可以写成更简洁的形式：

$$\boldsymbol{s} = \dot{\boldsymbol{z}} - \boldsymbol{s}_{\mathrm{r}} \tag{9-77}$$

式中，

$$\boldsymbol{s}_{\mathrm{r}} = \dot{\boldsymbol{z}}^{\mathrm{d}} - \boldsymbol{\Lambda}\tilde{\boldsymbol{z}}$$

等效控制 $\hat{\boldsymbol{u}}$ 需要保证如果滑动曲面参数 $\boldsymbol{s}$ 为零，则期望的误差轨迹为 $\dot{\tilde{\boldsymbol{z}}} + \boldsymbol{\Lambda}\tilde{\boldsymbol{z}} = \mathbf{s}$ 或等价于该方程。因此，令 $\boldsymbol{s}$=0，对式（9-77）两边求导得

$$\ddot{\boldsymbol{z}} - \dot{\boldsymbol{s}}_{\mathrm{r}} = 0 \tag{9-78}$$

将 $\ddot{\boldsymbol{z}}$ 代入输入输出关系（9-76）并求解 $\boldsymbol{u}$，得到由 $\hat{\boldsymbol{u}}$ 表示的等效控制为

$$\hat{\boldsymbol{u}} = \hat{\boldsymbol{b}}^{-1}\left(-\hat{\boldsymbol{f}} + \dot{\boldsymbol{s}}_{\mathrm{r}}\right) \tag{9-79}$$

为了补充滑模控制器的第一部分，对于任意的初始条件和不确定性需要保证滑动曲面参数 $\boldsymbol{s}$ 接近零。考虑不连续控制律：

$$\boldsymbol{u} = \hat{\boldsymbol{b}}^{-1}\left(-\hat{\boldsymbol{f}} + \dot{\boldsymbol{s}}_{\mathrm{r}} - \boldsymbol{K}\operatorname{sgn}(\boldsymbol{s})\right) \tag{9-80}$$

式中，$\boldsymbol{K}$ 是一个正定对角矩阵，$\operatorname{sgn}(\boldsymbol{s})$ 返回一个 $\boldsymbol{s}$ 分量的符号向量。必须确定不连续控制律中的增益 $\boldsymbol{K}$，以保证滑动曲面参数 $\boldsymbol{s}$ 收敛到零。

定义李雅普诺夫函数：

$$V = \frac{1}{2}\boldsymbol{s}^{\mathrm{T}}\boldsymbol{s} \tag{9-81}$$

如果可以证明李雅普诺夫函数的时间导数在 $\boldsymbol{s} \neq 0$ 时始终为负，并且仅在 $\boldsymbol{s} = 0$ 时导数为 0，则根据李雅普诺夫第二法可以证明滑动曲面参数 $\boldsymbol{s}$ 从任何初始条件收敛到零并保持为零。李雅普诺夫函数的一阶导数为

$$\dot{V} = \boldsymbol{s}^{\mathrm{T}}\dot{\boldsymbol{s}} \tag{9-82}$$

将式（9-74）和式（9-77）代入式（9-82）可得

$$\dot{V} = \boldsymbol{s}^{\mathrm{T}}\left(\boldsymbol{f} + \boldsymbol{b}\boldsymbol{u} - \dot{\boldsymbol{s}}_{\mathrm{r}}\right) \tag{9-83}$$

将控制律（9-80）代入式（9-83）可得

$$\dot{V} = \boldsymbol{s}^{\mathrm{T}}\left\{\boldsymbol{f} + \boldsymbol{b}\hat{\boldsymbol{b}}^{-1}\left[-\hat{\boldsymbol{f}} + \dot{\boldsymbol{s}}_{\mathrm{r}} - \boldsymbol{K}\operatorname{sgn}(\boldsymbol{s})\right] - \dot{\boldsymbol{s}}_{\mathrm{r}}\right\} \tag{9-84}$$

令 $\boldsymbol{b}$ 中的不确定性为

$$\boldsymbol{\delta} = \boldsymbol{b}\hat{\boldsymbol{b}}^{-1} - \boldsymbol{I} \tag{9-85}$$

式中，$\boldsymbol{I}$ 为 4 维单位矩阵。

此时，式（9-84）变为

$$\begin{aligned}\dot{V}&=\boldsymbol{s}^{\mathrm{T}}\left\{\boldsymbol{f}+(\boldsymbol{I}+\boldsymbol{\delta})\left[-\hat{\boldsymbol{f}}+\dot{\boldsymbol{s}}_{\mathrm{r}}-\boldsymbol{K}\operatorname{sgn}(\boldsymbol{s})\right]-\dot{\boldsymbol{s}}_{\mathrm{r}}\right\}\\&=\boldsymbol{s}^{\mathrm{T}}\left[\boldsymbol{f}-\hat{\boldsymbol{f}}+\boldsymbol{\delta}\left(-\hat{\boldsymbol{f}}+\dot{\boldsymbol{s}}_{\mathrm{r}}\right)-\boldsymbol{K}\operatorname{sgn}(\boldsymbol{s})-\boldsymbol{\delta}\boldsymbol{K}\operatorname{sgn}(\boldsymbol{s})\right]\end{aligned} \tag{9-86}$$

假设系统的参数不确定性满足以下边界条件：

$$\left|f_i-\hat{f}_i\right|\leqslant F_i,\quad \left|\delta_{ij}\right|\leqslant \varDelta_{ij},\quad i,j=1,2,\cdots,4 \tag{9-87}$$

式中，$f_i\,(i=1,2,\cdots,4)$ 为 $\boldsymbol{f}$ 的分量，$\hat{f}_i\,(i=1,2,\cdots,4)$ 为 $\hat{\boldsymbol{f}}$ 的分量，$F_i\,(i=1,2,\cdots,4)$ 为 $\boldsymbol{F}$ 的分量，$\delta_{ij}\,(i=1,2,\cdots,4;j=1,2,\cdots,4)$ 为 $\boldsymbol{\delta}$ 的分量，$\varDelta_{ij}\,(i=1,2,\cdots,4;j=1,2,\cdots,4)$ 为 $\boldsymbol{\varDelta}$ 的分量。

将不确定性界条件（9-87）代入式（9-86）可得

$$\dot{V}\leqslant \boldsymbol{s}^{\mathrm{T}}\left[\boldsymbol{F}+\boldsymbol{\varDelta}\left|-\hat{\boldsymbol{f}}+\dot{\boldsymbol{s}}_{\mathrm{r}}\right|-\boldsymbol{K}\operatorname{sgn}(\boldsymbol{s})+\boldsymbol{\varDelta}\boldsymbol{K}\operatorname{sgn}(\boldsymbol{s})\right] \tag{9-88}$$

将上式改写为分量形式有

$$\begin{aligned}\dot{V}&\leqslant\sum_{i=1}^{4}s_i\left[F_i+\sum_{j=1}^{4}\left(\varDelta_{ij}\left|-\hat{f}_j+\dot{s}_{rj}\right|\right)-K_i\operatorname{sgn}(s_i)+\sum_{j=1}^{4}\varDelta_{ij}K_j\operatorname{sgn}(s_j)\right]\\&\leqslant-\sum_{i=1}^{4}\left|s_i\right|\left[-F_i-\sum_{j=1}^{4}\left(\varDelta_{ij}\left|-\hat{f}_i+\dot{s}_{ri}\right|\right)+K_i-\sum_{j=1}^{4}\varDelta_{ij}K_j\right]\end{aligned} \tag{9-89}$$

由式（9-89）可知，如果存在 $K_i\,(i=1,2,\cdots,4)$ 满足：

$$-F_i-\sum_{j=1}^{4}\left(\varDelta_{ij}\left|-\hat{f}_i+\dot{s}_{ri}\right|\right)+K_i-\sum_{j=1}^{4}\varDelta_{ij}K_j=\eta_i,\quad i=1,2,\cdots,4 \tag{9-90}$$

式中，η_i 是正数，那么李雅普诺夫函数的导数满足

$$\dot{V}\leqslant-\sum_{i=1}^{4}\eta_i\left|s_i\right| \tag{9-91}$$

这意味着通过选择满足方程的 $K_i\,(i=1,2,\cdots,4)$，李雅普诺夫函数的导数总是负的，此时 s_i 从任何初始条件单调递减到零且保持为零。

9.3.4 无人车系统运动控制

1. Hilare 型无人车的非完整模型控制

由 9.2.2 节，Hilare 型无人车的运动学方程为

$$\begin{cases}\dot{x}_1 = v\cos\theta \\ \dot{x}_2 = v\sin\theta \\ \dot{\theta} = \omega\end{cases} \tag{9-92}$$

假设无人车在惯性坐标系中的期望轨迹是通过车体坐标系原点的两个位置分量定义：

$$\begin{cases}x_1^{\mathrm{d}} = x_1^{\mathrm{d}}(t) \\ x_2^{\mathrm{d}} = x_2^{\mathrm{d}}(t)\end{cases} \tag{9-93}$$

对上式两边进行微分，得到无人车的期望速度分量为

$$\begin{cases}\dot{x}_1^{\mathrm{d}} = \dot{x}_1^{\mathrm{d}}(t) \\ \dot{x}_2^{\mathrm{d}} = \dot{x}_2^{\mathrm{d}}(t)\end{cases} \tag{9-94}$$

除了需要了解无人车的期望速度分量，还需要推导出无人车的期望方向。由于 Hilare 型无人车具有非完整约束，期望方向必须符合无人车运动学约束，即横向无滑移条件，无滑移条件的数学表达式为

$$-\dot{x}_1\sin\theta + \dot{x}_2\cos\theta = 0 \tag{9-95}$$

上述关系表明：一旦速度方程确定了，无人车的期望方向可以表示为

$$\theta^{\mathrm{d}}(t) = \tan^{-1}\left(\frac{\dot{x}_2^{\mathrm{d}}}{\dot{x}_1^{\mathrm{d}}}\right) \tag{9-96}$$

通过下面状态变换：

$$\begin{cases}z_1 = x_1 \\ z_2 = \tan\theta \\ z_3 = x_2\end{cases} \tag{9-97}$$

以及下面的控制输入变换：

$$\begin{cases}u_1 = v\cos\theta \\ u_2 = \omega\left(1+\tan^2\theta\right)\end{cases} \tag{9-98}$$

可将无人车运动学方程简化为

$$\begin{cases}\dot{z}_1 = u_1 \\ \dot{z}_2 = u_2 \\ \dot{z}_3 = z_2 u_1\end{cases} \tag{9-99}$$

该方程被称为运动学方程的“链式”系统。链式系统的一般形式为

$$\begin{cases}\dot{z}_1 = u_1 \\ \dot{z}_2 = u_2 \\ \dot{z}_k = z_{k-1}u_1, \quad (k = 3,4,\cdots,n)\end{cases} \tag{9-100}$$

新状态的期望轨迹为

$$\begin{cases}z_1^{\mathrm{d}} = x_1^{\mathrm{d}}(t) \\ z_2^{\mathrm{d}} = \dfrac{\dot{x}_2^{\mathrm{d}}(t)}{\dot{x}_1^{\mathrm{d}}(t)} \\ z_3^{\mathrm{d}} = x_2^{\mathrm{d}}(t)\end{cases} \tag{9-101}$$

通过整理，新状态的期望控制输入满足：

$$\begin{cases}u_1^{\mathrm{d}} = \dot{x}_1^{\mathrm{d}}(t) \\ u_2^{\mathrm{d}} = \dfrac{\mathrm{d}}{\mathrm{d}t}\left(\dfrac{\dot{x}_2^{\mathrm{d}}(t)}{\dot{x}_1^{\mathrm{d}}(t)}\right) \\ \quad = \dfrac{\ddot{x}_2^{\mathrm{d}}(t)\dot{x}_1^{\mathrm{d}}(t) - \ddot{x}_1^{\mathrm{d}}(t)\dot{x}_2^{\mathrm{d}}(t)}{\left(\dot{x}_1^{\mathrm{d}}(t)\right)^2}\end{cases} \tag{9-102}$$

现在，目标是控制运动学方程遵循期望轨迹，误差方程为

$$\begin{cases}\dot{\tilde{z}}_1 = \tilde{u}_1 \\ \dot{\tilde{z}}_2 = \tilde{u}_2 \\ \dot{\tilde{z}}_3 = z_2^{\mathrm{d}}\tilde{u}_1 + \tilde{z}_2 u_1^{\mathrm{d}} + \tilde{z}_2\tilde{u}_1\end{cases} \tag{9-103}$$

式中，

$$\begin{cases}\tilde{z}_i = z_i - z_i^{\mathrm{d}}, \quad i = 1,2,3 \\ \tilde{u}_i = u_i - u_i^{\mathrm{d}}, \quad i = 1,2\end{cases}$$

可以通过忽略 $\tilde{z}_2\tilde{u}_1$ 项线性化方程，假设时变控制律为

$$\begin{bmatrix}\tilde{u}_1 \\ \tilde{u}_2\end{bmatrix} = \begin{bmatrix}k_1 & 0 & 0 \\ 0 & k_2 & \dfrac{k_3}{u_1^{\mathrm{d}}}\end{bmatrix}\begin{bmatrix}\tilde{z}_1 \\ \tilde{z}_2 \\ \tilde{z}_3\end{bmatrix} \tag{9-104}$$

式中，k_1 、k_2 和 k_3 是控制器的恒定增益，将控制律应用于状态误差方程的线性化方程，可以得到以下线性时变闭环系统：

$$\begin{bmatrix} \dot{\tilde{z}}_1 \\ \dot{\tilde{z}}_2 \\ \dot{\tilde{z}}_3 \end{bmatrix} = \begin{bmatrix} k_1 & 0 & 0 \\ 0 & k_2 & k_3 / u_1^{\mathrm{d}} \\ k_1 z_1^{\mathrm{d}} & u_1^{\mathrm{d}} & 0 \end{bmatrix} \begin{bmatrix} \tilde{z}_1 \\ \tilde{z}_2 \\ \tilde{z}_3 \end{bmatrix} \tag{9-105}$$

尽管线性系统与时间相关，但其特征方程与时间无关。因此，如果选取控制器的增益为

$$k_1 = -\lambda_1，\quad k_2 = -2\lambda_2，\quad k_3 = -\left(\lambda_2^2 + \lambda_3^2\right) \tag{9-106}$$

式中，λ_1 和 λ_2 是正常数，此时闭环极点位于 $-\lambda_1$，$-\lambda_2 + \mathrm{i}\lambda_3$ 和 $-\lambda_2 - \mathrm{i}\lambda_3$。最后，新的输入 $\tilde{u}_1$ 和 $\tilde{u}_2$ 可以通过反馈控制律解算，可以得到原始输入的控制律 v 和 ω 为

$$\begin{cases} v = \dfrac{\tilde{u}_1 + u_1^{\mathrm{d}}}{\cos\theta} \\ \omega = \dfrac{\tilde{u}_2 + u_2^{\mathrm{d}}}{1 + \tan^2\theta} \end{cases} \tag{9-107}$$

2. 类似汽车型无人车的运动学模型控制

类似汽车型无人车的轨迹跟踪控制器设计与 Hilare 型无人车的轨迹跟踪控制器设计非常相似。不同之处在于状态变量的数量和控制输入。由 9.2.2 节可知，类似汽车型无人车运动学方程为

$$\begin{cases} \dot{x}_1 = v_1 \cos\theta \\ \dot{x}_2 = v_1 \sin\theta \\ \dot{\theta} = \dfrac{\tan\phi}{L} v_1 \\ \dot{\phi} = v_2 \end{cases} \tag{9-108}$$

定义类似汽车型无人车的期望轨迹的两个位置分量为

$$\begin{cases} x_1^{\mathrm{d}} = x_1^{\mathrm{d}}(t) \\ x_2^{\mathrm{d}} = x_2^{\mathrm{d}}(t) \end{cases} \tag{9-109}$$

任何期望的速度、加速度和加加速度（加速度的时间导数）信息都可以从这个期望位置的时间导数中获得。考虑一组新的状态变量：

$$\begin{cases} z_1 = x_1 \\ z_2 = \dfrac{\tan\theta}{L\cos^3\theta} \\ z_3 = \tan\theta \\ z_4 = x_2 \end{cases} \tag{9-110}$$

以及下面的控制输入：

$$\begin{cases} u_1 = v_1 \cos\theta \\ u_2 = \dfrac{\left(3\sin\theta\sin^2\phi\right)v_1 + \left(L\cos\theta\right)v_2}{L\cos^2\theta\cos^2\phi} \end{cases} \tag{9-111}$$

可将无人车运动学方程变换为

$$\begin{cases} \dot{z}_1 = u_1 \\ \dot{z}_2 = u_2 \\ \dot{z}_3 = z_2 u_1 \\ \dot{z}_4 = z_3 u_1 \end{cases} \tag{9-112}$$

新状态的期望轨迹为

$$\begin{cases} z_1^{\mathrm{d}} = x_1^{\mathrm{d}}(t) \\ z_3^{\mathrm{d}} = \dfrac{\ddot{x}_2^{\mathrm{d}}(t)\dot{x}_1^{\mathrm{d}}(t) - \ddot{x}_1^{\mathrm{d}}(t)\dot{x}_2^{\mathrm{d}}(t)}{\left(\dot{x}_1^{\mathrm{d}}(t)\right)^3} \\ z_3^{\mathrm{d}} = \dfrac{\dot{x}_2^{\mathrm{d}}(t)}{\dot{x}_1^{\mathrm{d}}(t)} \\ z_4^{\mathrm{d}} = x_2^{\mathrm{d}}(t) \end{cases} \tag{9-113}$$

通过整理，新状态的期望控制输入满足：

$$\begin{cases} u_1^{\mathrm{d}} = \dot{x}_1^{\mathrm{d}}(t) \\ u_2^{\mathrm{d}} = \dfrac{\dddot{x}_2^{\mathrm{d}}(t)\left(\dot{x}_1^{\mathrm{d}}(t)\right)^2 - \dddot{x}_1^{\mathrm{d}}(t)\dot{x}_1^{\mathrm{d}}(t)\dot{x}_2^{\mathrm{d}}(t) - 3\ddot{x}_2^{\mathrm{d}}(t)\dot{x}_1^{\mathrm{d}}(t)\ddot{x}_1^{\mathrm{d}}(t) + 3\dot{x}_2^{\mathrm{d}}(t)\left(\ddot{x}_1^{\mathrm{d}}(t)\right)^2}{\left(\dot{x}_1^{\mathrm{d}}(t)\right)^4} \end{cases} \tag{9-114}$$

令新状态变量的误差为

$$\begin{cases} \tilde{z}_i = z_i - z_i^{\mathrm{d}}, \quad i = 1,2,3,4 \\ \tilde{u}_i = u_i - u_i^{\mathrm{d}}, \quad i = 1,2 \end{cases} \tag{9-115}$$

结合动力学方程可以得到新状态的误差方程为

$$\begin{cases} \dot{\tilde{z}}_1 = \tilde{u}_1 \\ \dot{\tilde{z}}_2 = \tilde{u}_2 \\ \dot{\tilde{z}}_3 = z_2^{\mathrm{d}}\tilde{u}_1 + \tilde{z}_2 u_1^{\mathrm{d}} + \tilde{z}_2\tilde{u}_1 \\ \dot{\tilde{z}}_4 = z_3^{\mathrm{d}}\tilde{u}_1 + \tilde{z}_3 u_1^{\mathrm{d}} + \tilde{z}_3\tilde{u}_1 \end{cases} \tag{9-116}$$

假设式（9-116）中的 $\tilde{z}_2\tilde{u}_1$ 项和 $\tilde{z}_3\tilde{u}_1$ 项远小于方程中的其他项，可以忽略，此

时误差方程（9-116）可以简化为时变线性系统：

$$\dot{\tilde{z}}=\begin{bmatrix}0&0&0&0\\0&0&0&0\\0&u_1^{\mathrm{d}}(t)&0&0\\0&0&u_1^{\mathrm{d}}(t)&0\end{bmatrix}\tilde{z}+\begin{bmatrix}1&0\\0&1\\z_2^{\mathrm{d}}(t)&0\\z_3^{\mathrm{d}}(t)&0\end{bmatrix}\tilde{\boldsymbol{u}} \tag{9-117}$$

选择下面的时变线性反馈控制律就可以保证线性时变系统的渐近稳定性。

$$\tilde{\boldsymbol{u}}=\begin{bmatrix}k_1&0&0&0\\0&k_2&\dfrac{k_3}{u_1^{\mathrm{d}}(t)}&\dfrac{k_4}{\left(u_1^{\mathrm{d}}(t)\right)^2}\end{bmatrix}\tilde{z} \tag{9-118}$$

式中，k_1、k_2、k_3 和 k_4 是控制增益。为了使无人车能够在轨迹跟踪中快速收敛到零，应该选择适当的增益使系统的闭环特征值位于左半平面。如果想配置两个负实数特征值 $-\lambda_1$ 和 $-\lambda_2$ 以及两个负实部特征值（模为 ω_n 且阻尼系数为 ζ），选取的控制器增益应为

$$\begin{cases}k_1=-\lambda_1\\k_2=-(\lambda_2+2\zeta\omega_n)\\k_3=-\left(\omega_n^2+2\zeta\omega_n\lambda_2\right)\\k_4=-\left(\omega_n^2\lambda_2\right)\end{cases} \tag{9-119}$$

最后，可以得到物理控制输入的控制律为

$$\begin{cases}v_1=\dfrac{\tilde{u}_1+u_1^{\mathrm{d}}}{\cos\theta}\\v_2=\dfrac{-3\sin\theta\sin^2\phi}{L\cos^2\theta}\left(\tilde{u}_1+u_1^{\mathrm{d}}\right)+L\cos^3\theta\cos^2\phi\left(\tilde{u}_2+u_2^{\mathrm{d}}\right)\end{cases} \tag{9-120}$$

上述控制律就可以实现类似汽车型无人车运动学模型按照方程定义的期望轨迹行驶。

9.3.5 无人艇系统运动控制

1. 欠驱动无人艇的控制点概念

如前所述，无人艇的简化模型是具有 3 个自由度 2 个控制输入的欠驱动系统。欠驱动系统必须具有一些固有的稳定性才能可控。对于无人艇，2 个控制输入通常

直接影响喘振和偏航运动，无人艇的横向（摇摆）运动不是直接可控的。然而，可以只通过 2 个输入成功控制无人艇，这意味着无人艇的欠驱动自由度本质上是稳定的，事实上这种稳定性已经被设计到系统中。因此，无人艇控制技术一方面旨在通过设计无人艇控制器稳定无人艇中的 2 个自由度，另一方面需要在数学上证明未控制自由度的固有稳定性。

对于欠驱动系统，必须选择最重要的自由度进行直接控制。对于无人艇，如果目标是使无人艇跟踪一条轨迹，则三自由度中最重要的 2 个自由度是 2 个位置分量。基于以上理由，控制器输出的最简单选择似乎是水面艇质心的 2 个位置分量。然而，这个简单的选择并不是最好的选择。如果将无人艇质心的 2 个位置分量作为控制器输出，控制器将不会感应到另一个自由度（偏航）中的任何干扰，因此不会对这一干扰产生反应，这是不被希望的。

控制无人艇上非质心点的位置可以解决这个问题，该点被称为“控制点”。该点的位置函数与水面艇中所有自由度相关。当控制点的位置分量被选为控制器输出时，仅在无人艇方向上产生的外部干扰源也会干扰控制器输出，控制器可以对此做出反应。令无人艇的控制点位于艇的正纵轴上，且质心与控制点之间的距离为 d。假设控制点位于无人艇纵轴上，这样就简化了控制器输入和输出之间的关系。控制器输出为

$$\begin{cases} x_{p_1} = x_1 + d\cos\psi \\ x_{p_2} = x_2 + d\sin\psi \end{cases} \tag{9-121}$$

这些输出（无人艇的轨迹）的期望值由时间函数定义：

$$\begin{cases} x_{p_1}^{\mathrm{d}} = x_{p_1}^{\mathrm{d}}(t) \\ x_{p_2}^{\mathrm{d}} = x_{p_2}^{\mathrm{d}}(t) \end{cases} \tag{9-122}$$

假设设计的控制器可以稳定控制输出（控制点的位置）。但是必须研究不受直接控制的自由度的固有稳定性。

2. 无人艇的零动态稳定性

假设存在控制律保证控制点的位置遵循参考轨迹行驶。虽然控制点的轨迹是稳定的，但在运动过程中，无人艇可能会围绕控制点 p 摆动。摆动可能导致无人艇不稳定。在这种情况下，无人艇的行为可能类似于围绕移动枢轴（控制点）摆动的钟摆。此时质心的位置分量和水面艇的方向可能具有周期性或不稳定的轨迹。因此必须研究无人艇的零动态稳定性。

由于质心的轨迹可以通过控制点的轨迹和无人艇的方向表示，因此可以通过分析无人艇的方位稳定性，判断无人艇的系统稳定性。假设控制点 p 在做平面运动，p 的速度和加速度向量分别为：

$$\begin{cases} \boldsymbol{v}_p = u_p \hat{\boldsymbol{t}}, \\ \boldsymbol{a}_p = \dot{u}_p \hat{\boldsymbol{t}} + \dfrac{u_p^2}{\rho} \hat{\boldsymbol{n}} \end{cases} \tag{9-123}$$

式中，u_p 为控制点的线速度，$\dot{u}_p$ 为控制点的线加速度，ρ 为控制点路径的曲率半径。此外，$\hat{\boldsymbol{t}}$ 和 $\hat{\boldsymbol{n}}$ 分别是与控制点 p 的路径相切和垂直的单位向量（见图 9-10）。

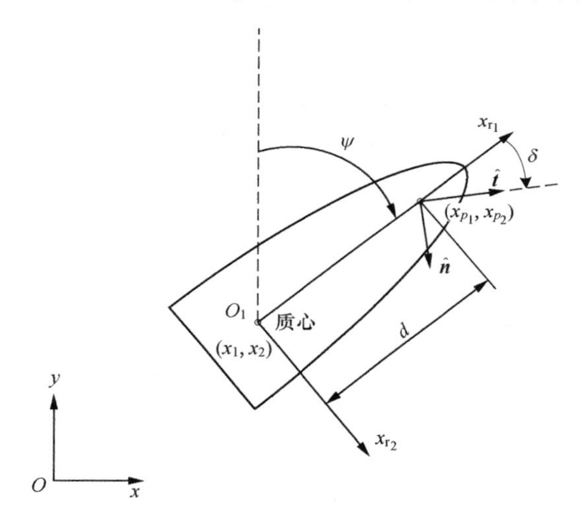

图 9-10 控制点 p 的速度方向沿着向量 $\hat{t}$，与船舶纵轴方向之间的夹角为 δ

无人艇第二个运动方程不受任何控制输入的影响。令角度 δ 为无人艇纵轴方向与控制点 p 的速度方向之间的夹角，根据控制点的速度和加速度计算质心的速度和加速度，并将计算结果代入第二个运动方程，整理后得

$$\ddot{\delta} + \left(\frac{d_{22}d - m_{11}u_p\cos\delta}{m_{22}d}\right)\dot{\delta} + \left(\frac{m_{22}\dot{u}_p + d_{22}u_p}{m_{22}d}\right)\sin\delta - \left(\frac{\dfrac{m_{22}u_p^2}{\rho} + m_{11}u_p r_p}{m_{22}d}\right)\cos\delta = -\left(\frac{d_{22}r_p + m_{22}\dot{r}_p}{m_{22}}\right) \tag{9-124}$$

式中，r_p 是控制点 p 速度方向的变化率。式（9-124）在 $\delta = 0$ 处线性化有

$$\ddot{\delta}+\frac{d_{22}}{m_{22}}\dot{\delta}+\left(\frac{m_{22}\dot{u}_p+d_{22}u_p}{m_{22}d}\right)\delta=-\left(\frac{d_{22}r_p+m_{22}\dot{r}_p}{m_{22}}\right) \tag{9-125}$$

需要注意的是，控制点的轨迹是由控制器决定的。变量δ表示无人艇的方向对控制点运动的响应。

（1）一般匀速运动时的稳定性。考虑控制点在做一般的恒速$\overline{u}_p$（常数）运动时，欠驱动自由度的表现。恒速意味着：

$$u_p=\overline{u}_p,\quad \dot{u}_p=0 \tag{9-126}$$

对于一般运动，控制点的速度方向的变化率r_p和$\dot{r}_p$非零，将这些关系代入式（9-125）可得

$$\ddot{\delta}+c\dot{\delta}+\left(\frac{c}{d}\overline{u}_p\right)\delta=-\left(cr_p+\dot{r}_p\right) \tag{9-127}$$

式中，$c=\dfrac{d_{22}}{m_{22}}$。

式（9-127）的特征方程的根为

$$r_{1,2}=-\frac{c}{2}\pm\sqrt{\varDelta},\quad \varDelta=\left(\frac{c}{2}\right)^2-\frac{c}{d}\overline{u}_p \tag{9-128}$$

决定了变量δ的稳定性。如果$r_{1,2}$均为负实数或者$r_{1,2}$是具有负实部的共轭复数，那么系统的零动态δ是渐近稳定的。

① 情况 1：两个负实根。对于具有两个负实数根的特征方程，以下不等式必须成立：

$$\varDelta>0,\quad r_1=-\frac{c}{2}-\sqrt{\varDelta}<0,\quad r_2=-\frac{c}{2}+\sqrt{\varDelta}<0$$

当$\overline{u}_p<\dfrac{cd}{2}$时，第一个不等式成立。如果第一个不等式成立，由于$c$和$\varDelta$均是正数，第二个不等式自然成立。又因为$d$是正数，当$\overline{u}_p>0$时，第三个不等式成立。

② 情况 2：两个具有负实部的复共轭根。零动态稳定的另一个条件是特征方程具有两个实部为负的复共轭根。由于c是正数，因此只需满足$\varDelta<0$，即$\overline{u}_p>\dfrac{cd}{2}$时，系统的零动态稳定。

基于以上两种情况的分析可知，对于任意的$\overline{u}_p>0$无人艇的零动态前向运动是稳定的。无人艇的二阶零动态响应在$0<\overline{u}_p<\dfrac{cd}{2}$时为过阻尼；在$\overline{u}_p=\dfrac{cd}{2}$时为临界阻尼；在$\overline{u}_p>\dfrac{cd}{2}$时为阻尼振荡。可见，无人艇控制点与质心的距离$d$决定了零

动态响应的质量，较大的 d 可以扩大零动态响应过阻尼的运行速度范围。

（2）匀速圆周运动和直线运动的平衡点。前面的分析表明无人艇的零动态响应实际上是稳定的。下面考虑控制点以恒定速度进行圆周运动（$\dot{r}_p$ 为常数）时，无人艇的方向平衡点。匀速圆周运动的控制点速度分量为

$$u_p=\overline{u}_p,\quad \dot{u}_p=0,\quad r_p=\overline{r}_p,\quad \dot{r}_p=0 \tag{9-129}$$

考虑方程中的 $\ddot{\delta}=\dot{\delta}=0$，得

$$d_{22}\overline{u}_p\sin\delta_e-\left(\frac{m_{22}\overline{u}_p^2}{\rho}+m_{11}\overline{u}_p\overline{r}_p\right)\cos\delta_e=-d_{22}d\overline{r}_p \tag{9-130}$$

式中，δ_e 为无人艇做匀速圆周运动时的平衡方向。求解式（9-130）可得

$$\delta_e=\cos^{-1}\left(\frac{d_{22}d\overline{r}_p}{\beta_1}\right)-\beta_2 \tag{9-131}$$

式中，

$$\beta_1=\sqrt{\left(d_{22}\overline{u}_p\right)^2+\left(\frac{m_{22}\overline{u}_p^2}{\rho}+m_{11}\overline{u}_p\overline{r}_p\right)^2},$$

$$\beta_2=\tan^{-1}\left(\frac{d_{22}\overline{u}_p}{\dfrac{m_{22}\overline{u}_p^2}{\rho}+m_{11}\overline{u}_p\overline{r}_p}\right)$$

上述方程表明当控制点 p 做匀速圆周运动时，δ 收敛到恒定值 δ_e。

当控制点以恒定速度做线性运动时，平衡 δ 可以从圆周运动的结果导出。当 ρ 是无穷大且 $\overline{r}_p$ 为零时，控制点做匀速直线运动，此时 $\beta_2=\tan^{-1}(\infty)=\dfrac{\pi}{2}$

$$\delta_e=\cos^{-1}\left(\frac{0}{\beta_1}\right)-\frac{\pi}{2}=0 \tag{9-132}$$

式（9-132）表明：当控制点 p 做匀速直线运动时，δ 收敛到 0，此时无人艇纵轴与无人艇实际运行的路径方向共线。

（3）允许的实际运动。零动态稳定性分析仅考虑恒定速度的控制点轨迹，此外无人艇线性化对于零动态稳定性的结论是必要的。此稳定性分析结果仅在平衡点附近有效，在为控制点定义所需的轨迹时必须考虑这些限制（建议定义由直线和圆弧组成的轨迹，对于这些轨迹，零动力学的平衡点是已知的）。此外，必须避免速度的突然变化，硬件实验是实际确定零动态稳定性范围的唯一手段。

3. 轨迹跟踪控制器设计

控制器设计要解决的问题是结合实际情况，设计无人艇动力学方程中的驱动力和扭矩的控制规律，使得无人艇跟踪期望轨迹。

（1）输入输出关系。控制输出的一阶导数可以用无人艇局部坐标系中表示的无人艇速度分量表示：

$$\begin{cases} \dot{x}_{p_1} = u\cos\psi - (v + rd)\sin\psi \\ \dot{x}_{p_2} = u\sin\psi + (v + rd)\cos\psi \end{cases} \tag{9-133}$$

控制输出的二阶导数为

$$\begin{cases} \ddot{x}_{p_1} = \dot{u}\cos\psi - u\dot{\psi}\sin\psi - (\dot{v} + \dot{r}d)\sin\psi - (v + rd)\dot{\psi}\cos\psi \\ \ddot{x}_{p_2} = \dot{u}\sin\psi + u\dot{\psi}\cos\psi + (\dot{v} + \dot{r}d)\cos\psi - (v + rd)\dot{\psi}\sin\psi \end{cases} \tag{9-134}$$

结合式（9-32）和式（9-121），可得

$$\begin{cases} \ddot{x}_{p_1} = \left(\dfrac{\cos\psi}{m_{11}}\right)F - \left(\dfrac{d\sin\psi}{I_{zz}}\right)T + f_{x_1} \\ \ddot{x}_{p_2} = \left(\dfrac{\sin\psi}{m_{11}}\right)F + \left(\dfrac{d\cos\psi}{I_{zz}}\right)T + f_{x_2} \end{cases} \tag{9-135}$$

式中，

$$f_{x_1} = (m_{22}vr - d_{11}u)\frac{\cos\psi}{m_{11}} - ur\sin\psi + (m_{11}ur - d_{22}v)\frac{\sin\psi}{m_{22}} - \left(\frac{d\sin\psi}{I_{zz}}\right)\left((m_{11} - m_{22})vu - d_{66}r\right) - (v + rd)r\cos\psi$$

$$f_{x_2} = (m_{22}vr - d_{11}u)\frac{\sin\psi}{m_{11}} + ur\sin\psi - (m_{11}ur - d_{22}v)\frac{\cos\psi}{m_{22}} + \left(\frac{d\cos\psi}{I_{zz}}\right)\left((m_{11} - m_{22})vu - d_{66}r\right) - (v + rd)r\sin\psi$$

方程的通用矩阵形式为

$$\begin{bmatrix} \ddot{x}_{p_1} \\ \ddot{x}_{p2} \end{bmatrix} = \begin{bmatrix} f_{x_1} \\ f_{x_2} \end{bmatrix} + \begin{bmatrix} \dfrac{\cos\psi}{m_{11}} & -\dfrac{d\sin\psi}{I_{zz}} \\ \dfrac{\sin\psi}{m_{11}} & \dfrac{d\cos\psi}{I_{zz}} \end{bmatrix} \begin{bmatrix} F \\ T \end{bmatrix} \tag{9-136}$$

或

$$\ddot{z} = \boldsymbol{f} + \boldsymbol{bu} \tag{9-137}$$

（2）反馈线性化。反馈线性化控制方法中，定义一个新的控制输入 $\boldsymbol{v}$ ，使得输入输出方程为线性方程。即令新的控制输入 $\boldsymbol{v}$ 满足

$$\boldsymbol{v}=\boldsymbol{f}+\boldsymbol{b}\boldsymbol{u} \tag{9-138}$$

则可得简化的输入输出方程为以下线性方程：

$$\dot{\boldsymbol{z}}=\boldsymbol{v} \tag{9-139}$$

假设二阶渐近稳定的期望误差动态为

$$\ddot{\tilde{\boldsymbol{z}}}+2\boldsymbol{\Lambda}\dot{\tilde{\boldsymbol{z}}}+\boldsymbol{\Lambda}^2\tilde{\boldsymbol{z}}=0 \tag{9-140}$$

式中，

$$\tilde{\boldsymbol{z}}=\boldsymbol{z}-\boldsymbol{z}^{\mathrm{d}},\quad \boldsymbol{\Lambda}=\begin{bmatrix}\lambda_1 & 0\\ 0 & \lambda_2\end{bmatrix}$$

新的控制输入 $\boldsymbol{v}$ 必须实现期望的误差动态收敛，有

$$\boldsymbol{v}=\ddot{\boldsymbol{z}}^{\mathrm{d}}-2\boldsymbol{\Lambda}\dot{\tilde{\boldsymbol{z}}}-\boldsymbol{\Lambda}^2\tilde{\boldsymbol{z}} \tag{9-141}$$

原始控制输入 $\boldsymbol{u}$ 可以根据新控制输入的控制律和新控制输入的定义获得

$$\boldsymbol{u}=\boldsymbol{b}^{-1}\left(\ddot{\boldsymbol{z}}^{\mathrm{d}}-2\boldsymbol{\Lambda}\dot{\tilde{\boldsymbol{z}}}-\boldsymbol{\Lambda}^2\tilde{\boldsymbol{z}}-\boldsymbol{f}\right) \tag{9-142}$$

如果存在非常小的未知外部干扰和动态模型不确定性，则基于反馈线性化的控制律的性能是可以接受的。然而，对于大的扰动和不确定性导致的性能下降则是不可接受的。由于无人艇很容易出现大的扰动和不确定性，因此需要更强大的控制器。下面介绍基于鲁棒滑模控制的无人艇控制器。

（3）滑模控制。下面使用滑模控制方法设计一个鲁棒控制器。首先为每个控制器输出中的误差定义了一个渐近稳定的表面，该曲面的矩阵形式为

$$\dot{\tilde{\boldsymbol{z}}}+\boldsymbol{\Lambda}\tilde{\boldsymbol{z}}=0 \tag{9-143}$$

式中，$\boldsymbol{\Lambda}$ 是一个 2×2 的正定矩阵。由于 $\boldsymbol{\Lambda}$ 是一个正定矩阵，如果误差条件始终满足曲面方程，则误差渐近地收敛到零平衡点 $\tilde{\boldsymbol{z}}=0$ 。然而并不能保证误差条件始终满足曲面方程，因此实际的误差条件被定义为

$$\dot{\tilde{\boldsymbol{z}}}+\boldsymbol{\Lambda}\tilde{\boldsymbol{z}}=\boldsymbol{s} \tag{9-144}$$

式中，$\boldsymbol{s}$ 是一个参数，反映了误差轨迹与方程的期望误差轨迹的偏移量。一个完整的滑模控制律必须保证，如果偏移量 $\boldsymbol{s}$ 为零，则期望的误差轨迹变为曲面方程；如果偏移量 $\boldsymbol{s}$ 不为零，则偏移量 $\boldsymbol{s}$ 将接近零并保持为零。

考虑输入输出关系，这种关系用动态模型的标称参数写成：

$$\ddot{z}=\hat{f}+\hat{b}u \tag{9-145}$$

可以写成更简洁的形式：

$$s=\dot{z}-s_{\mathrm{r}} \tag{9-146}$$

式中，

$$s_{\mathrm{r}}=\dot{z}^{\mathrm{d}}-\Lambda\tilde{z}$$

等效控制 $\hat{u}$ 需要保证如果偏移量 s 为零，则期望的误差轨迹为曲面方程或等价于曲面方程。因此，令 s=0，对等式（9-145）两边求导，得

$$\ddot{z}-\dot{s}_{\mathrm{r}}=0 \tag{9-147}$$

将 $\ddot{z}$ 代入输入输出关系（9-144）并求解 u，得到由 $\hat{u}$ 表示的等效控制为

$$\hat{u}=\hat{b}^{-1}\left(-\hat{f}+\dot{s}_{\mathrm{r}}\right) \tag{9-148}$$

为了补充滑模控制器的第一部分，对于任意的初始条件和不确定性需要保证偏移量 s 接近零。考虑不连续控制律：

$$u=\hat{b}^{-1}\left(-\hat{f}+\dot{s}_{\mathrm{r}}-K\,\mathrm{sgn}(s)\right) \tag{9-149}$$

式中，K 是一个正定对角矩阵，$\mathrm{sgn}(s)$ 返回一个 s 分量的符号向量。必须确定不连续控制律中的增益，以保证偏移量 s 收敛到零。

定义李雅普诺夫函数：

$$V=\frac{1}{2}s^{\mathrm{T}}s \tag{9-150}$$

如果可以证明李雅普诺夫函数的时间导数在 $s\neq 0$ 时始终为负，并且仅在 $s=0$ 时导数为 0，则根据李雅普诺夫第二法可以证明偏移量 s 从任何初始条件收敛到零并保持为零。李雅普诺夫函数的一阶导数为

$$\dot{V}=s^{\mathrm{T}}\dot{s} \tag{9-151}$$

将式（9-137）和式（9-147）代入式（9-151）可得

$$\dot{V}=s^{\mathrm{T}}\left(f+bu-\dot{s}_{\mathrm{r}}\right) \tag{9-152}$$

将控制律（9-149）代入式（9-152）可得

$$\dot{V}=s^{\mathrm{T}}\left[f+b\hat{b}^{-1}\left(-\hat{f}+\dot{s}_{\mathrm{r}}-K\,\mathrm{sgn}(s)\right)-\dot{s}_{\mathrm{r}}\right] \tag{9-153}$$

为简单起见，假设参数 b 中没有不确定性，即 $b=\hat{b}$，此时方程简化为

$$\dot{V}=s^{\mathrm{T}}\left[\tilde{f}-K\,\mathrm{sgn}(s)\right] \tag{9-154}$$

式中，

$$\tilde{\boldsymbol{f}} = \boldsymbol{f} - \hat{\boldsymbol{f}}$$

由于要设计 $\boldsymbol{K}$ 的分量 $K_i\left(i=1,2\right)$，将式（9-154）改写为分量表达式：

$$\begin{aligned}\dot{V} &= \sum_{i=1}^{2} s_i\left[\tilde{f}_i - K_i \operatorname{sgn}\left(s_i\right)\right] \\ &= \sum_{i=1}^{2}\left(s_i\tilde{f}_i - K_i\left|s_i\right|\right) \\ &\leqslant \sum_{i=1}^{2}\left(\left|s_i\right|\left|\tilde{f}_i\right| - K_i\left|s_i\right|\right) \\ &= -\sum_{i=1}^{2}\left|s_i\right|\left(K_i - \left|\tilde{f}_i\right|\right)\end{aligned} \tag{9-155}$$

由式（9-155）可知，如果

$$K_i \geqslant \left|\tilde{f}_i\right| + \eta_i$$

式中，$\eta_i\left(i=1,2\right)$ 是正数，那么李雅普诺夫函数的导数满足：

$$\dot{V} \leqslant -\sum_{i=1}^{2}\eta_i\left|s_i\right| \tag{9-156}$$

这意味着通过选择满足方程的 $K_i\left(i=1,2\right)$，李雅普诺夫函数的导数总是负的，此时 $s_i\left(i=1,2\right)$ 从任何初始条件单调递减到零且保持为零。

9.4　无人系统安全控制

无人系统的安全控制研究可以大致分为 4 个方面。首先，无人系统需要具备态势感知能力，态势感知覆盖感知、理解和预测 3 个层次，使自主无人系统能够从全局视角提升对安全威胁的发现识别、理解分析、响应处置能力，更好地完成决策与行动。然后，为了更好地实现无人系统自动驾驶，控制系统必须能够解释系统是否正常运行并决定适当的行动方案。因此，研究人员对自主无人系统的健康监测进行了研究，并开发了一系列故障诊断工具和方法，这构成了无人系统的安全研究的第二方面。无人系统的安全研究的最后两个方面分别为容错控制和容错规划，前者旨在根据检测的故障信息，针对不同的故障源和故障特征，采取相应的容错控制措施，保证设备正常运转或以牺牲性能损失为代价，保证设备在规定时间内完成其基本任务；后者旨在完成故障系统的可靠性分析、避障分析以及风险测评。

本节简单介绍无人系统的控制安全研究，即无人系统的故障检测与诊断以及容错控制，感兴趣的读者可以进一步阅读相关的参考资料。

9.4.1 无人机系统安全控制

在过去的几十年中，无人机已被商业行业、研究机构和军事部门广泛应用于有效载荷运输、森林火灾探测和扑救、环境监测、遥感、航测等。最近随着自动化技术的发展，越来越多的小型无人机问世，进一步扩展了无人机的应用范围。无人机的设计不仅需要提高完成任务的效率，还需要提高安全性和保障性。

对于许多应用，为了完成特定的任务，需要将不同的传感器和仪表系统集成到指定的无人机中，以使其充分发挥作用。无人机通常在复杂和危险的环境中工作，这些情况可能会严重威胁无人机的安全性和可靠性以及昂贵的机载仪器/有效载荷。当无人机应用于城市环境时，无人机的飞行故障还可能危及人类的生命和财产安全。因此，无人机的可靠性和生存能力的研究势在必行，关键的安全问题值得考虑。随着控制理论和计算机技术的发展，对安全性、可靠性和系统高性能的日益增长的需求刺激了容错控制领域的研究。容错能力是控制系统安全的关键，从控制的角度来看容错控制就是设计一个自修复“智能”飞控系统以提高无人机的可靠性和生存能力。

1. 故障检测与诊断

故障检测和诊断用于检测故障并诊断其在系统中的位置和大小，具体包括故障检测、故障隔离和故障识别 3 个任务。故障检测指示系统中出现的问题，例如故障的类型和故障发生的时间。故障隔离决定了故障的位置和类型。故障识别确定故障的大小。因为可用于系统模型构建和控制重构操作的时间很短，所以故障检测和诊断解决实时监控系统的故障十分具有挑战性。

故障诊断算法通常分为两种类型：基于模型的方法和基于数据驱动的方法。基于模型的方法大多需要分析系统数学模型的冗余，并通过系统的残差检测系统故障。残差可以通过不同的方式（如奇偶方程、基于状态估计的方法和基于参数估计的方法）生成。基于模型的方法的性能在很大程度上取决于构建模型的有用性。构建的模型必须包括所研究系统的所有情况，且必须能够处理操作点的变化。如果构建的模型失败，则整个诊断系统也将失败。然而，实践中不可避免地存在未建模动力学、不确定性、模型不匹配、噪声、干扰和固有的非线性，因此满足基于模型的方法的所有要求通常非常具有挑战性。

相比之下，基于数据驱动的方法，如基于神经网络的智能方法，主要依赖于来自传感器的历史和当前数据，不需要系统的详细数学模型，只需要有代表性的训练数据。基于数据驱动的方法根据测量数据对系统的操作进行分类，实现测量空间到决策空间的映射。

2. 容错控制

随着系统的可靠性需求的提高，可重构控制系统的研究得到了广泛关注。大多数可重构控制系统的研究工作集中在故障检测和诊断上。虽然故障检测和诊断可以通过检测、定位和识别系统中的故障对系统工作进行监督，但不足以保证系统的安全运行。持续运行是无人机的关键特征，这就要求闭环系统在出现故障的情况下能保持其在质量、安全和稳定性方面的预定性能，容错控制系统研究应运而生。容错控制系统可以适应系统组件故障，并能够在系统无故障和有故障条件下保持系统稳定性和性能。

一般来说容错控制系统可以分为两种类型，即被动容错控制系统和主动容错控制系统。被动容错控制系统旨在对一类假定故障具有鲁棒性，因而无须在线检测故障；主动容错控制系统则基于控制器重新配置或在故障检测和诊断单元的帮助下选择预先设计的控制器。从性能的角度来看，被动容错控制系统更侧重于控制系统的鲁棒性以适应多个系统故障，无须为任何特定故障条件争取最佳性能。但是被动容错控制系统的不足之处在于所设计的控制器更保守。主动容错控制系统通常由故障检测和诊断单元、可重构控制器和控制器重构机制组成。这 3 个组成部分必须协调工作才能成功完成控制任务，并且可以找到具有某些预设性能标准的最佳解决方案。但是，系统组件故障很可能会导致系统不稳定，所以主动容错控制系统必须在短时间内对故障做出反应并采取纠正控制措施。

故障可能发生在受控系统的不同部位。根据故障的发生位置不同，故障可细分为执行器故障、传感器故障和其他系统组件故障。事实上，传感器故障可以通过使用冗余传感器或通过利用系统知识和其余传感器提供的测量数据重建丢失的测量数据，不会直接影响无人机的飞行性能。但是，一旦无人机的执行器出现故障，其飞行性能不可避免地会下降，此时必须立即采取措施以保持其原有性能。执行器故障可能是由液压或气动泄漏、阻力增加或电源电压下降导致的，是无人机系统的常见故障。此外，由于执行器成本高且重，因此不能像系统传感器那样设计冗余的执行器以实现更高的容错性。

从控制的角度来看，滑模控制是一种鲁棒控制系统设计方法，用于处理具有不连续控制策略的大不确定性，它是在变结构系统的背景下首次被引入的。滑模控制利用高速切换控制律实现两个目标：首先它将非线性系统的状态轨迹驱动到状态空间中的指定表面——滑模面上；然后保证系统的状态轨迹始终保持在该滑模面上。滑模控制实际上使用无限增益强制动态系统的轨迹沿受限滑模子空间滑动，从而能显著提高控制性能。滑模控制的主要优势在于其对外部干扰、模型不确定性和系统参数变化的鲁棒性。

9.4.2 无人车系统安全控制

无人车已被应用于军事行动、监视、安全、采矿作业和行星探索等任务，在这些应用领域中无人车周围环境未知，人工干预代价高、时滞大、可靠性低。因此，无人车必须独立检测和隔离内部故障，并利用剩余功能克服故障带来的限制。

1. 故障分类

Carlson 等根据无人车的故障来源、影响和可修复性，提出了无人车故障分类法。Kawabata 等定义了无人车的 3 个故障等级，分别是：① 系统可以通过修订来保持正常的功能和状态；② 尽管无人车系统失去了部分功能，但是无人车系统可以使用其他功能恢复这些功能；③ 无人车系统完全失去功能。无人车故障被分为局部故障和全局故障两类。其中，局部故障是指仅对无人车的局部区域产生影响的故障；全局故障是指对无人车的整个系统产生影响的故障，这种故障又被称为灾难性故障，必须通过高级别补偿以保证无人车的安全运行。Roumeliotis 等则将无人车传感器故障分为硬故障和软故障，其中硬故障假设无人车传感器的测量值不随实际变化而变化，即传感器完全无用；软故障假设传感器质量下降但不至于完全无效。

2. 惯性传感器的误差模型

惯性传感器的误差模型对于传感器重新校准、软故障检测和恢复至关重要。Barshan 和 Durrant-Whyte 建立了无人车惯性传感器的误差模型。陀螺仪和加速度计的数据可以由下面的非线性参数模型表述：

$$\varepsilon_{\text{model}}(t)=C_1\left(1-\mathrm{e}^{\frac{t}{T}}\right)+C_2 \tag{9-157}$$

式中，$\varepsilon_{\text{model}}$ 是零输入条件下的陀螺仪输出拟合误差模型，参数 C_1、C_2 和 T 是待调整参数。

Hakyoung 等建立了光纤陀螺仪的误差模型，用于描述比例因子和温度变化引入的非线性误差函数。该方法通过测量输入速率 ω 已知的旋转陀螺仪的输出 ω_g，并将测量输出 ω_g 与输入速率 ω 进行比较，进而得到比例因子引入的非线性误差函数。误差函数可以通过下面的三阶多项式近似：

$$\varepsilon\left(\omega_g\right)=\omega_g-\omega=a_0+a_1\omega_g+a_2\omega_g^2+a_3\omega_g^3 \tag{9-158}$$

类似地，温度变化引入的非线性误差函数可以通过下面的二阶多项式近似：

$$\varepsilon\left(T\right)=b_0+b_1T+b_2T^2 \tag{9-159}$$

3. 无人车安全控制方法简介

（1）多模型自适应估计法。Roumeliotis 等使用多模型自适应估计法解决无人车故障诊断问题。采用卡尔曼滤波器的并行结构来检测和识别无人车的传感器故障，讨论了 Pioneer-I 无人车的 3 种故障类型。滤波器残差经过后处理得到系统状态的概率解释。Goel 等扩展了 Roumeliotis 的方法，将多模型自适应估计法用于检测和识别传感器故障和机械故障。传感器故障包括无人车上的陀螺仪、左侧编码器和右侧编码器的“硬”故障；机械故障包括左侧一个瘪胎、左侧两个瘪胎、右侧一个瘪胎和右侧两个瘪胎。诊断系统通过 8 个过滤器分别表达 7 种故障模式和 1 种正常模式，通过神经网络反向传播处理卡尔曼滤波器产生的残差以识别故障。

多模型自适应估计法不适用于系统模式经常发生突然变化的场景。为了克服这个缺点，Hashimoto 等提出了交互多模型自适应估计法用于无人车航位推算中的传感器故障检测和识别。传感器以概率方式实现正常/故障模式之间的切换，模式概率和系统状态均由卡尔曼滤波器估计。Hashimoto 采用交互多模型自适应估计法系统地处理了 3 种故障模式，即硬故障模式、噪声故障模式和大规模故障模式。

（2）基于粒子滤波器的状态识别和故障诊断。Verma 等使用粒子滤波器监测系统状态和系统故障，下面简要介绍基于粒子滤波器的无人车故障诊断的主要思想。

令 D 表示无人车的离散故障和操作模式的有限集，$d_t\in D$ 表示无人车在时间 t 的状态，$\left\{d_t\right\}$ 表示状态 d_t 随时间变化的离散一阶马尔可夫链。无人车的状态监控和故障诊断问题基于以下转换模型：

$$p\left(d_t=j|d_{t-1}=i\right),\quad i,j\in D \tag{9-160}$$

每个离散故障和操作模式都会改变无人车的系统动态。令 x_t 表示无人车在时间 t 的多元连续状态，$p\left(x_t|x_{t-1},d_t\right)$ 表示非线性条件状态转移模型。基于测量模型

$p(z_t|x_t,d_t)$和一系列测量值$\{z_t\}$，可以观察无人车的状态。

粒子滤波器的主要作用是估计后验分布$p(x_t,d_t|z_{1,2,\cdots,t})$的边缘分布$p(d_t|z_{1,2,\cdots,t})$。对于$p(x_t,d_t|z_{1,2,\cdots,t})$，可以使用贝叶斯滤波器获得其递归估计：

$$p(x_t,d_t|z_{1,2,\cdots,t})=\eta_t p(z_t|x_t,d_t)\int\sum_{d_{t-1}}p(x_t,d_t|x_{t-1},d_{t-1})\mathrm{d}x_{t-1} \tag{9-161}$$

式中，η_t是归一化因子。

这个递归估计没有封闭解，粒子滤波器通过使用一组完全实例化的状态样本或粒子$\left\{\left(d_t^{[1]},x_t^{[1]}\right),\cdots,d_t^{[N]},x_t^{[N]}\right\}$和重要权重$\left\{W_t^{[i]}\right\}(i=1,2,\cdots,N)$估计后验分布：

$$\hat{P}_N(x_t,d_t|z_{1,2,\cdots,t})=\sum_{i=1}^{N}W_t^{[i]}\delta_{d_t^{[i]},x_t^{[i]}}(x_t,d_t) \tag{9-162}$$

式中，$\delta(\cdot)$是狄拉克函数。当$N\to\infty$时，方程接近真实后验密度。由于从真实的后验分布中抽取样本是困难的，为了方便从更易于处理的建议（重要）分布$q(\cdot)$中抽取样本，重要权重用于描述建议分布$q(\cdot)$和真实分布$p(x_t,d_t|z_{1,2,\cdots,t})$之间的差异。样本$\left(d_t^{[i]},x_t^{[i]}\right)$的重要权重为

$$W_t^{[i]}=\frac{p\left(x_t^{[i]},d_t^{[i]}|x_{t-1}^{[i]},d_{t-1}^{[i]},z_t\right)}{q\left(x_t^{[i]},d_t^{[i]}\right)} \tag{9-163}$$

（3）基于传感器融合的传感器故障诊断和恢复方法。Murphy 等介绍了传感器融合异常处理（SFX-EH）架构，由计划、执行和异常处理组成的。该架构采用生成和测试方法对无人车的故障进行分类，并通过故障类型来确定适当的恢复策略。SFX-EH 架构的两个关键组成部分是故障分类和恢复策略。SFX-EH 架构考虑了 3 类常见的故障诱因：传感器故障、环境变化和预测错误。可能的恢复策略包括逻辑传感器或逻辑行为的重新配置、传感器或执行器的重新校准以及纠正措施。SFX-EH 架构采用 Dempster-Shafer（D-S）理论作为不确定性推理的基础。

Long 等将 SFX-EH 架构扩展到分布式异构系统中，这项工作允许各子系统共享工作环境、传感器数据和任务知识，诊断故障并在机器人无法操作时进行通信以重新分配任务。

（4）其他故障诊断方法。此外，研究者还开发了时间模糊逻辑、故障分析树、频域技术、电源诊断系统等无人车故障诊断方法，感兴趣的读者可以参考相关文献。

（5）容错控制架构。Ferrell 提出了一个三级容错架构，包括硬件层、低级控制层和高级控制层。在硬件层，通过硬件冗余增强硬件的可靠性。低级控制层处

理传感器读数，即使出现传感器故障时，强大的虚拟传感器仍然可以保持系统可靠性。高级控制层做出决策并解决高级故障。每个策略都有一个性能模型，如果行为的实际性能比行为的预期性能差则检测到失败。如果尝试使用的第一个策略不够好，控制器会尝试另一个策略。

Visinsky 等提出了一个分层的容错框架，该框架包括伺服层、接口层和监控层。Huntsberger 开发了一种基于混合小波/神经网络的系统，称为 BISMARC，该系统通过使用自由流动层结构，控制漫游车在危险的行星环境中自主运行。

9.4.3　无人艇系统安全控制

与其他两类无人系统类似，无人艇安全控制系统是一种能够自动适应系统组件故障的控制系统。这种控制系统能够在无人艇发生故障时保持整体的闭环稳定性和性能。无人艇安全控制系统主要由 3 部分组成，即可重构控制器、故障检测方案和诊断以及控制律重构机制。实现无人艇安全控制的关键在于如何集成这些子系统，使无人艇隔离发生故障的组件，协调无人艇剩余正常组件以尽可能恢复故障前的系统性能。

1. 无人艇故障检测与诊断

无人艇为了能够精准执行预期任务，需要强大、可靠、准确和适应性强的导航、制导和控制系统。这些系统需要在自动和手动控制模式之间无缝切换，以应对有效载荷的改变、任务要求的部署和环境条件的变化等动态情景。

（1）模糊多传感器数据融合。系统建模在多传感器导航系统的设计中最为重要。许多传感器技术依赖于其架构中模型的可用性，好的模型应该既可实现又保证合理的准确度。传感器主要有两类建模方法：一类基于相关的动力学方程进行求解；另一类基于实验收集的数据求解。前者可以对系统进行早期测试并能够较为彻底地探索设计模型；后者提供了更有效的模型构建过程，所构建模型的准确性更好。

基于卡尔曼滤波器方法的模糊多传感器数据融合已成功应用于许多实际问题。卡尔曼滤波器使用测量模型的统计特征，在统计意义上递归确定最佳融合数据估计值。如果系统可以用线性模型描述且系统和传感器的误差都可以建模为高斯白噪声，则卡尔曼滤波器将为数据融合提供统计优化估计。卡尔曼算法可以分为时间更新和测量更新两个过程。测量更新方程将新的观测值合并到时间更新方程的先验估计中，以获得改进的后验估计。

目前，较为典型的基于卡尔曼滤波器的多传感器数据融合架构有 3 种，即集中式卡尔曼滤波、分布式卡尔曼滤波和联邦卡尔曼滤波。基于集中式卡尔曼滤波的多传感器数据融合架构如图 9-11 所示，它在一个中心站点中传输和处理所有测量的传感器数据。这种方法的优点是信息损失最小，缺点是计算负载高、鲁棒性差。

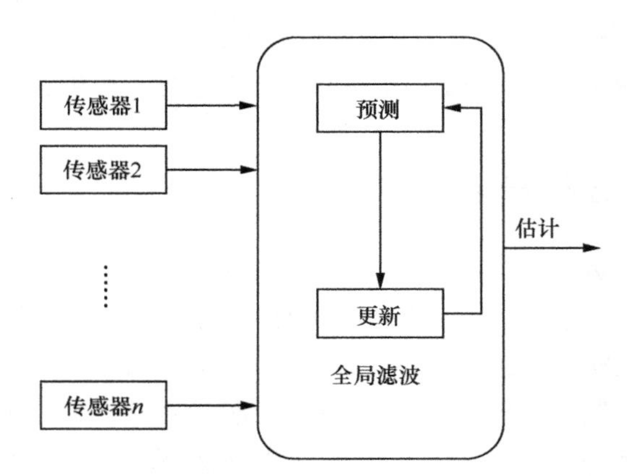

图 9-11　基于集中式卡尔曼滤波的多传感器数据融合架构

基于分布式卡尔曼滤波的多传感器数据融合架构如图 9-12 所示，该架构采用两阶段数据处理技术，将标准卡尔曼滤波器分为局部滤波器和主滤波器。首先，局部滤波器并行处理数据以产生尽可能的最佳局部估计；然后，主滤波器融合局部估计以生成全局最优估计，从而使数据计算高效。由于状态向量的局部估计和全局估计可以相互比较，因此这种方法可以轻松进行故障检测和隔离。

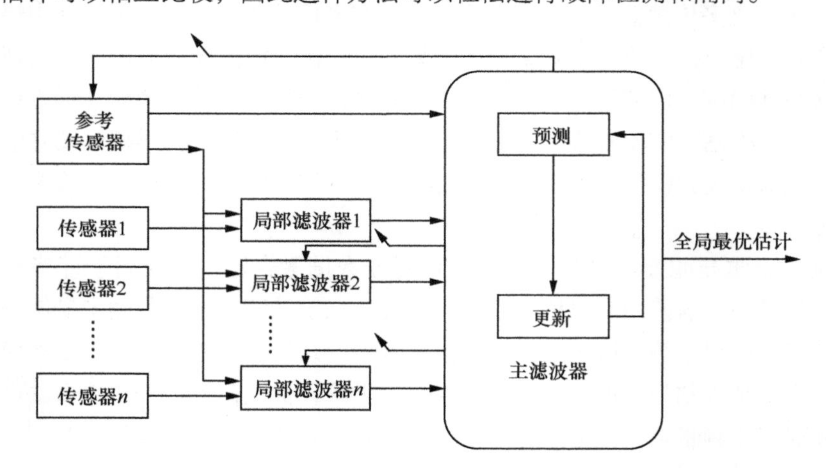

图 9-12　基于分布式卡尔曼滤波的多传感器数据融合架构

基于联邦卡尔曼滤波的多传感器数据融合架构如图 9-13 所示，它与基于分布式卡尔曼滤波的多传感器数据融合架构的不同之处在于采用信息反馈。通过结合主滤波器中的局部估计产生全局最优估计，然后以给定的比例反馈信息。该架构的设计挑战是选择最优的反馈因子值以实现高容错性和高效计算。

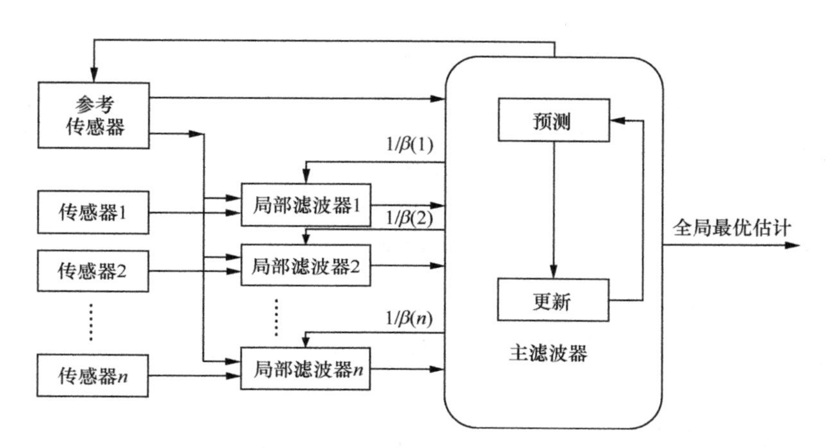

图 9-13　基于联邦卡尔曼滤波的多传感器数据融合架构

混合多传感器数据融合是指卡尔曼滤波与其他技术（如模糊逻辑、人工神经网络和遗传算法）的实际组合。为了处理复杂问题，模糊逻辑自适应多传感器数据融合技术已成为最受欢迎的方法。模糊逻辑可以直接表示融合过程中传感器读数的不确定性。此外，模糊逻辑的自适应多传感器数据融合技术能够通过模糊推理系统组合来自不同类别变量的信息，因此它可以使用多个传感器的不精确输入解决复杂问题。

（2）多模型自适应估计。在卡尔曼滤波器设计中，由于对过程的先验知识不足，某些参数通常存在很大的不确定性，或者某些参数可能会随时间缓慢变化且变化的性质是不可预测的。基于以上原因，多模型自适应估计算法对卡尔曼滤波器设计作出了改进，并在精密大地测量、故障分类、目标跟踪、弹道导弹拦截等领域中应用。

多模型自适应估计算法如图 9-14 所示。该算法采用一组并行卡尔曼滤波器——基本滤波器，每个基本过滤器都基于假设的参数向量 $a(1)$, $a(2)$, $\cdots$, $a(n)$。其中，$a(i)$是第 i 个基本过滤器的常数参数向量。基本过滤器作用于测量向量 z，输出状态估计 $\hat{x}_i$ 、残差向量 r_i（测量值与滤波器对测量值的预测之间的差值）。

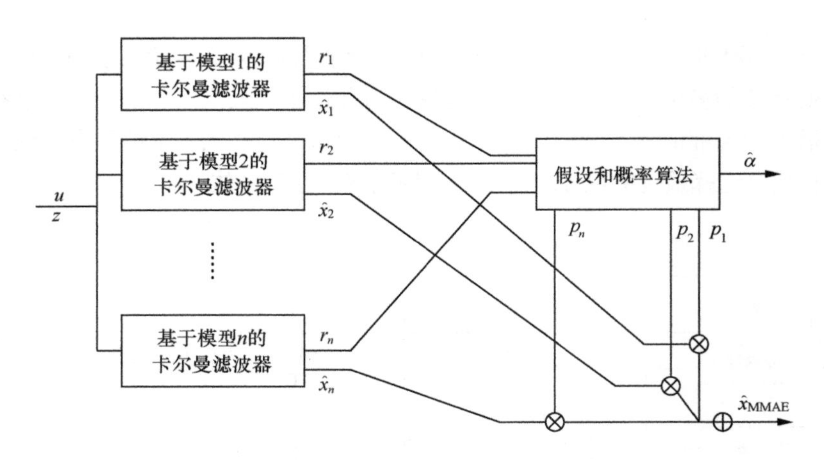

图 9-14　多模型自适应估计算法

假设和概率算法使用残差作为每个过滤器模型与真实模型的接近程度指示，残差越小过滤器模型越接近真实模型。假设和概率算法计算每个基本过滤器的条件概率，然后使用这些概率对各个基本卡尔曼滤波器状态估计 $\hat{x}_i$ 进行加权，以生成真实状态的最佳估计 $\hat{x}_{\text{MMAE}}$。当多模型自适应估计算法用于系统故障识别时，每个基本卡尔曼滤波器模拟不同的故障情况。每个卡尔曼滤波器的残差指定该滤波器模型与实际故障条件的接近程度。因此，假设概率算法是对系统当前故障状态 $\hat{\alpha}$ 的估计。与标准卡尔曼滤波器相比，多模型自适应估计通常能够更准确地确定正确的参数值，通过并行运行多个基本过滤器，每次更新时的残差信息用于识别系统参数或系统故障，并在系统发生故障时提供自适应解决方案。

（3）k 最近邻域法。故障分类算法的第一步为信号预处理和特征提取。例如，使用小波变换执行特征提取，所提取的特征包括能量、熵、峰值、功率谱密度、谐波、信噪比、偏度和峰度。开发故障分类算法的第二步是特征最小化，即通过减少数据维度压缩数据且尽量不丢失信息，这可以通过将原始数据集转换为一系列不相关的主成分来实现。通过应用主成分分析，特征被最小化为不相关的变量，与基于分类问题的机器学习算法（k 最近邻域法）相结合，实现对无人艇系统的运行模式或故障模式进行分类。k 最近邻域法是一种用于分类和回归的非参数方法，该方法不对数据分布做出任何假设，分类结果仅由最邻近的 k 个训练实例决定。

2. 无人艇容错控制

一种典型的容错控制设计方案集成了在线故障检测、诊断和自动可重构控制，采用比例积分控制恢复系统的动态和稳态性能，并基于奇异值分解的特征结构分配容错控制策略。

考虑网络环境下无人艇的执行器故障估计和故障补偿。观测器可以同时估计无人艇的执行器故障和状态（包括采样器和观察器之间以及控制器和执行器之间的通信网络通道中的传输延迟、数据包无序和数据包丢失）。上述方法可实现即使在无人艇的执行器发生故障时，所设计的容错控制律仍然能够保证闭环系统是一直最终有界的。

有限时间收敛可以使系统具有的更快的响应和更强的鲁棒性。因此，可通过将有限时间故障估计器与积分滑模技术相结合，开发具有执行器故障和扰动的有限时间无人艇主动容错控制方案和被动容错控制方案。首先通过利用执行器故障的先验知识，基于积分滑模技术和鲁棒补偿器开发有限时间被动容错控制方案，以保证闭环跟踪系统的有限时间稳定性；然后通过将有限时间故障估计器纳入容错控制框架，开发有限时间主动容错控制方案，以进一步提高无人艇故障检测和补偿的能力。

第10章 无人系统集群

无人系统集群正在社会的各个领域扮演越来越重要的角色，执行很难由单个无人系统完成的任务。在无人系统集群中，每个无人系统需要对其他无人系统进行推断，并且这些推断很可能是在通信受限的情况下通过重复交互过程来实现的。目前，可以应用于无人系统交互式结构和代理间的分布式计算理论已经被开发出来。随着硬件和软件的发展，分布式无人系统集群变得更加灵活并适合于不同领域。对于当前的无人系统集群，计算能力不足是其应用的最大障碍。计算能力的提高可以通过在硬件上取得更大的进步或提升软件的计算性能实现。

10.1 无人系统集群概述

无人系统是由机械装置、传感器、控制装置等单元构成的系统。控制装置中的智能信息处理模块能够针对不同状况做出智能处置。随着小型、廉价、高性能处理器的出现，以及处理器之间通信技术的发展，分布式多智能单元（本身带有智能信息处理模块的无人系统）构成的无人系统集群陆续被开发出来。这些无人系统不仅装备了多种智能信息处理模块，而且借助各个模块之间交互和通信，既能产生柔性动作，还能随环境和状况的改变而调整集群构型。

10.1.1 无人系统集群的定义及特点

由多个智能信息处理模块和自主动作模块组成的系统被称为无人系统集群或者自主分布式无人系统。无人系统集群之间的通信信息可以组合和变化，甚至它们的物理构造模块有时也能进行组合与改变。无人系统集群可以分为两类：一类是将同样构造模块加以组合的同构系统；另一类是将不同构造模块组合在一起的异构系统。

目前，自主型无人系统集群协调控制的研究已经成为热点。这并非是指单个集中控制器操纵多个无人系统动作的研究，而是指分布的多个自主无人系统（无人机、无人车和无人艇）彼此协调的技术。例如，正在开展的用无人系统集群实现无人系统编队和对目标对象围捕的协调控制研究，多个自主无人系统分布运动规划研究，以及在一个系统里让多台自主传感器（视觉装置等）彼此协调、分布接收目标信息的研究等。无人系统集群的协同可以划分为合作/非妨碍协同、积极/消极协同、通信/非通信协同等策略，现在已经取得多项协同动作的研究成果，如以生物为范例的仿生研究。不少研究课题还涉及通信协议设计、同步控制、通信时间延迟（稳定/非稳定、远程操作等）的控制方法、死锁解决方法等。

分布式无人系统不仅促进了多模块或多无人系统之间协同行动的技术研究，还不断推动涉及环境本身智能单元的配置方式。无人系统集群的行为必须适应环境状况的变化，因此预先描述动作是很困难的。针对这一问题，研究人员正在加强通过强化学习的手段来提高系统获取知识、自主学习能力方面的研究。例如，如何设计系统与系统之间的局部交互，以使无人系统集群在宏观结构、功能、行为方面有所改进。

协同无人系统的最大益处之一是能够为使用者提供更有利的信息优势。然而，由于技术和操作问题，发展自主的协同系统必须开发无人系统集群的体系结构和交互协议，是一项极具挑战性的工作。相比于静态环境，在动态环境中，无人系统的知识基础（集中式或分布式）会因环境的变化而变得不可靠。因此，无论环境是否变化，无人系统的行为必须确保能达到预期的效果。然而，这种模型在解决实际问题时非常受限，因为许多实际问题涉及外部元素，这可能会对它们的环境、活动和目标造成影响。

随着对无人系统自主技术的深入研究，开发无人系统集群已成为无人系统的一个重要发展方向。无人系统集群具有以下特点：可有效解决有限空间内多无人系统之间的冲突；可以以低成本、高分散的形式满足实际任务需求；可形成集群系统动态网络，通过去中心化自组织网络实现信息高速共享、抗故障和自愈等功能；具有分布式集群智慧，可通过分布式投票解决问题，且正确率高；可采用分布式探测方式提高主动探测与被动探测的探测精度。

10.1.2　无人系统集群的优势

在过去的二十年中，先进的机电一体化、计算和通信技术的快速发展使无人系统能够以协作的方式与人类和其他无人系统进行交互。与单无人系统相比，无人系统集群具有许多优点。

（1）多任务：当使用一组无人系统时，可以将任务分解为多个同时处理的子任务，因此可以减少任务执行的时间，更快地完成任务。例如，与单架无人机相比，在森林监测和火灾探测任务中使用一组无人机可以显著减少监测和信息收集时间。

（2）容错性高：如果团队中的一个或多个无人系统出现故障，其他无人系统可以进行适当的重新配置，以减轻对任务执行的负面影响。这从本质上提高了整个系统在执行危险任务的鲁棒性和可靠性。

（3）成本效益佳：由于尺寸和有效载荷的限制，设计能够处理不同任务、功能强大且用途广泛的无人系统十分困难。然而，使用一组具有多种功能的无人系统，可以在保证处理多种任务的前提下构建具有成本效益佳的集群系统。

（4）灵活性强：通过组合具有不同有效载荷的不同系统，可以轻松地重新配置一组系统的功能。

（5）分布灵活：无人系统可以在同一工作空间的不同位置同时工作。例如，在监视任务期间，可以使用不同类型的传感器从不同位置监视目标。因此，可以获得关于目标的更详细和准确的信息。

鉴于以上优点，无人系统集群已被应用于军事和民用领域，执行监视、搜索、合作侦察、环境监测以及协同操作等任务。

10.1.3 无人系统集群的异构性

异构性是指无人系统集群中各个无人系统之间的差异程度。无人系统集群可以是异构的也可以是同构的。异构无人系统集群至少具有两个硬件或软件性能不同的无人系统，同构无人系统集群的各个无人系统是相同的。实际情况要更复杂些，单个无人系统在完成某部分任务时运行相同的行为可以是同构的，但如果这些单个无人系统改变了行为配置或任务，就变成了异构的。

当无人系统集群为同构集群时，每个无人系统都是相同的，这既降低了制造成本也简化了编程。这种无人系统集群的生物学模型一般是蚂蚁或其他昆虫，它们有大量一模一样的成员。

一种普通的异构无人系统集群是在集群中设计一个计算处理能力更强的无人系统。该无人系统作为异构无人系统集群的领导者可以指挥其他智能更弱的无人系统，或者可以将能力更强的无人系统用于特殊的安排。但是，一旦能力更强的无人系统发生故障或者被恶意攻击，就有可能导致整个无人系统集群无法顺利完成任务。一类有趣的无人系统集群组合是无人机与无人车/艇。这种组合不仅应用了无人机观察特定地点全景景象的能力，而且采用无人车/艇在地/海面执行任务较为方便。

群熵可以粗略地衡量异构无人系统集群的异构线程，这一指标是由 Tucker Balch 提出的。群熵旨在提供一个与集群多样性成比例的数值。如果所有无人系统是同构的，则这个数值为零。如果每个无人系统两两不同，那么这个数值为最大值。

10.1.4　典型的无人系统集群

国外典型的无人机集群系统研究包括匈牙利罗兰大学的室外四旋翼自主集群（见图 10-1），美国海军研究生院的 50 架固定翼飞机集群，美国国防部高级研究计划局（DARPA）的“小精灵”项目、“拒止环境中的协同作战”（CODE）项目、“体系综合集成技术及试验”（SoSITE）项目、“低成本无人机集群技术”（LOCUST）项目、“集群使能攻击战术”（OFFSET）项目。

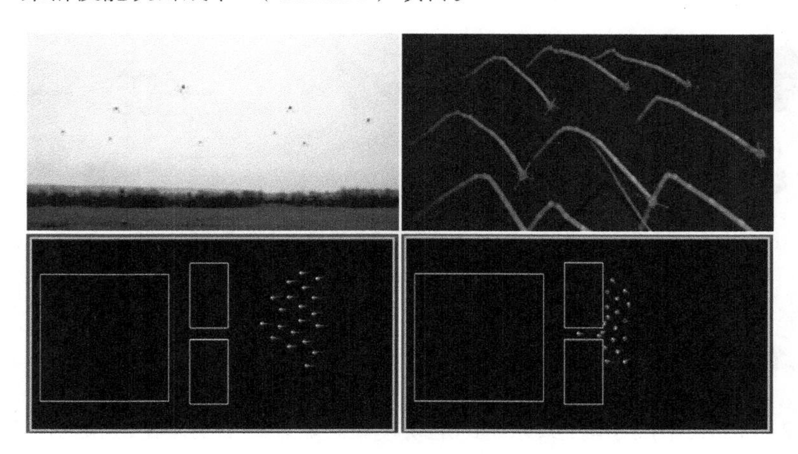

图 10-1　匈牙利罗兰大学的室外四旋翼自主集群

2017 年 1 月，DARPA 提出 OFFSET 项目，计划实现一个步兵部队控制 250 多架无人机与无人地面系统组成的异构无人系统在存在着高大建筑、机动、通信受限的城市作战环境中进行协同作战。同年，DARPA 发布了地下挑战赛（又被称为“Sub-T”挑战赛），挑战赛设置了隧道、地下设施与网络化洞穴 3 条赛道，参赛团队需要在赛道内执行搜索、检测等一系列任务。内华达大学、加州大学伯克利分校构建的 CERBERUS 系统由四足无人系统、轮式无人系统与多架微小型无人机组成，该系统配备了多模态感知系统以及自组织网络通信，能够在地下环境中实现可靠的导航、地图绘制和目标搜索。

我国目前也在积极开展无人系统自主协同技术的相关研究工作。例如，“无人争锋”挑战赛以无人机集群的智能自主协同为考察重点，包括据止环境下的编队穿越、无人系统协同感知与分布式融合等科目，目的是牵引该领域的发展方向与成果转化应用；中国电子科技集团完成了 200 架固定翼无人机的编队飞行试验，成功测试了无人机编队密集起飞、空中编队等多种关键技术。

10.2 无人系统集群的建模

由同一类型的子系统组成的无人系统集群被称为同构无人系统集群（见图 10-2）。反之，如果存在至少一个子系统与其余子系统的特征或者能力不同时，此时称无人系统集群为异构系统（见图 10-3）。

图 10-2 同构无人系统集群举例　　图 10-3 异构无人系统集群举例

10.2.1 同构无人系统集群模型

9.2 节已介绍了典型无人系统的运动模型。如果每个个体特征和属性（如感知半径、通信带宽、最大运动速度等）相同，且按照同样的规则运动，此时无人系统集群为同构集群。考虑结构相同的 q 个无人系统，无人系统集群的状态空间表达式可以表示为

$$\dot{\boldsymbol{\phi}}_i=\boldsymbol{\Phi}_i\left(\boldsymbol{\phi}_i,\boldsymbol{v}_i\right) \tag{10-1}$$

$$\boldsymbol{\psi}_i=\boldsymbol{g}_i\left(\boldsymbol{\phi}_i\right) \tag{10-2}$$

式中，$i \in \{1,2,\cdots,q\}$，$\boldsymbol{\phi}_i(t) \in \mathbb{R}^n$ 是状态向量，$\boldsymbol{\psi}_i(t) \in \mathbb{R}^n$ 是输出向量，$\boldsymbol{v}_i(t) \in \mathbb{R}^m$ 是控制输入向量。

同构无人系统集群的个体的属性和特征相同，可以互相替代，因此同构性群体往往能够实现高度的协同一致以及高可靠性，是集群协同运动研究的基本对象。

10.2.2 异构无人系统集群模型

异构无人系统集群中的无人系统通常在功能或性能上可互相补充，从而能高效地完成任务。例如，无人艇与多个小型无人机执行协同信息采集任务，无人艇为小型无人机提供了远距离的航程，同时也作为通信基站与信息收集终端，为异构无人系统集群提供远距离、分布式的通信支持以及信息存储空间。小型无人机则使异构无人系统集群具备了快速、灵活的信息收集方式。异构无人系统集群因其在执行复杂任务的突出优势，目前已受到广泛关注。

异构无人系统集群协同的难度与其包含的无人系统数量以及种类密切相关。按照规模不同，异构无人系统集群协同可以分为大规模异构无人系统集群与中小规模异构无人系统集群。大规模异构无人系统集群中无人系统的数量在数十乃至成百上千之间，无人系统种类的提升将造成异构无人系统集群的指挥操作、控制、通信的难度呈现指数级别的上升。因此，异构无人系统集群内的无人系统种类一般较少，其本质上更趋向于同构无人系统集群。中小规模异构无人系统集群中的无人系统数量较少，数量上的降低使更多种类的无人系统协同成为可能。在战场环境中，较多种类的无人系统组成的异构无人系统班组、联队等形态，侧重能力上的互补，以执行高度复杂的任务，异构性较强。

异构无人系统班组是由多种无人系统组成的中小规模协同编组，通过异构资源的互补应对复杂不确定环境，实现对抗环境下的灵活战术运用。城市地形复杂，存在高大建筑、地下管网、隧道等特殊环境，常规装备应用困难；远距离、大规模火力会造成非战斗人员大量伤亡，不适合在城市地区使用；大范围侦察系统受到对抗性环境、建筑物遮挡等不利因素影响，功能及效用不易发挥。采用异构无人系统班组进行城市作战是解决上述问题的有效手段。以城市作战环境中的异构无人系统班组为例，其可由若干个操作人员、四足无人系统、小型旋翼机、小型爬行无人系统以及微小型无人系统组成。

（1）四足无人系统装备有视觉、激光雷达、声音等传感器，具备较为完备的系统感知能力，可搭载其他无人系统在复杂地形快速移动，并且通信能力强，可作为通信网络的维持节点。

（2）小型爬行无人系统装备有红外热成像仪、超声波传感器，具备一定距离的通信与中继能力，可以用于管道等狭小区域的探测以及潜入侦察。

（3）小型旋翼机装载有视觉传感器、激光雷达、超声波传感器，具备一定距离的通信与中继能力，可用于环境的感知、快速侦察与监视。

（4）微小型无人系统不具备移动能力，搭载振动传感器与声音传感器，可以担任通信中继节点并对环境中的异常信号进行监测，执行固定区域的值守任务。

异构无人系统集群的异构性在带来系统能力提升的同时同样给异构无人系统集群的协同控制架构设计、异构协同规划决策等技术上带来了挑战，异构无人系统集群的关键技术与问题的关联矩阵如表 10-1 所示。作为典型作战场景的城市作战对异构无人系统集群的设计提出了具有实际意义的约束。因此，在解决异构无人系统集群协同作战问题时应充分考虑其对于技术层面的影响。针对异构无人系统集群协同作战的主要技术问题，有以下解决思路。

表 10-1　异构无人系统集群关键技术与问题

	协同架构设计	协同规划与决策	信息交互	目标感知	环境感知
主要问题	1/2/3/6/10/11	1/2/3/4/5/6/9/10/11	3/10/11	1/2/3/5/7/8/9	1/2/3/5/8/9
次要问题	4/5/9		1		
相关问题	7/8	7/8	2/4/5/6/7/8/9	4/6/10/11	4/6/7/10/11

注：1—机动性差异；2—计算负载与性能的差异；3—通信距离与宽带的差异；4—载荷的差异；5—感知系统的差异；6—能源方面的差异；7—复杂背景目标遮挡与伪装；8—黑暗、烟尘、潮湿等退化环境；9—传感与环境等方面不确定因素带来的风险；10—损伤等造成的异构无人系统的拓扑结构改变；11—电磁干扰与遮挡等因素造成的通信失效。

（1）构建以兼顾“异构性、对抗性、自组织性”为中心的异构无人系统集群协同控制架构。异构无人系统集群的能力差异，以及对对抗环境的适应性与自组织性直接影响了整体系统的稳定性与有效性。因此，架构设计应以异构性、对抗性以及动态自组织性为中心。

（2）攻关以异构资源协调以及不确定环境推理为重点的协同规划与决策技术。异构无人系统集群中的无人系统间的计算负载不均衡、计算速度差异性较大，使得获取系统一致性行为的难度增大。同时，战场环境中的不确定因素较多，会导致异构无人系统集群对环境的判断可能存在较大差异，不利于一致行为的达成。因此，应合理协调人与无人系统之间的协同关系，以异构资源协调以及不确定环境推理为重点。

（3）重点研究以自组织通信链路与无链路的自然交互手段相结合的智能交互技术。异构无人系统集群受到高大建筑、封闭室内环境的遮挡以及电磁干扰等方面的影响，通信链路的稳定性容易受到影响，在提高通信链路带宽、距离、稳定性、自组织性的同时，应考虑通过特殊动作、行为等间接的自然交互方式，实现无人系统之间以及人与无人系统之间的高效通信交互。

（4）聚焦适应复杂背景、欺骗式伪装、遮挡等不利因素的目标感知技术。城市战场环境中存在大量多样的复杂背景、光学特征以及遮挡造成的特征缺失，使得无人系统对目标的检测与稳定跟踪比较困难。因此，应重点考虑遮挡、复杂背景分割、动态目标跟踪等难点问题。

（5）着眼于黑暗、烟尘等传感退化环境下的鲁棒感知技术。城市战场环境，尤其是地下环境中存在黑暗、烟尘、潮湿等诸多不利因素，容易造成传感器的失效与传感器的退化，导致无人系统丧失有效的环境感知能力。因此，应考虑多模传感器协同的复合感知手段，提升退化环境下的感知鲁棒性。

10.2.3 生物学启发模型

我们身边充满形形色色的集群行为：大脑中神经元的放电、胚胎发育、伤口愈合时的细胞分化以及鸟群或鱼群的协同运动。这些生物集群行为表明集群现象在自然界中普遍存在。不同的生物群体具有不同的集群行为。例如，白蚁在土墩中挖掘的隧道具有很高的空间和社会结构；萤火虫的同步闪烁表现出很高的时间连贯性。所有生物集群行为不需要任何外部指导，完全依赖于生物个体之间的局部重复交互。理解上述现象有助于无人系统集群理论的提出与数值建模。

行为学是对动物行为的客观科学研究。行为学侧重于对行为过程的研究，而不是对给定物种的精确行为特征的深入分析，后者属于有机生物学。行为学家感兴趣的生物集群行为可以大致分为两类：一类是涉及种群数量水平的现象，这一现象受到生态因素、进化因素的控制，通常这类现象发生在较长的动态过程中；另一类是涉及群体的生活行为，如鱼群执行规避动作以及逃避捕食者的攻击、白蚁挖掘通风隧道等，通常这类行为与短期动态相对应。毫无疑问，这两类行为学现象是相互交织的，有效的短期群体动态提供了长期的进化优势。短期群体动态与无人系统集群的控制研究更为密切。

受生物学启发的无人系统集群行为建模主要包括重新配置和响应、集群信息传输、控制集体动态的个体控制律、快速分布式决策过程。

理解集体行为与个体行为之间存在的潜在关联机制的一个关键挑战是找到一套合适的局部规则，通过在特定环境条件下重复应用，最终产生期望的集体行为，这属于一个逆问题。集体行为为解决新型分布式优化问题提供了丰富的灵感。

10.3 无人系统集群的协同运动与路径规划

随着无人系统制造成本的显著降低，无人系统集群变得越来越普及。路径规划是无人系统集群发展中需要研究的重要问题之一。无人系统集群的路径规划要求每个无人系统不仅要在避开环境中障碍物的情况下到达目标位置，同时要避开其他执行任务的无人系统。

对于无人机集群路径规划，需要考虑的问题是：通过调整无人机飞行路径的高度建立最优三维路径规划的可能性；短时间内覆盖大面积区域的可能性；天气条件，特别是风的影响；其余无人机旋翼产生的空气扰动的影响等。相对于可以建立三维路径规划的无人机，无人车、无人艇的路径规划只能被限制于二维路径规划。因此，无人车无法跨越某些障碍物，到达或访问某些偏远的位置。但是，无人车比无人机具有更好的自主性。

无人系统应该有能力跟踪任何解算出的路径，这意味着轨迹必须符合无人系统的速度和机动约束。路径规划算法还必须允许以协调的方式部署无人系统集群，包括避免碰撞和同时到达一个或多个位置。此外，路径规划算法需要采用软件编码的形式在无人系统搭载的处理器上运行，因此这些算法在计算上必须满足计算效率高、占用内存少和实时性好等要求。

从路径规划的角度考虑，无人系统集群的控制和决策架构可以大致分为集中式架构和去中心化架构两类。

1. 集中式架构

集中式架构的特点是在无人系统集群中存在一个特别的中央节点负责收集所有信息、处理信息并建立要执行的动作或决策集。因此，这类架构的主要优点是能够在单个中央节点中拥有整个系统的全局视野，并能够建立最优的全局规划。

集中式架构的缺点是其通信系统的局限性。集中式架构由一个基本的通信系统组成，中央节点从其余节点接收信息，并传达要采取的决策或行动，因此无人系统集群的应用半径受限于通信系统允许的距离。此外，集中式架构的鲁棒性较差，中央节点出现故障将会导致无人系统集群整体受到影响，甚至任务终止。

2. 去中心化架构

去中心化架构不存在中央节点控制和决策。去中心化架构大致可以被划分为分布式架构和分层架构两种。

（1）分布式架构：对于分布式架构，无人系统集群中的每一个节点都具有决策和行动的权限。分布式架构中建立的通信系统，只允许无人系统集群中的节点之间进行较少的信息交换。这种架构具有良好的鲁棒性和冗余性，某个（些）节点的故障不会影响任务的执行。

（2）分层架构：分层成架构要求在系统的不同节点之间建立局部秩序。这是一种复杂的架构，该架构使无人系统集群在故障和操作自主性方面表现出良好的鲁棒性。

无人系统集群各元素之间的交互，即共享相同环境的子系统之间的关联程度可以概括为 3 种类型：① 无关（每个子系统的任务相对独立，各个子系统之间没有关系）；② 合作（目标是多个子系统的共同目标）；③ 对抗（子系统的目标彼此完全不相容）。

随着无人系统的普及，路径规划技术已经由传统的单个系统规划扩展为无人系统集群规划，甚至是实时规划。路径规划旨在位形空间（configuration space）中找到一条从起始点到达终点的连续曲线（不一定是平滑的），该曲线由一组线段组成。路径规划侧重于提供原始解决方案，因此有时需要补充方法来生成最佳解决方案。最优路径规划旨在找到一条最优化成本函数的路径，成本函数可能与无人系统集群的行进距离或时间有关。轨迹规划是优化路径规划的进一步工作，旨在研究考虑无人系统集群速度、加速度和运动动力学约束下的路径规划问题。

位形空间是一个路径规划的术语。位形空间由两个子集构成，即无人系统可以到达的自由空间和无人系统无法到达的障碍空间。两种常用的分析和比较路径规划方法的客观标准是：可行性和最优性。此外，路径规划是一个计算复杂度与问题维度相关的问题。因此，随着无人系统类型和集群大小的变化，算法的计算量相差很大。出于这个原因，计算成本更低的方法往往能够生成最佳解决方案和实现实时动态规划。

由 N 个无人系统构成的无人系统集群的路径规划可以表示为

$$P_{si} \to P_{fi}, \amalg r_i(q), \quad i=1,2,\cdots,N \tag{10-3}$$

式中，P_{si} 表示第 i 个无人系统的起始位姿，P_{fi} 表示第 i 个无人系统的终点位姿，$r_i(q)$ 表示路径规划产生的连接 P_{si} 和 P_{fi} 的路径，$\amalg$ 表示无人系统的约束条件。路径规划器的行为可以类比为一个黑箱，它从给定的输入中生成可行路径，如图 10-4

所示。其中，输入是伴随着约束条件、不确定因素和测量值的无人系统位姿，反馈回路感知无人系统的测量状态，并将满足约束条件的结果反馈给路径规划器。

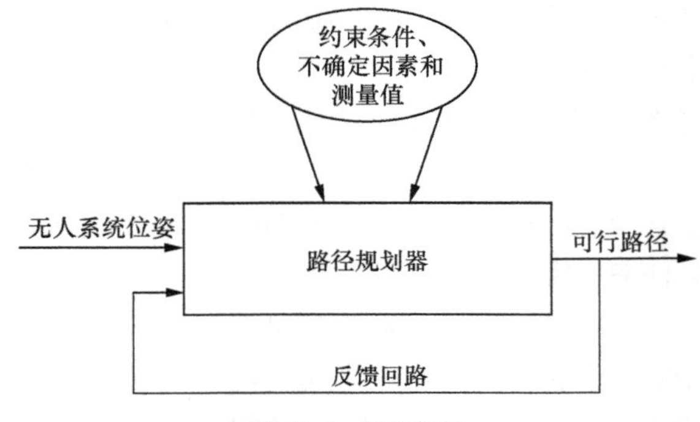

图 10-4 路径规划

协同路径规划涉及使用路径规划算法来产生协同的任务。例如，让无人系统集群从基地出发并同时到达目标位置，无人系统将在途中执行任务，如区域搜索和物体检测等。有效载荷、传感器设备、操作持续时间以及无人系统的尺寸是影响无人系统集群使用和部署的关键因素。单个无人系统的传感器使用范围、操作周期和有效载荷是有限的，因此常使用无人系统集群以快速完成任务。

对自主无人系统而言，无人系统之间的协同意味着资源的共享、信息共享、任务分配、行动和操作的协同、应对系统间的干扰和冲突。协同级别可以由地面控制站的中央决策者设置，也可以由分布式无人系统自身决定。协同是一个复杂的问题，例如，在考虑两个系统间的避免碰撞约束后，所生成的路径可能会导致它们与组中其他无人系统发生碰撞。因此，协同规划必须同时考虑组中所有成员、环境中的障碍物（固定的和移动的）和环境中的不确定性。协调行为与多智能体控制、分布式网络、一致性算法、协同控制、网络控制和集群智能等研究领域相关。以上研究领域都强调信息共享是无人系统集群协同与协作的核心。但是，信息共享反过来又会影响通信和计算的成本，因此为系统定义最少的协同共享信息是十分重要的。此外，无人系统集群还进行了其他方面的研究，如任务分配、编队控制、监视以及雷达干扰等。

无人系统集群的路径规划问题虽然可以通过优化算法解决，但由于优化问题的复杂性，涉及的计算量很大。因此，优化问题在许多情况下被分为不同的子问题，这些子问题的一系列解就是优化问题的最终解。由于无人系统集群存在协同行为，因此需要一个任务规划分级框架来协调每个无人系统的通信和控制，如图 10-5 所示。图 10-5 中显示了 3 个层次，顶层拥有跟踪任务的目标，基于这些任务目标，该层负责将资源和任务分配给每一个无人系统。中间层为每个无人系统生成轨迹（路径），在这一层中确定路径规划和相关算法，例如在避免碰撞的前提下，产生可行的轨迹（路径）。最底层生成制导和控制算法，确保无人系统按照中间层产生的参考轨迹运动。本节侧重于介绍中间层内容，即利用路径规划器生成规划轨迹（路径）以实现任务目标。

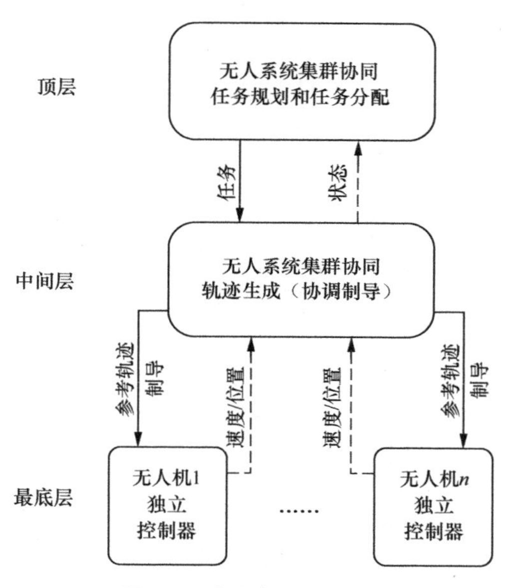

图 10-5 任务规划分级框架

路径规划是自主无人系统的一个重要组成部分，自主无人系统可以在陆地、空中或水上/水下运行。路径规划往往需要了解自主无人系统所处环境是已知的、未知的还是部分已知的，并基于各种技术设计路径。物理限制、实际环境和通信要求使路径规划更加复杂。有大量文献研究了地面机器人和机械手系统的路径规划问题。目前，使用的大部分路径规划技术都是从机器人领域借鉴过来的。最初，机器人的研究主要集中在室内机器人上。随着室内机器人路径规划技术的改进与提升，这些方法被逐步应用于室外无人系统中。

路径规划的目标和方法因应用领域而异。目前，有多种路径规划解决方法被提出来，每种方法都有其自身的优点，路径规划算法总览如图 10-6 所示。随着更复杂的路径规划问题的出现，现有的路径规划解决方案也亟须改进和完善。大多数现有路径规划方法可以用简化框架表示，如图 10-7 所示。路径规划的输入是障碍物及其他无人系统的位置、航路点和相关的不确定性。通过优化技术获得的路径通常是不满足曲率约束的多边形路径，多数情况下这一结果适用于移动机器人（因为移动机器人可以停止和转弯）。但是，就无人系统而言，这样的路径可能是不可操纵和不可机动的，而且停止转弯效率低、速度慢。一条理想的路径需要满足无人系统的运动学约束并符合其动力学特性，因此需要经过进一步优化才能得到。

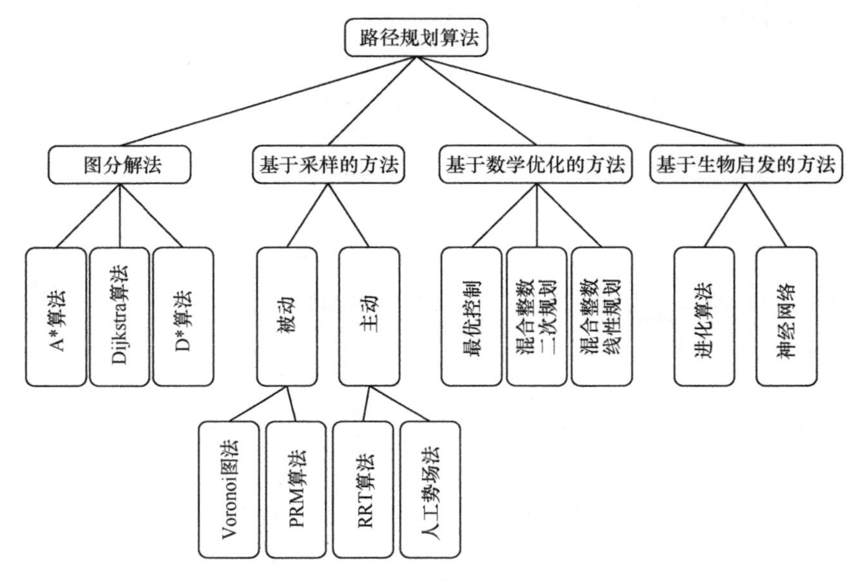

图 10-6　路径规划算法总览

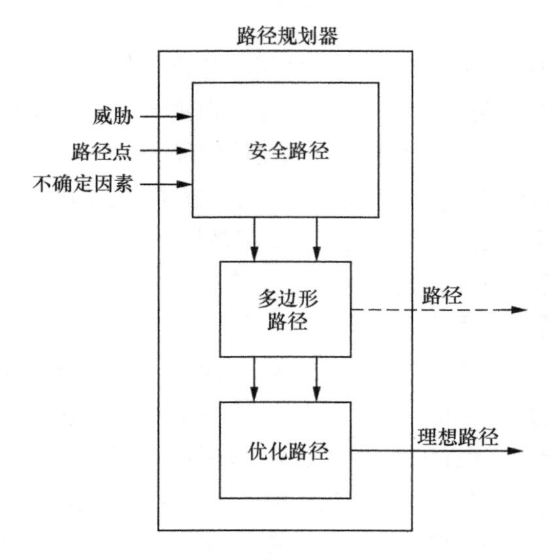

图 10-7　路径规划简化框架

许多单无人系统的路径规划算法已在前面章节中介绍。为了本书的完整性，本节将对无人系统集群路径规划的有关研究进行简要的介绍。

10.3.1 无人系统集群的协同运动方式

集群导航关注集群系统行为的协同方式，目的是使具备有限感知与定位能力的个体通过协作实现有序运动并完成任务。集群空间探索旨在对未知环境进行高效探索，通过无人系统集群的协同配合在起始点与目标点之间形成路径（集群导航路径），引导感知与定位能力有限的无人系统到达目标点。由于空间范围通常较大，无人系统需要在空间中随机运动以寻找辅助无人系统群体。感知到辅助无人系统群体后，无人系统不再随机运动，辅助无人系统群体以信息共享的形式将目标位置信息传递给无人系统，使其向目标点逐步运动。

根据起始点与目标点之间路径的形成方式，集群导航路径可分为静态路径和动态路径。静态路径由起始点与目标点之间的一系列路标给定，无人系统参照路标运动，起始点与目标点之间的路径在导航开始时就已经确定了。动态路径突破了静态路径中资源利用效率较低的局限性，起始点与目标点之间的路径在导航开始时并未确定，而是在导航过程中动态形成的。同时，由于无人系统之间合作的形式仅为通过无线网络交换信息，因此各个无人系统自身的运动状态和行为是不受导航任务影响的，这意味着各个无人系统仍然可以执行自身的任务，极大地提高了无人系统的利用率，也使得无人系统集群的鲁棒性和灵活性更好。集群导航设计通常以集群到达目标点所需时间以及路径长度作为指标。

集群空间部署关注如何使各个无人系统在空间中保持彼此之间的最大距离，实现群体覆盖面积的最大化。该部署可用于在陌生环境中寻找特定区域或物品的位置。通信方式是该部署任务的关键，通信方式可以分为直接通信与间接通信。

在直接通信中，无人系统之间直接进行信息交换或感知对方位置。间接通信则需要借助正/负反馈完成。集群中的无人系统可在环境中放置某些特殊线索，如信息素，其他无人系统的行为取决于某一区域内线索的数量或浓度。该方法对于个体故障具有很好的鲁棒性，且适用于多种群体密度，可扩展性高，是一种具有广泛应用潜力的算法。采用直接通信的方法需要无人系统之间具备交换状态信息的能力，人们可以直接利用这些状态信息设计出高效的算法，使群体可以快速实现空间覆盖最大化；但同时，在群体密度提高时，大量的信息交互将带来通信干扰与阻塞等问题——对无人系统的通信能力提出了要求。采用间接通信的方法强调单个无人系统与环境之间的交互，算法的收敛时间通常较长，但该方法适应性强，在面对复杂多变的环境和个体故障等情况时仍然有效。部署任务性能可通过群体覆盖的面积以及收敛速度进行定量评价。

协同运动旨在使无人系统集群通过协作实现整体上的协调一致，在环境中高效移动。以鱼群的集群游行、鸟群的集群飞行为代表，自然界中几乎所有社会性动物都存在协同运动行为。协同运动对于提高群体存活率、导航精度以及降低能量消耗至关重要。

为给出协同运动的涌现机制，Reynolds 提出了模拟鸟群协同运动的理论模型。个体遵循 3 个简单的规则：碰撞避免、速度匹配和向群体中心运动。Couzin 等在此基础上构建了 3 层规则模型，以排斥、吸引、对齐为基本相互作用重现了鱼群的多种协同运动行为。Vicsek 等受铁磁相变的启发，以简单的对齐规则建立了集群运动的“最小模型”，实现了自驱动粒子的一致性运动。这些经典模型为无人系统集群的协同运动提供了理论基础。

集群运输与集群操纵旨在通过群体协作完成物体操作，这类操作通常超出单个个体的能力，如搬运大质量物体。集群运输与集群操纵是社会性昆虫的典型集群行为，这些昆虫群体不需要中心控制与全局信息即可完成复杂的协同配合，为无人系统集群的运输与操纵行为提供了借鉴。

（1）集群运输要求无人系统集群通过相互协作将物体从起始位置搬运至目标位置。通常来说，被搬运的物体质量或体积超出单个无人系统的搬运能力，需要多个无人系统合作。集群运输要求无人系统对当前位置和目标位置之间的路径进行规划，多个无人系统需要向同一方向推动物体以提高运输效率，因此无人系统通常需要具备空间探索和协同运动能力。另外，集群运输通常只需要无人系统具备推动物体的能力，因此对于一些更为复杂的应用场景，如涉及抓取、拔出物体等，还需要借助于集群操纵。集群运输的评价指标关注物体是否成功置于指定位置以及搬运效率，包括将物体运输到目标位置所需时间、搬运所需的无人系统数量、是否沿最短路径搬运等。

（2）集群操纵要求无人系统相互协调配合，实现对物体“抓取”“推动”“包围”等操作。集群操纵相较于集群运输更为复杂，不仅需要群体协同配合，无人系统个体也需要具备对物体的感知与操纵能力。不同应用场景所采取的操纵方式往往不同，如对于规则物体往往需要进行“抓取”操作，而“包围”操作更适合于不规则物体。集群操纵的评价指标需根据具体任务而定。

10.3.2　图分解法

图分解法将环境拆分为网格，每个单元格对应着环境中的障碍物、自由空间、起点或终点。环境分解完成后，会在自由单元中建立节点，并通过边连接节点以构建一个环境地图（见图10-8）。此时，环境地图模型由一组定点（V）和边（E）表示。路径规划问题的解是找到从起点出发到达终点的一组连续边。下面简单介绍两种图分解法：Dijkstra算法和A*算法。

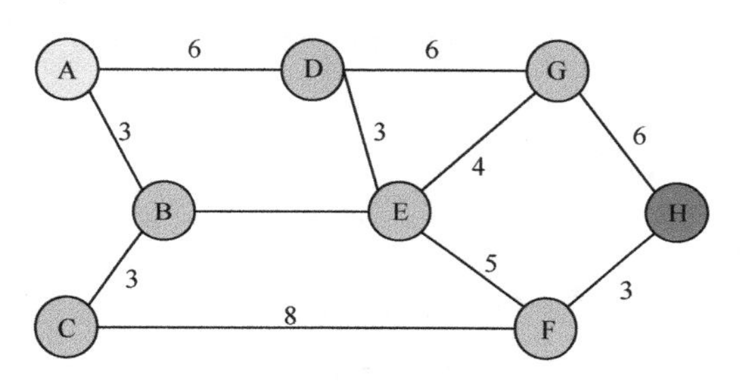

图10-8　图分解示例

1. Dijkstra算法

Dijkstra算法是完备的，即只要问题的最优解存在，该算法总会找到最优解。其思路是维护一个集合s，集合内的点是已知距离起点最短路径的点。每次操作找出与集合相邻的点中距离起点最近的点，并将其存入集合中。当到达终点时算法终止。

Dijkstra算法的优点是能够搜索到两个位置之间的最短路径。Dijkstra算法的计算复杂度是$O(n^2)$，其中n为图中的节点数量。因此，当环境中节点数目增加时，会出现计算成本过高的问题。

2. A*算法

与Dijkstra算法类似，A*算法也是完备的。与Dijkstra算法不同的是，A*算法不必遍历整个图来寻找最优解，因此A*算法对于大环境的路径规划问题的时间成本往往更低。

A*算法综合了最佳优先搜索算法和Dijkstra算法。该方法针对不同节点的成本启发函数由两部分组成：节点距离起始点的启发函数和节点距离终点的启发函数。根据成本启发函数对不同的节点进行排序，在每次迭代中选择最有可能位于最短路径中的节点。成本启发函数H满足：

$$H(\text{Goal})=0 \tag{10-4}$$

$$H(x)\leqslant H(y)+d(x,y) \tag{10-5}$$

式中，x和y是两个相邻节点，$d(x,y)$是两个节点间边的权重。

路径规划问题中的成本启发函数常为欧几里得距离和曼哈顿距离。

由于 A*算法启发性地考虑了各节点与终点之间的代价，因此该算法将终点的方向作为先验知识，并朝着更有效的方向执行任务，因此 A*算法通常比 Dijkstra 算法快得多。在最坏的情况下，A*算法与 Dijkstra 算法的性能相同。

10.3.3 基于采样的方法

基于采样的方法分为主动法和被动法。主动法旨在通过算法找到最佳规划路径，被动法旨在生成从起点到达终点的路径网络，并基于算法的补充确定最佳路径。基于采样的方法尽管在大型三维环境中能够解算规划路径，但是该算法不是完备的。这表明基于采样的方法可能由于采样点数量不足，不能保证得到路径规划的最优解决方案。

一种导致基于采样的方法失败的典型案例是曲折通道案例，该案例由一条狭窄而曲折的走廊组成，连通了环境的两个区域。如果随机采样无法在这条走廊中生成足够多的节点，则算法不会找到路径规划的解决方案（尽管实际上这样的解决方案是存在的）。研究人员针对这一问题提出了一些算法改进技术，如在靠近障碍物的区域增加采样密度等，但是没有一种技术能保证在所有环境中正常运行。况且这些改进算法破坏了算法本身的优势，即增加采样密度会导致算法计算成本的提高。基于采样的方法的另外缺点是该算法会生成锯齿形路径，因此需要路径平滑算法的辅助，以便无人系统的正常运行。

1. PRM 算法

PRM 算法是被动方法，该算法允许以较低的计算成本探索大型工作区域。这个算法的工作原理如图 10-9 所示，PRM 算法首先从总空间 C_{space} 中进行随机采样，然后检查采样点是自由空间还是障碍物 C_{obst}，如果是自由空间，则检查采样点与最近的自由空间节点之间是否存在障碍物；如果不存在障碍物，则连接两个自由空间采样点。通过这种方式探索环境，可以将总空间 C_{space} 离散化为包含所有障碍物的小多边形区域，所得到的连接图就是所有可能避免碰撞的路径组成的网络。最终在该网络上使用其他基于网络的方法来获得起点 p_{s} 和终点 p_{f} 之间的最佳解决方案。

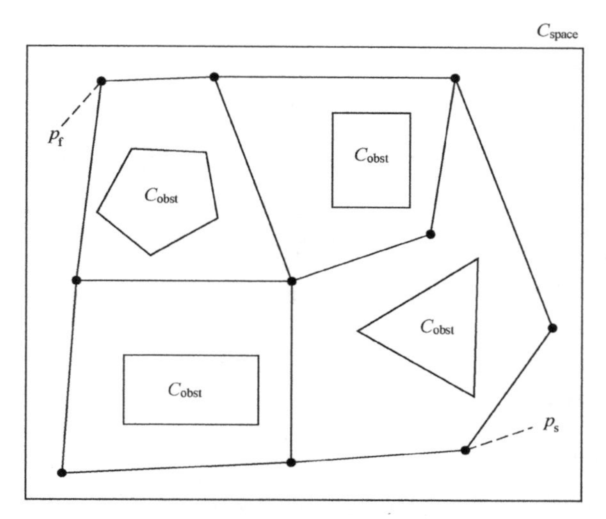

图 10-9　PRM 算法工作原理

2. Voronoi 图法

Voronoi 图广泛应用于路径规划领域，是由若干个围绕障碍物的共边多边形产生的连接图。共边多边形的每条边都是由连接两个障碍物的线段的垂直平分线构成的。一个典型的 Voronoi 图如图 10-10 所示。Voronoi 图法与概率路线图法一样是被动采样方法，不能在生成 Voronoi 图的同时生成最优路径。因此还需要 A*算法等方法解算安全的最优路径。Voronoi 图法可以根据无人系统集群数量划分实际工作空间。

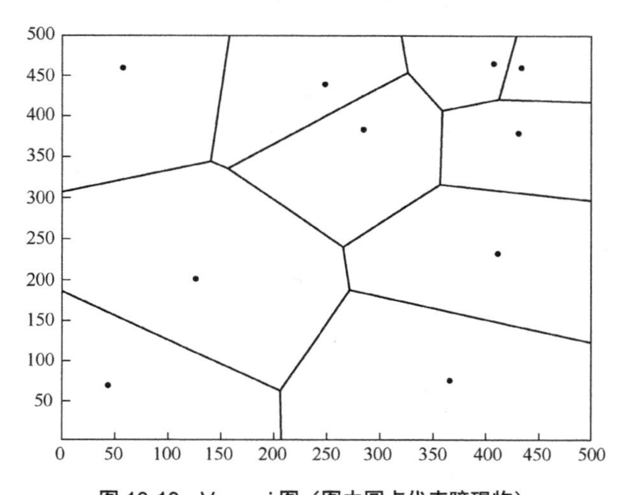

图 10-10　Voronoi 图（图中圆点代表障碍物）

3. RRT 算法

RRT 算法具有处理多自由度问题的能力。RRT 算法首先在起点附近的自由空间输入一个随机节点，并检查是否可以从这个新的节点到达目标节点。如果不能，则在终点附近的自由空间输入一个随机节点，并检查是否存在从起点树到达随机节点的路径。重复迭代上面两步使得起点树和终点树并行生长，以完成对总空间 C_{space} 的探索。与前两种被动算法相比，RRT 算法不仅是完备的算法，而且对高维 C_{space} 空间的路径规划是有效的。

4. 人工势场法

人工势场法通过势函数建立 C_{space} 空间中自由空间与障碍物之间的联系，势函数满足在接近障碍物时取值较高，远离障碍物时取值较低，与目标位置重合时取值最小。势函数通过一个与障碍物相关的排斥场和一个与目标点相关的引力场来定义，一旦建立势函数，就可以利用函数的梯度引导无人系统从起点驶向终点。人工势场法的主要优点是相对简单，可以实时运行，并且可以处理大型场景。但是人工势场法是不完备的，当吸引力和排斥力相结合时，无人系统的平衡点可能不是目标位置，导致无人系统可能会陷入势场的局部极小值。

10.3.4 基于数学优化的方法

基于数学优化的方法有混合整数线性规划、混合整数二次规划和最优控制等，这类方法通过建立运动学和动力学约束对环境和系统进行建模。基于数学优化的方法又被称为轨迹优化算法，这类方法往往计算成本很高。为了解决这一问题，研究者会考虑建立离散决策过程，或只研究问题的具体部分并与其他方法结合解决整个规划问题。

混合整数线性规划和混合整数二次规划的成本函数分别考虑了无人系统集群的线性约束和二次约束，包括运动学约束、能量约束、障碍物等。最优控制被认为是线性方法的扩展，该方法不以单一类型的算法为中心，通过最大值原理求解优化问题。最优控制由于过于强调最优性而暴露出两个方面的问题：最优控制问题中包含的复杂约束难以求解；最优控制要求系统模型精确可求。基于这两点，从最优控制理论中衍生出了模型预测控制。模型预测控制的模型一般都是复杂的动力学系统，如具有很长时滞的系统或高阶系统。模型预测控制会基于目前的测量值、动态状态、模型预测控制的模型，可控变量以及约束来计算控制目标未来的变化。模型预测控制会每隔一段时间迭代求解优化问题，这有别于传统的控制和优化算法。

10.3.5　基于生物启发的方法

还有一类路径规划方法试图模仿生物行为以获得规划问题的解决方案。与数学方法不同，仿生方法不关注环境建模，而是旨在提出一种能够解决复杂问题的目标函数，并避免目标函数陷入局部极小值的算法。仿生方法的主要特征是不确定性、并行性和自适应性，正是由于这些特性，仿生方法无须了解任务环境的全部信息便可以有效地解算出规划问题的最优方案。

1. 神经网络

20 世纪 90 年代末，神经网络就已经应用于车辆和飞机的路径规划和避障问题。神经网络与人工势场法共享一些标准，它们都试图构建一个环境函数将被控对象吸引到目标位置。神经网络的缺点是算法不能标准化，即不能使用标准规则或规范模式描述该算法，因此不能保证神经网络具有泛化能力。神经网络包含的具体技术有深度学习、强化学习等。

2. 进化算法

进化算法用于解决大变量线性规划和动态规划问题，该算法结合了随机搜索和生物进化的思想。进化算法首先随机选择可能的解决方案作为第一代，然后通过考虑无人系统的实际能力、目标以及系统和环境中的限制，为下一代选择“父母”；随后，通过交叉重组和变异等规则，创建新一代群体。重复以上过程，直至目标（路径规划最佳）实现。进化算法包括遗传算法、Memetic 算法、粒子群优化、蚁群优化、差分进化算法和蛙跳算法。

10.4　无人系统集群的协同控制

无人系统集群协同能使原本单个无人系统无法完成的任务的完成成为可能。例如，通过无人系统集群协同执行实际任务时，可以有效解决单个无人系统存在有效载荷和飞行能力的限制。另外，将多种功能分配给每个无人系统有利于任务完成得更有效和更柔顺。

从无人系统之间力学相互作用的观点来看，多个无人系统的协同大致可以分为两种情况：第一种情况是利用无人系统集群执行设施的维护、检查、清扫，未知环境的搜索等任务，此时面临的问题是如何有效地执行任务，以及在力学上独立控制各个无人系统的运动；第二种情况是各无人系统彼此发生力学干涉的情况。此时面临的问题是如何通过无人系统之间的协同控制实现对目标物的协同操作。

10.4.1 无人系统集群协同控制要素

1. 共识形成

在面对多种选择时，共识形成关注的是如何使无人系统集群形成一致性决策从而实现群体性能的最大化。作为典型的社会性动物，昆虫群体往往需要在众多备选区域中选择适宜的巢穴与觅食位置，从而确保群体生命活动的正常进行。例如，蚁群能够通过信息素轨迹在多条路径中选择距离更短的一条；蜜蜂可在多个区域中选择最适宜觅食的区域。共识形成使昆虫群体具备了选择最佳行动方案的能力。与昆虫类似，由于感知能力有限，最优决策对于无人系统集群而言并非显而易见，因此建立有效的协作机制，使决策信息通过“正反馈”在群体内不断增强并最终收敛至最优决策，是无人系统集群共识形成的核心思路。为便于统一概括不同种类的可选项，本节将待选择的多条路径、多个觅食区域等统称为备选方案。

以巢穴选择为例，蚁群首先需要在空间中进行探索以找到多个可供选择的巢穴位置，发现巢穴后再根据资源数量、面积等因素对巢穴质量进行评估，并将评估结果与群体中的其他系统交换，最终由正反馈机制形成最优巢穴的一致性决策。根据上述过程，无人系统集群的行为可划分为空间探索、方案评估（如备选巢穴质量）以及知识共享等基本行为。正反馈机制是共识形成的核心，无人系统之间如何交换信息，即进行有效的协作，是正反馈形成的基础。根据无人系统集群交换信息的协作方式，可将共识形成分为直接通信与间接通信。间接通信策略简单，无人系统集群通过感知周围环境的间接线索进行决策，但个体无人系统对备选方案评估较少，其行为方式依赖于感知到的邻居无人系统数量，在最短时间、路径等涉及执行时间的决策问题上存在局限性。直接通信策略为这一问题提供了解决方案，直接通信包括广播征召与多数表决。在广播征召中，无人系统将备选方案的评估结果在小范围内广播，征召其他无人系统向该方案集中，广播频率通常与评估结果成正比。多数表决同样依赖于无人系统对备选方案的评估。通过评估，无人系统可形成对某个备选方案的偏好，但这一偏好未必是最优决策。当与其他无人系统相遇时，无人系统将直接交换自己的偏好，按照一定策略进行“多数表决”并将表决结果作为新的偏好。通过多次迭代，所有无人系统的偏好将收敛至某一备选方案，形成一致性决策。

事实上，共识形成是无人系统集群协同控制的经典问题。针对该问题，控制领域的学者从不同角度（如网络拓扑、延迟、优化、多领导者下的共识形成等）进行了大量深入研究。与前述介绍的无人系统集群共识形成的设计方法不同，这些理论研究基于严格的数学与动力学理论，较少借鉴昆虫等生物群体行为，抽象层次更高。

2. 任务分配

无人系统集群的任务分配是指根据当前任务需要或群体收益，对执行不同任务的无人系统数量进行动态调整，从而使无人系统集群的性能达到最优。在社会性动物群体中，任务分配现象十分普遍。例如，蚂蚁与蜜蜂群体均能自组织进行任务分配，一部分个体照顾幼虫，另一部分个体则外出觅食，这种分配方式可以根据巢穴中的食物储量等因素进行动态调整。

任务分配的目标是通过当前收益对无人系统的行为进行动态调整，以实现无人系统集群收益的最大化。此外，无人系统集群密度的提高将增大无人系统之间产生冲突的概率，无人系统需要不断地进行避障以避免物理碰撞。若避障频率过高，则会影响无人系统集群的性能。任务分配则通过子任务分解为这一问题提供了解决方案，研究成果丰硕；同时，一些问题仍有待解决。目前，子任务的划分仍以人工方式为主。以蚁群的觅食为例，大量研究证实觅食行为可划分为若干可互相转换的不同状态，此时人工划分子任务是可行的，但对于一些尚未研究透彻的群体行为，人工划分则缺少指导。另外，目前无人系统集群任务分配的研究工作仍然以仿真为主，实际无人系统集群的相关实验较少。

10.4.2 无人机集群协同控制

信息化战争越来越强调体系间的对抗和多系统协同作战，在动态不确定的战场环境下，依靠单架无人机单独执行任务的可能性越来越小，无人机集群协同作战则是一种更符合现代信息化战争思想的作战模式，但如何通过有效的协同控制策略支持战场环境下无人机集群协同攻击多目标，满足在时空约束下以最大的成功概率和最低的风险命中目标，实现无人机集群整体作战效能大于单无人机独立作战效能的总和，是一个极具理论价值和实战意义的问题，也是无人机集群协同控制研究的热点。

无人机集群协同作战具备智能化程度高、不确定性因素多以及任务环境复杂等诸多特点，协同控制是实现无人机集群协同作战的关键，对于提高无人机集群的整体作战效能起着至关重要的作用。无人机集群协同控制是以无人机集群为研究对象，在高度非结构化、不确定环境中，不需要人工干预，以集中/分布的方式选择和协调多个混合平台间的行为来完成一个共同的目标，使无人机集群通过协同获得比相互独立设计单架无人机的控制更有效的工作能力。

无人机集群协同控制可理解为智能控制技术与平台控制技术的高度综合，涉及自动控制、人工智能、运筹学、信息论、系统论等众多学科领域。无人机个体的自主决策控制能力是无人机集群协同作战的技术基础，美国在其《2005—2030 无人机路线图》中明确提出发展无人机集群协同控制思想，使多架具备自主决策控制能力的无人机能够通过组织规则和信息交互实现较高程度的自主协作，通过高效的协同组织形式和动态功能分配方法提高系统作战效能。无人机集群的基本组成包括无人机、任务规划/控制系统、任务载荷、武器系统、通信数据链、指挥控制中枢以及其他友邻单元等。其中，无人机是任务规划/控制系统、任务载荷以及武器系统的载体。无人机编队是组成无人机集群系统的首要元素，既可以是由单个无人机按照分组规则构成的普通单元编队，也可以是普通单元编队构成的无人机集群协同编队。

近年来，无人机集群协同控制得到了学者们的广泛关注和研究，并作为目前复杂性科学的前沿课题，广泛应用于导弹、机器人、无人机、自治的水下交通工具、卫星以及自动化交通控制等方面。下面分别对无人机集群一致性协同编队控制、多无人机间气动耦合影响、编队规避防障控制等的国内外研究现状进行介绍。

1. 一致性协同编队控制研究

一致性协同编队控制是一种典型的分布式控制方法，与传统的集中式协同编队控制方法相比，具有通信和控制结构灵活、个体数量规模不受限制等优点。该方法仅需要系统内部分个体的状态信息，算法简单、计算量小、易于工程实现。

将二阶一致性算法应用于多移动机器人的编队控制，通过反馈线性化将机器人模型转换为线性系统，能实现多机器人自主编队控制。在实际工程应用中，任务的改变或者环境的影响使智能体的编队队形、速度均可能发生较大变化。在固定和切换通信拓扑结构下，可研究具有时变参考状态的一致性问题并将其应用到编队控制中。

2. 多无人机间气动耦合影响研究

在飞行过程中，各架无人机间侧向距离小于翼展，此种编队飞行模式被称为紧密编队或近距离编队。紧密编队飞行可有效减少编队中每架无人机的动力需求，增加编队的航程和续航时间，从而提高编队的整体飞行效率。自 20 世纪 70 年代开始，NASA 进行了大量编队飞行的风洞试验和飞行试验，验证了不同情况下（如不同机间距离、不同飞机机型、不同编队飞机数目以及不同飞行速度等）的编队飞行。美国空军飞行试验中心于2001年年底进行了T-38s的双机和三机编队飞行试验，从飞行的空气动力学原理可以获知，三机编队要比双机编队在减少阻力方面具有更好的气动效果，但实际飞行结果显示该优势并不明显。另外，美国空军理工学院的研究人员进行了各种编队飞行状态的仿真计算，结果显示在马赫数为0.5，并考虑操纵面效应的情况下，双机编队中的僚机受到的飞行阻力减少了15%，三机编队中最后一架飞机受到的飞行的阻力减少了18%。该结果比无尾三角翼无人机的双机编队飞行的试验结果数据还小。

3. 编队规避防障控制研究

在无人机集群协同作战过程中，必须保证所有无人机之间避免发生碰撞，每架无人机对作战环境中的障碍物也能自动进行规避。如果无人机数量较少，则可以通过预先规划的方法进行避碰，但是当无人机数量较大或者战场环境具有未知障碍时，传统通过预先航路规划进行避碰和规避障碍的方法不再有效。

传统的模型预测控制方法通过向优化问题中增加不等式约束来进行避碰控制，这种方法虽然形式简单，但增加了优化问题的非凸性，尤其是当无人机数量较多时，优化问题的求解将变得非常复杂。惩罚函数法是处理非凸约束的有效办法，这样可以避免增加非凸约束，从而可以减小优化问题的求解时间。另外，引入协同的思想可以使无人机编队具有良好的安全性和可扩展性。

从目前所达到的技术水平看，在动态不确定复杂环境和时间敏感态势下，真正实现对各信息的快速有效的获取、处理、传输以及多平台控制能力，是一项极具挑战性的技术难题。

10.4.3 无人车集群协同控制

1. 编队控制与协调

编队控制问题可以概括为编队生成、编队跟踪、编队重新配置和选择、任务分配。以上编队控制问题面临的主要挑战是：① 实现预期任务的编队控制策略、涵盖主要的编队控制问题（如果存在于期望的任务中）、保持编队的稳定性和实时性；② 设计一个计算简单、鲁棒、可靠、容错的编队控制器。

编队控制可以被认为是一种特殊的协同策略。编队的目标是在任务执行期间保持一定的队形，并在无人系统集群之间保持恒定的相对距离。因此，形状和位置是编队控制的两个重要因素。下面首先介绍编队和协同的定义。

编队是一个通过控制器规范互连的代理网络，其中的每个代理必须与相邻代理保持关系。代理之间的互连被建模为有向无环图中的边，由给定的关系标记。

协同是一种合作，每个代理执行操作时要考虑到其他代理执行的操作。代理之间必须以某种方式进行通信、交换信息和交互，以完成整体任务。

无人车集群可以采用不同的编队形状，最常见的编队形状有线形、三角形、菱形、楔形等。通常编队控制对编队形状没有特别限制，编队形状由任务管理层确定。理想的编队控制应根据具体任务要求或环境进行自适应编队。例如，一个三角形的组队即将通过狭窄区域时，组队可自行调整编队形状为线性，以避免与环境中的障碍物发生碰撞。

除了形状之外，团队中的每个系统都必须在编队中具有特定的位置。现有的基于不同参考位置的编队控制技术有单元中心参考编队、领导者参考编队和邻居参考编队，如图 10-11 所示。单元中心参考法以集群系统中心点为参考点，该中心点是参与编队的所有无人车的位置坐标的平均值，每个无人车保持其相对于中心点的位置不变。在领导者参考编队中，每个无人车（除了领导者）相对于领导者的编队位置保持不变。在邻居参考编队中，每个无人车相对于邻居无人车的位置保持不变。

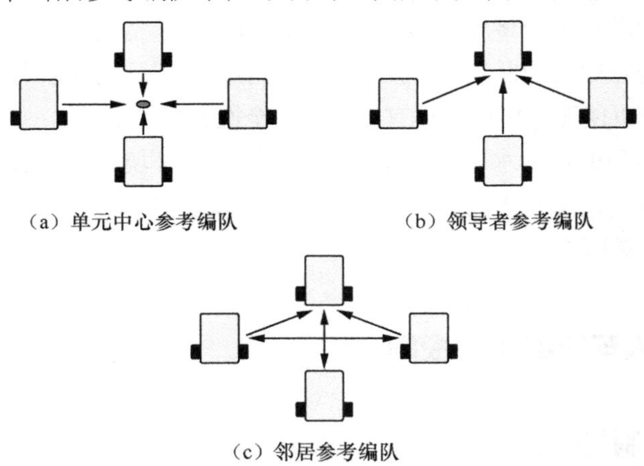

（a）单元中心参考编队　（b）领导者参考编队

（c）邻居参考编队

图 10-11　基于不同参考位置的编队控制技术

2. 编队控制策略概述

当无人车集群执行任务时，编队结构改变可能会给集群系统引入新的约束。这些约束包括：① 车辆间防撞——无人车需要将彼此视为移动障碍物，并采取合适的规避策略；② 多车协调——所设计的控制器应避免由于编队中的少量车落后而导致的等待或完全停止工作的情况；③ 避免死锁——应避免发生无人车路径被其他无人车阻挡的情况。全面分析和考虑无人车集群的运行环境，并给出恰当的规划控制策略是现阶段无人车集群编队控制面临的主要挑战。

编队保持是无人车集群编队控制的重点问题，编队保持问题可以大致分为 3 个子问题。首先，要考虑的是编队生成和保持，即对于任意位置和航向的无人车子系统，无人车集群需要生成期望的编队形状并保持该形状继续执行任务，如图 10-12（a）所示。其次，在生成编队的基础上，无人车集群还需要能够保证轨迹跟踪期间的编队形状，如图 10-12（b）所示。最后，在执行轨迹跟踪任务时，如果遇到障碍物需要更改编队形状，在成功避开障碍物后，系统集群要考虑编队再生，如图 10-12（c）所示。

如图 10-13 所示，常见的无人车集群编队控制策略有虚拟结构法、基于行为法、领导跟随法、基于图形法和人工势场法。

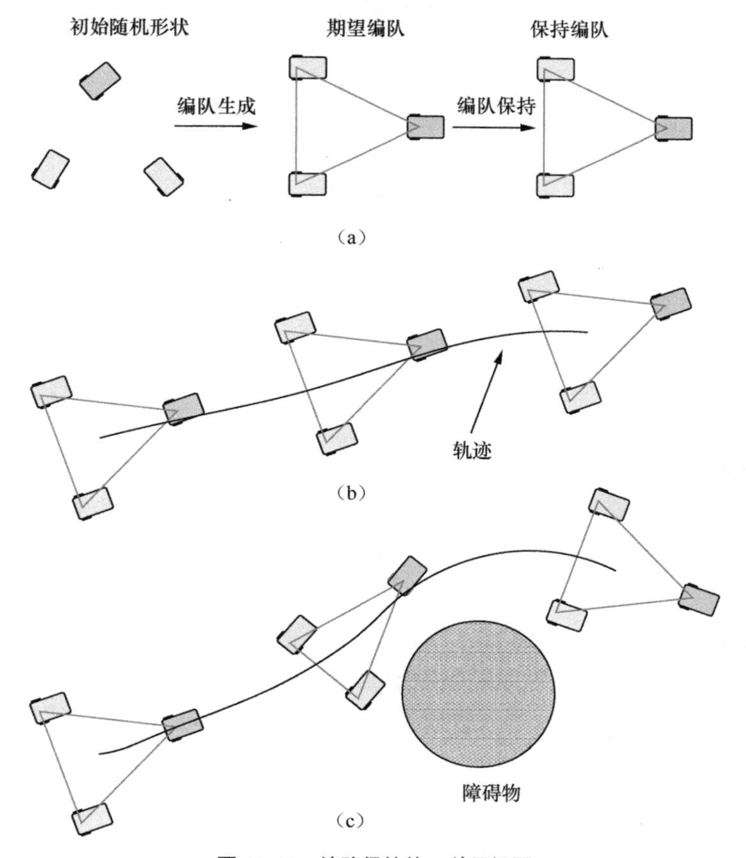

图 10-12　编队保持的 3 种子问题

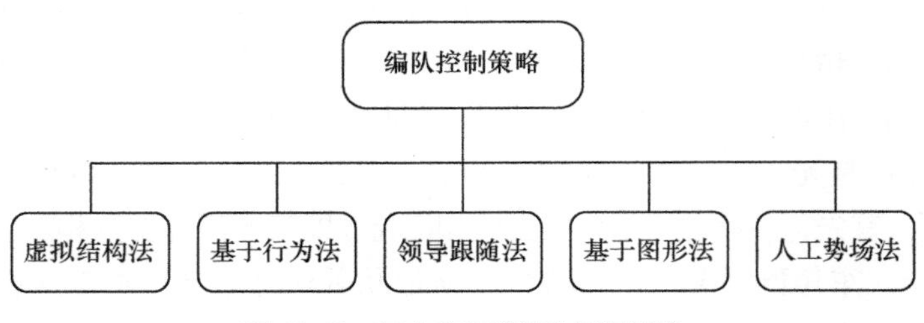

图 10-13　无人车集群编队控制策略

（1）虚拟结构法。虚拟结构法是由 Lewis 和 Tan 于 1997 年提出的，主要思想是将整个编队视为图 10-14 所示的单个实体。在虚拟结构法中，无人车彼此间保持严格的几何关系。该方法通过将编队形状视为一个虚拟结构或一个刚体，控制任务是最小化虚拟结构与实际结构之间的位置误差。为了实现这一想法，一种交互式双向控制方案被提出来，即车辆由施加到虚拟结构上的虚拟力控制，而虚拟结构的位置由编队位置决定。虚拟结构法的具体控制策略主要涉及 3 个阶段。

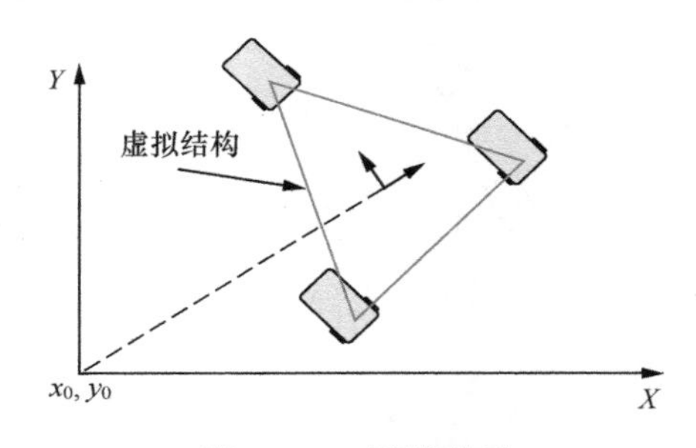

图 10-14　虚拟结构法

阶段 1：虚拟结构位置对准，如图 10-15（a）所示，虚线三角形是初始的虚拟结构，实线三角形是最小化位置误差后的虚拟结构（对齐的虚拟结构）。在将编队移动到下一位置前，编队的实际位置和虚拟结构中相应的位置间可能会存在投影误差。虚拟结构位置对准的任务就是降低这一投影误差。

阶段2：虚拟结构移动，如图 10-15（b）所示。在虚拟结构调整到最佳位置后，对虚拟结构施加虚拟力，将虚拟结构移动到下一位置。虚拟结构的位移不仅取决于任务要求，还取决于无人车的动态特性，以便无人车在下一个时间步长到达下一位置。

阶段3：编队移动，如图 10-15（c）所示。根据虚拟结构的新位置，编队中的每个无人车参考虚拟结构的对应点向新位置移动。每辆无人车生成一个控制输入，以实现更精确的跟踪性能，首先调整无人车航向，然后向目标点移动。

虚拟结构法的优点是容错能力强、思路简单、协同行为容易表达以及系统间的刚性几何关系容易保持。但是对于需要经常重新配置编队的场景，以及通信负载需求大的场景，该方法适用性变差。

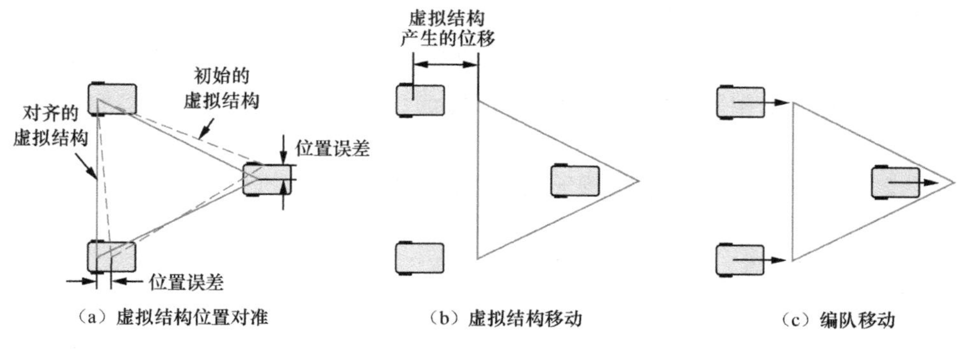

图 10-15　虚拟结构法控制策略

（2）基于行为法。基于行为法为每辆无人车规定了几种期望的行为，最终的控制由这些行为的重要性决定。期望的行为可以是寻找目标、避免碰撞和保持编队等。基于行为法可以被认为是一种交互行为的结构化网络，而决策是由行为协调器实现的。基于行为法的优点是去中心化和较少的通信，但是很难分析该方法的鲁棒性和稳定性。因此，采用基于行为法保证编队收敛仍然是一个悬而未决的问题。

基于行为法不仅可以解决编队的生成和保持，还可以解决防撞问题。因此，这种控制方法在实际应用方面优于其他方法。然而，由于设计的控制器不是基于无人车的运动学/动力学特性，因此系统稳定性的数学证明非常复杂，这使得理论上很难证明这种方法的性能。尽管如此，基于行为法仍然是一种重要的编队控制方法，已经有研究将该算法应用于多种编队队形（线、柱、楔形和菱形等）和编队参考（领导者参考、单元中心参考和邻居参考）中。

（3）领导跟随法。在领导跟随法中，无人车集群中的一个无人车为领导者，其他无人车为跟随者。无人车集群运动时，只需要知道领导者的运动和领导者与跟随者之间的相对位置关系即可。每个跟随者的控制律旨在实现跟随者相对于领导者的期望相对位置运动，进而实现并维持整个无人车集群的期望编队。有时为了保证控制系统的鲁棒性，会选择虚拟领导者代替实际无人车。

领导跟随法可以看作单个无人车轨迹跟踪问题的延伸，这种方法的优点是简单，缺点是没有追随者到领导者的明确反馈以及领导者故障可能会导致编队任务失败。领导跟随法的主要挑战是如何设计保证编队稳定性的跟随者控制器，以及如何将领导者的位置、方向、线速度和角速度传递到跟随者的编队控制器，特别是在通信较差的场景下。

领导跟随控制策略的任务是确定跟随无人车的线速度和角速度，以消除领导者和跟随者之间的距离和角度误差。

领导跟随法常用的控制律可以分为两类：即 $l-l$ 控制和 $l-\phi$ 控制，前者通过控制车辆间的相对位置实现编队，后者通过控制车辆间的距离和角度生成编队。

以上介绍了领导跟随法实现无人车集群编队控制的标准思路。在实际应用中需要进一步修改领导跟随法，以解决不同平台的具体需求。实际应用中的常见问题有躲避障碍、输入有界和通信受限等。

（4）基于图形法。基于图形法允许通过拓扑图描述编队，图的主要作用是给出无人车集群的网络结构和数学表示。图中的每个顶点表示一个无人车，连接顶点与顶点的边表示无人车之间的通信关系。基于图形法具有去中心化的优点，即使在变化的通信拓扑下，团队也可以保持期望的编队。

（5）人工势场法。人工势场法的主要思想是通过人工势场定义相邻无人车之间的交互控制力。这种方法可以处理无人车避障问题，且计算量小、实时性好。然而，通信时滞会破坏人工势场法的稳定性。此外，没有一般性的势场函数选取方法和容易陷入局部最小等缺陷是人工势场法应用的主要挑战。

编队控制策略及其解决编队主要问题能力的比较如表 10-2 所示。编队控制策略及其克服编队控制主要挑战的能力的比较如表 10-3 所示。

表 10-2　编队控制策略及其解决编队主要问题能力的比较

	虚拟结构法	基于行为法	领导跟随法	基于图形法	人工势场法
编队生成	×	√	×	√	√
轨迹跟踪	√	√	√	√	√
编队重构	×	×	×	√	√
任务分配	×	√	×	√	×

表 10-3　编队控制策略及其克服编队控制主要挑战的能力的比较

	虚拟结构法	基于行为法	领导跟随法	基于图形法	人工势场法
分布/集中	低	高	中	低	高
编队稳定性	高	低	中	高	中
实时性	低	高	高	低	高

10.4.4 无人艇集群协同控制

1. 无人艇集群协同控制面临的挑战

由无人艇运动数学模型可知，无人艇个体动态具有非线性、强耦合、多输入多输出、不确定、强扰动、欠驱动和多约束等特点。无人艇集群是通过局部感知或网络通信关联成的大规模复杂动态系统，具有“复杂船体动态+关联拓扑+交互规则”的结构特点。无人艇集群的群体行为由无人艇的个体动态、关联拓扑和交互规则共同决定。无人艇集群规模大、状态维数高、关联拓扑复杂，使无人艇集群控制面临着极大挑战，具体描述如下。

（1）非线性。设计和分析无人艇集群控制器的首要问题是建立无人艇的运动模型。运动建模是船舶运动控制研究的基础问题之一，无人艇运动的特点决定了其建模难度大、代价高、费时。运动建模包括机理建模和辨识建模。机理建模一般需要大量的专家知识，即使通过机理建模能够得到精确的模型参数，在实际海洋环境下航行时其参数也可能发生变化，因此辨识建模被广泛研究。辨识建模可分为频域法和时域法。典型的时域辨识建模方法有最大似然估计、卡尔曼滤波、最小二乘回归、粒子群优化、神经网络、模糊系统等。近年来，人工智能技术特别是机器学习取得了长足的进步，可以预见，机器学习将在无人艇运动建模与运动预测方面发挥重要作用。

（2）不确定性。无人艇运动模型存在着大量的不确定性，包括模型参数不确定性、未建模动态，以及海洋环境风浪流扰动。为了降低和消除不确定性对无人艇运动控制性能的影响，提高无人艇在不确定性条件下的稳定性和鲁棒性，研究者提出了滑模控制、参数自适应控制、鲁棒控制、神经网络控制、模糊控制、扰动观测器、扩张状态观测器等控制和估计方法。在无人艇运动控制器一体化设计方面，反步法、动态面、微分跟踪器、指令调节器被广泛应用。一般而言，不同控制方法的组合能够带来控制性能的提升，然而控制器的复杂性也会相应增加，不利于实际工程的实现。总之，进一步探索无人艇自适应抗干扰运动控制方法，克服内部和外部不确定性带来的影响，提高运动控制系统的稳定性、鲁棒性、抗扰性，不仅是单无人艇运动控制关注的焦点，也是无人艇集群协同需要解决的问题。

（3）欠驱动。无人艇的推进系统主要采用双桨推进、桨舵分离、喷水推进、舷外挂机等推进方式。无人艇的控制输入一般小于其自由度，属于典型的欠驱动系统。与全驱动系统不同，无人艇的动力学模型存在不可积的二阶非完整约束，不能被反馈线性化，Brockett 定理也表明不存在时不变、光滑、状态反馈控制器来实现无人艇的定点调节。解决欠驱动控制问题的典型控制方法有 Transverse 函数法和辅助变量法。近 30 年来，无人艇的运动控制已取得了丰富的研究成果。值得指出的是，现有欠驱动单无人艇的运动控制方法并不能直接适用于无人艇集群。

（4）多约束。由于驱动器能力的限制，无人艇的数学模型不可避免地存在线速度约束、角速度约束、推力约束、舵偏约束等物理约束。不考虑实际物理约束的控制器可能导致无人艇控制性能下降，甚至引起系统失稳。为解决约束条件下无人艇的运动控制问题，研究者提出了模型预测控制、障碍函数法、辅助系统法和指令调节器等控制方法。现有的研究结果大多只关注模型本身的约束，未考虑实际海洋环境约束。鉴于海上交通环境的复杂性，解决环境约束和物理约束同时存在条件下的无人艇集群控制具有一定的挑战。

（5）状态不可测。在应用中，无人艇的位置信息可以通过全球导航卫星系统（如 GPS 和北斗卫星导航系统）获得，但其速度信息无法直接通过全球定位系统测量得到。加速度计只能测量加速度信息，不能测量速度信息。多普勒计程仪虽然可以对无人艇的速度信息进行直接测量，但其价格昂贵，不适合大规模无人艇集群应用。因此，研究速度观测器及其输出反馈集群控制问题具有实际意义，能够显著降低控制算法的实现成本。为了对速度信息进行观测和估计，研究人员提出了波浪滤波观测器、高增益观测器、神经网络观测器、扩张状态观测器等估计方法。波浪滤波观测器依赖船舶动力学的无源特性，但需要模型参数已知；高增益观测器能够估计速度信息，但不能估计动力学模型的不确定性；神经网络观测器能够对模型不确定性和速度信息进行同时观测，但参数收敛依赖持续激励条件；扩张状态观测器能够对无人艇的总扰动和速度进行同时观测，但观测器中的参数整定不容易。随着无人艇应用数量的增加，研究输出反馈多无人艇集群控制具有实际意义，能够显著降低实现成本。

（6）通信受限。信息交互是实现无人艇集群控制的基础，网络通信是实现信息交互的重要手段。目前，常见的海上网络通信方式包括海上无线通信、海洋卫星通信和岸基移动通信。海上无线通信受气候条件和海洋环境影响较大，通信可靠性不高、通信带宽窄；海洋卫星通信系统的运营和维护成本高，且通信带宽受限；岸基移动通信是海洋卫星通信网络的一种有力补充，具有速率高、成本低的优点，但是只能适用于小范围的近海海域。总体而言，目前海上通信存在速率低、带宽窄、成本高等缺陷。因此，如何实现通信约束条件下无人艇集群控制是值得研究的重要课题。

（7）避碰。无人艇集群协同不仅要避免与复杂海洋环境中动、静态障碍物发生碰撞，而且要避免无人艇之间发生碰撞。自主避碰是保证无人艇集群安全航行的前提，特别是随着海上交通密度的不断增加，对避碰决策与控制的时间提出了更高要求，避碰是集群控制需要克服的难点。为了有效避免编队无人艇之间发生碰撞，现有方法包括指定性能法和人工势能函数法。

2. 无人艇集群控制结构

如图 10-16 所示，无人艇集群控制结构包括集中式控制、分散式控制和分布式控制。

（1）集中式控制。如图 10-16（a）所示，集中式控制通过一个中央控制器 C 对无人艇集群进行统一控制，需要 n 艘无人艇的状态信息。中央控制器可以在远程地面站、母船或云端实现。集中式控制根据所有无人艇信息进行统一决策与控制，因此能够获得全局最优的性能。然而，集中式控制通信带宽要求高、计算资源要求高，信号传送可能产生延时，导致编队规模不能任意扩展。

（2）分散式控制。如图 10-16（b）所示，分散式控制无中央控制器，n 艘无人艇对应 n 个相互独立的控制器 $C_i\left(i=1,2,\cdots,n\right)$，各控制器是平等的。由于感知能力的限制，控制器 C_i 只掌握无人艇集群中的部分状态信息。与集中式控制相比，分散式控制尽管很难保证全局的最优，但由于它具有模块化、可扩展等优点，因而受到控制人员的广泛关注。

（3）分布式控制。如图 10-16（c）所示，与分散式控制类似，n 艘无人艇对应 n 个相互独立的控制器 $C_i\left(i=1,2,\cdots,n\right)$，控制器 C_i 通过局部感知和通信实施对个体的控制，不需要掌握群体的全部状态信息。与分散式控制不同，分布式控制器 $C_1 \sim C_n$ 之间存在信息交换。由于信息的感知、通信、控制是分散进行的，这极大地降低了信息通信的代价，控制更为灵活，并且具有高容错性和扩展性。分布式控制不需要全局通信，降低了对通信带宽的要求，更适合于通信受限的海洋环境。

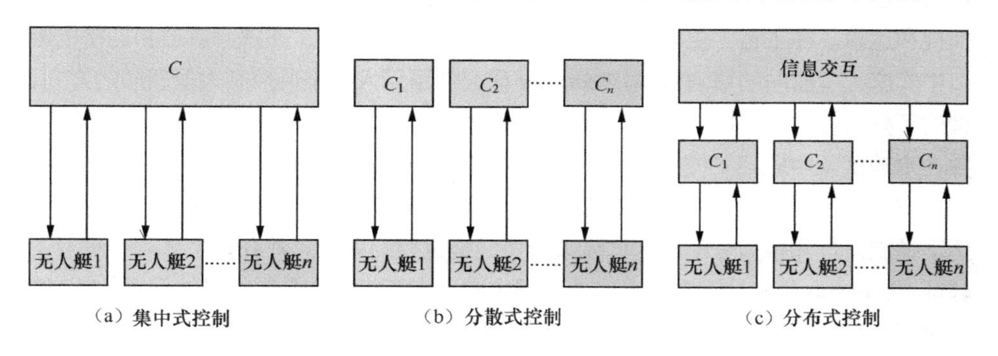

图 10-16　无人艇集群控制结构

表 10-4 所示总结了现有无人艇集群控制结构的特点。

表 10-4 现有无人艇集群控制结构的特点

特点	控制结构		
	集中式控制	分散式控制	分布式控制
优点	统一决策、全局最优	扩展性强、局部信息模块化	扩展性强、容错性高、信息交互、带宽要求低
缺点	全局通信、带宽要求高、扩展性差、容错性低	局部最优、无信息交互	拓扑复杂、通信依赖

3. 无人艇集群协同控制策略

无人艇之间的协同控制主要为了实现特定的群体行为，当前的研究主要集中在无人艇的分布式编队控制，也有研究涉及控制多艘无人艇对大型船舶实施动态防护，以及控制多艘拖轮进行协同拖曳的强协作问题。

（1）多艇编队控制。多艇编队控制要求无人艇在运动过程中保持一定的空间相对位置，假设无人艇可以经通信网络获得其他无人艇的位置信息，则可通过无人艇的底层运动控制设计来解决编队控制问题。

（2）动态警戒控制。无人艇能够在防护目标的周围执行巡逻任务，当目标出现后，对海上的威胁实施警告、驱离或拦截，以防止恐怖袭击、军事突袭或碰撞事故的发生。Mahacek 等利用集群空间控制技术，以集中式控制的策略控制 3 艘无人艇在一艘无人潜航器母船周围实施动态警戒，并通过试验进行了验证。Raboin 等采用市场机制方法，解决了无人艇动态警戒任务中的任务分配问题。

（3）协同拖曳控制。无人艇的协同拖曳涉及多智能体的强协同控制。Arrichiello 等将两艘无人艇用绳索连接，采用零空间投影行为法实现了用绳索进行水上目标的捕捉和运输。在工程中更有价值的应用是使用无人艇集群，在狭窄航道和拥挤的港口中实施大型船舶的精确拖曳。Feemster 研究使用无人艇集群控制大型船舶的方向，构建了分布式的多艇控制策略。Smith 等将上述方法扩展到位置和方向的联合控制，并在水池试验中验证了控制策略。Esposito 等提出了新的推力分配方法，并推导出自适应的控制策略，以补偿未知的水动力扰动。Feemster 等构建了包括航迹生成、运动控制设计和推力分配在内的无人艇协同拖曳控制系统，并在模型试验中进行了验证。Esposito 等解决了在拖曳作业过程中向无人艇集群加入新成员的问题。Bui 等研究了利用四艘拖轮辅助船只靠泊，通过采用自适应控制和滑模控制方法，并考虑推力饱和的推力分配策略，在模拟中实现了靠泊船只的精确轨迹控制。Bidikli 等在为拖轮设计控制策略时，考虑了拖轮接触位置发生变化的情形，设计了鲁棒控制器。

10.5　其他集群行为

10.5.1　智能交互

无人系统之间的团队成员可以基于两种方式进行交互：一种是通过通信链路进行的直接信息交互；另一种则是通过线索来进行的间接信息交互，也就是说一个无人系统通过观察另一个无人系统的线索来进行交互，线索可以通过约定特殊的动作、标记或者推断而获得。在无法保持稳定、频繁的通信时，基于线索的交互方式是一种有效的补充方式，可提升交互的鲁棒性。

如果操作人员能够提供有助于任务完成的信息，那么集群系统执行任务的效率将明显提高。因此，人与集群系统的适当交互（提供信息而不是完全控制）有助于系统性能的提高。人在与无人系统之间的交互中承担着监督与控制的任务，并扮演着不同的角色。这些角色按顺序描述为：在任务开始之前制订任务计划；以特定的方式指导计算机执行特定的任务；监视无人系统以确保任务的正确执行；必要时干预调整无人系统的自主运行；从观察与交互中学习，以改善交互手段或任务计划的制定。

10.5.2　集群感知

目标感知是无人系统集群协同作战的关键环节，是无人系统理解环境并对目标进行控制与影响的前提。目标感知技术涵盖目标检测、目标跟踪、目标识别、目标行为理解与分析等内容。其中，目标检测与目标跟踪是进行目标识别、目标行为理解与分析的基础，并且在有人参与且计算资源受限的情况下，无人系统可以通过数据的压缩传输将目标识别、目标行为理解与分析等中高层任务交由人来完成。下面对目标检测与目标跟踪两部分内容进行简单介绍。

目标检测的目标是将复杂背景进行分割，去除无关的信息，提取任务相关的前景目标，实现准确的目标分类与定位。按照处理手段的不同，目标检测可以分为基于背景建模的目标检测与基于前景目标建模的目标检测。

（1）基于背景建模的目标检测。基于背景建模的目标检测通过同一无人系统采集的不同时间的背景信息或来自其他无人系统采集的同一时间段的背景信息，通过对比差分，提取前景信息。针对复杂环境下前景目标检测的背景建模问题，有研究人员结合光谱、空间和时间特征来描述背景外观的贝叶斯框架以及基于学习的方法来适应渐变和突变的背景变化。

（2）基于前景目标建模的目标检测。基于前景目标建模的目标检测可以分为两个阶段：离线训练与在线检测。相较于基于背景建模的目标检测。该方法对环境的适应能力更强，通过合理的特征选取以及分类器设计，可以取得较好的目标检测效果。

目标跟踪是基于初始时间序列中的目标的大小、颜色、纹理、位置、速度等信息，对后续时间序列中该目标的特征进行匹配，实现目标大小、位置等特征的预测。其主要难点在于解决环境的变化、遮挡、快速运动、尺度变化等因素对目标跟踪的影响。按照处理过程的不同，目标跟踪可以分为生成式目标跟踪与判别式目标跟踪两种。

（1）生成式目标跟踪基于当前图像与目标的相似度匹配划定跟踪区域，不对背景信息与目标信息进行分类，在目标被遮挡或发生变化的情况或目标运动较快的情况容易产生目标的丢失。

（2）判别式目标跟踪将目标跟踪视作一个二分类问题，基于目标与背景环境的特征对图像进行分类，以深度学习等方法进行分类器的训练，由于同时考虑了背景与目标的双重信息，跟踪效果一般较好。

环境感知技术是无人系统与外界环境进行自主交互的关键，其内涵是指无人系统依靠自身装载的传感器实现对周围环境与自身状态的感知。下面对地形感知和语义建图知识进行简单介绍。

无人系统基于视觉传感器、激光雷达、超声波等外部传感单元提取周围环境的特征信息，可以为无人系统提供环境中的障碍距离、角度、尺度等直观感知信息，同时可基于 IMU、气压计等内部传感单元实现对自身状态的感知，进而获取较为全面的直观环境信息。然而，在城市、地外行星等复杂环境中，仅仅依靠障碍距离、角度、尺度等直观感知信息无法保证无人系统的安全导航。例如，外观平整的地面的松软、泥泞等因素导致无人系统无法通信，因此有必要对地形进行精确的感知。地形感知主要分为地形分类与地形重构两方面。

同步定位与建图技术也被称为 SLAM 技术，实现了传感信息向物理环境空间模型的转换，并通过环境特征实现了自身位姿的同步估计。语义建图是在几何与外形地图的基础上进行语义的分割，获得环境中障碍类别等更为高层的环境信息，实现对环境更为丰富的理解。

参考文献

[1] 郭行. 智能无人系统发展战略研究[J]. 无人系统技术，2020, 3(6): 1-11.

[2] 吴明曦. 智能化战争——AI 军事畅想[M]. 北京：国防工业出版社，2020.

[3] 陶永，王田苗，刘辉，等. 智能机器人研究现状及发展趋势的思考与建议[J]. 高技术通信，2019, 29(2): 149-163.

[4] 中国电子技术标准化研究院. 智能无人集群系统发展白皮书[R]. 北京：中国电子技术标准化研究院，2021.

[5] 邹渊，焦飞翔，崔星，等. 无人车动力源集成技术发展综述[J]. 兵工学报，2020, 41(10): 2131-2144.

[6] 王士奇. 中国无人机动力装置现状浅析[J]. 航空动力，2019(2): 9-12.

[7] 柳晨光，初秀民，吴青，等. USV 发展现状及展望[J]. 中国造船，2014(4): 194-205.

[8] 宋旭. 电力推进船舶在小型船舶中的实用性研究[D]. 哈尔滨：哈尔滨工程大学，2011.

[9] 胥银华，岳凡，常书平. 国外无人装备动力现状[J]. 国防科技，2019, 40(5): 47-50.

[10] 董晓明. 海上无人装备体系概览[M].哈尔滨：哈尔滨工程大学出版社，2020.

[11] 尹浩. 无人作战系统的通信问题[J]. 中国军转民，2020(14): 13-15.

[12] LOO J, MAURI J L, ORTIZ J H. Mobile ad hoc networks: current status and future trends[M]. Boca Raton, FL, USA: CRC Press, 2011.

[13] 李秀玲. 航空装备环境适应性要求[J]. 黑龙江科技信息，2016(27): 28.

[14] 王岩飞，刘畅，詹学丽，等. 无人机载合成孔径雷达系统技术与应用[J]. 雷达学报，2016, 5(4): 333-349.

[15] 马优恒，陆培国，郭渝琳，等. 舰载光电系统的环境适应性设计[J]. 应用光学，2014(3): 371-376.

[16] 宋帅，周勇，张坤鹏，等. 高精度和高分辨率水下地形地貌探测技术综述[J]. 海洋开发与管理，2019, 36(6): 74-79.

[17] YANG J, DANG R, LUO T, et al. The development status and trends of unmanned ground vehicle control system[C]//2015 IEEE International Conference on Cyber Technology in Automation, Control, and Intelligent Systems. Piscataway, USA: IEEE, 2015: 1946-1952.

[18] 李瞳. 小型模块化无人机地面站系统的设计与实现[D]. 成都：电子科技大学，2018.
[19] 珠海云洲智能科技有限公司. 一种遥控器和无人艇：CN201920626739.1[P]. 2020-04-03.
[20] MUELLER J B, MILLER C, KUTER U. A human-system interface with contingency planning for collaborative operations of unmanned aerial vehicles[R]. Reston, VA: American Institute of Aeronautics and Astronautics, 2017.
[21] 胡海鹰，李家炜，王捷，等. 立体视觉临场感系统的设计和实现[J]. 光学技术，2006(S1): 1-3.
[22] GLUMM M M, KILDUFF P W, MASLEY A S, et al. An assessment of camera position options and their effects on remote driver performance[R]. USA: Defense Technical Information Center, 1997.
[23] 闻龙. 面向智能网联汽车的高性能计算仿真平台[D]. 成都：电子科技大学，2020.
[24] 中国电动汽车百人会，腾讯自动驾驶，中汽数据有限公司. 中国自动驾驶仿真蓝皮书[R]. 2020.
[25] 黄勤龙，杨义先. 云计算数据安全[M]. 北京：北京邮电大学出版社，2018.
[26] 谢凤英. 数字图像处理及应用[M]. 北京：电子工业出版社，2014.
[27] 毕欣. 自主无人系统的智能环境感知技术[M]. 武汉：华中科技大学出版社，2020.
[28] 高翔，张涛，等. 视觉 SLAM 十四讲：从理论到实践[M]. 北京：电子工业出版社，2017.
[29] 刘斌，张军，鲁敏，等. 激光雷达应用技术研究进展[J]. 激光与红外，2015, 45(2): 117-122.
[30] 陈敬业，时尧成. 固态激光雷达研究进展[J]. 光电工程，2019, 46(7): 47-57.
[31] 卜禹铭，杜小平，曾朝阳，等. 无扫描激光三维成像雷达研究进展及趋势分析[J]. 中国光学，2018, 11(5): 711-727.
[32] 杨帆. LFMCW 雷达信号处理算法研究及实现[D]. 西安：西安电子科技大学，2007.
[33] 石星. 毫米波雷达的应用和发展[J]. 电讯技术，2006, 46(1): 1-9.
[34] 靳璐，付梦印，王美玲，等. 基于视觉和毫米波雷达的车辆检测[J]. 红外与毫米波学报，2014, 33(5): 465-471.
[35] 刘朝军，张欣，王守权. 雷达目标恒虚警检测算法研究[J]. 舰船电子工程，2008(7): 107-109.
[36] 周正干，彭地，李洋，等. 相控阵超声检测技术中的全聚焦成像算法及其校准研究[J]. 机械工程学报，2015, 51(10): 1-7.
[37] 赵树魁，李德玉，汪天富，等. 超声医学图像滤波算法研究进展[J]. 生物医学工程学杂志，2001(1): 145-148, 153.
[38] 李海森，魏波，杜伟东. 多波束合成孔径声呐技术研究进展[J]. 测绘学报，2017, 46(10): 1760-1769.
[39] ZHANG G X, LEE J H, LIM J, et al. Building a 3-D line-based map using stereo SLAM[J].

IEEE Transactions on Robotics, 2015, 31(6): 1364-1377.
[40] 董蕊芳，柳长安，杨国田，等. 基于图优化的单目线特征 SLAM 算法[J]. 东南大学学报：自然科学版，2017, 47(6): 1094-1100.
[41] CHEN S, NAN L, XIA R, et al. PLADE: a plane-based descriptor for point cloud registration with small overlap[J]. IEEE Transactions on Geoscience and Remote Sensing, 2019, 58(4): 2530-2540.
[42] QIN T, LI P, SHEN S. Vins-mono: a robust and versatile monocular visual-inertial state estimator[J]. IEEE Transactions on Robotics, 2018, 34(4): 1004-1020.
[43] SALAS-MORENO R F, NEWCOMBE R A, STRASDAT H, et al. Slam++: simultaneous localisation and mapping at the level of objects[C]//2013 IEEE Conference on Computer Vision and Pattern Recognition. Piscataway, USA: IEEE, 2013: 1352-1359.
[44] KLEIN G, MURRAY D. Parallel tracking and mapping for small AR workspaces[C]// 2007 6th IEEE and ACM International Symposium on Mixed and Augmented Reality. Piscataway, USA: IEEE, 2007: 225-234
[45] GAO X, ZHANG T. Introduction to visual SLAM: from theory to practice[M]. 北京：电子工业出版社，2021.
[46] FORSTER C, PIZZOLI M, SCARAMUZZA D. SVO: fast semi-direct monocular visual odometry[C]//2014 IEEE International Conference on Robotics and Automation. Piscataway, USA: IEEE, 2014: 15-22.
[47] FORSTER C, ZHANG Z C, GASSNER M, et al. SVO: semidirect visual odometry for monocular and multicamera systems[J]. IEEE Transactions on Robotics, 2017, 33(2): 249-265.
[48] WISTH D, CAMURRI M, DAS S, et al. Unified multi-modal landmark tracking for tightly coupled lidar-visual-inertial odometry[J]. IEEE Robotics and Automation Letters, 2021, 6(2): 1004-1011.
[49] WANG S, CLARK R, WEN H K, et al. DeepVO: towards end-to-end visual odometry with deep recurrent convolutional neural networks[C]//2017 IEEE International Conference on Robotics and Automation. Piiscataway, USA: IEEE, 2017: 2043-2050.
[50] 王金科，左星星，赵祥瑞，等. 多源融合 SLAM 的现状与挑战[J]. 中国图象图形学报，2022, 27(2): 368-389.
[51] 张晓华. 系统建模与仿真[M]. 北京：清华大学出版社，2006.
[52] 齐欢，王小平. 系统建模与仿真[M]. 北京：清华大学出版社，2004.
[53] 刘兴堂. 复杂系统建模理论、方法与技术[M]. 北京：科学出版社，2008.
[54] 顾启泰. 离散事件系统建模与仿真[M]. 北京：清华大学出版社，1999.
[55] 王红卫. 建模与仿真[M]. 北京：科学出版社，2002.

[56] 董红斌，杨巨庆. Petri 网：概念、分析方法和应用[J]. 哈尔滨师范大学：自然科学学报，1999(5): 59-63.

[57] 王涛. 系统建模方法综述[J]. 科技资讯，2008(28): 34-36.

[58] 李岳明. 多功能自主式水下机器人运动控制研究[D]. 哈尔滨：哈尔滨工程大学，2014.

[59] 郭丽. 面向 PID 电力系统信息安全自动控制研究[J]. 科技通报，2013(2): 39-41.

[60] 邬连学，齐琳，王卓. 基于参数 Fuzzy 自整定 PID 控制的电加热炉温控系统[J]. 科技经济市场，2011(5): 13-14.

[61] 廖常初. PID 参数的意义与整定方法[J]. 自动化应用，2010(5): 27-29, 32.

[62] 周云涛. PID 控制系统工作原理以及参数的调整方法[J]. 新疆有色金属，2017, 40(3): 103-105.

[63] 李尧. 高精度恒温槽控制系统设计与实现[D]. 西安：西安工程大学，2015.

[64] 蒉秀惠. 模糊 PID 控制在水下机器人运动控制中的应用[J]. 湖南农机，2013(1): 72-73.

[65] ZADEH L A. Fuzzy SETS[J]. Information & Control, 1965, 8(3): 338-353.

[66] 孙玉山. 水下机器人模糊自适应控制的研究[D]. 哈尔滨：哈尔滨工程大学，2005.

[67] 周辉军. 基于模糊理论的水下机器人运动控制研究[D]. 青岛：中国海洋大学，2007.

[68] HENDERSON T, SHILCRAT E. Logical sensor systems[J]. Journal of Robotic Systems, 1984, 1(2): 169-193.

[69] CACCIA M, VERUGGIO G. Guidance and control of a reconfigurable unmanned underwater vehicle[J].Control Engineering Practice, 2000, 8(1):21-37.

[70] 欧阳鑫玉，杨曙光. 基于势场栅格法的移动机器人避障路径规划[J]. 控制工程，2014, 21(1): 134-137.

[71] 徐望宝，张进，胡毓妍. 基于改进的 CautiousBug 算法的机器人局部路径规划[J]. 控制工程，2014, 21(4): 510-514.

[72] 冯翔，马美怡，施尹，等. 基于社会群体搜索算法的机器人路径规划[J]. 计算机研究与发展，2013, 50(12): 2543-2553.

[73] WANG Y, MULVANEY D, SILLITOE I. Genetic-based mobile robot path planning using vertex heuristics[C]//2006 IEEE Conference on Cybernetics and Intelligent Systems. Piscataway, USA: IEEE, 2006: 1-6.

[74] KIM M, HEO J, WEI Y, et al. A path planning algorithm using artificial potential field based on probability map[C]//2011 8th International Conference on Ubiquitous Robots and Ambient Intelligence. Piscataway, USA: IEEE, 2011: 41-43.

[75] KOVÁCS B, SZAYER G, TAJTI F, et al. A novel potential field method for path planning of mobile robots by adapting animal motion attributes[J]. Robotics and Autonomous Systems, 2016(82): 24-34.

[76] KHATIB O. Real-time obstacle avoidance system for manipulators and mobile robots[J].

The International Journal of Robotics Research, 1986, 5(1): 90-98.

[77] CHEN F, DI P, HUANG J, et al. Evolutionary artificial potential field method based manipulator path planning for safe robotic assembly[C]//2009 International Symposium on Micro-NanoMechatronics and Human Science. Piscataway, USA: IEEE, 2009: 92-97.

[78] ABDALLA T Y, ABED A A, AHMED A A. Mobile robot navigation using PSO-optimized fuzzy artificial potential field with fuzzy control[J]. Journal of Intelligent & Fuzzy Systems, 2016, 32(6): 3893-3908.

[79] WEERAKOON T, ISHII K, NASSIRAEI A A F. Dead-lock free mobile robot navigation using modified artificial potential field[C]//2014 Joint 7th International Conference on Soft Computing and Intelligent Systems (SCIS) and 15th International Symposium on Advanced Intelligent Systems (ISIS). Piscataway, USA: IEEE, 2014: 259-264.

[80] XU Z, HESS R, SCHILLING K. Constraints of potential field for obstacle avoidance on car-like mobile robots[J]. IFAC Proceedings Volumes, 2012, 45(4): 169-175.

[81] SOUHILA K, KARIM A. Optical flow based robot obstacle avoidance[J]. International Journal of Advanced Robotic Systems, 2007, 4(1): 13-16.

[82] KOVÁCS L. Visual monocular obstacle avoidance for small unmanned vehicles[C]//2016 IEEE Conference on Computer Vision and Pattern Recognition Workshops. Piscataway, USA: IEEE, 2016: 59-66.

[83] KIM J, DO Y. Moving obstacle avoidance of a mobile robot using a single camera[J]. Procedia Engineering, 2012(41): 911-916.

[84] KOVACS L, SZIRANYI T. Focus area extraction by blind deconvolution for defining regions of interest[J]. IEEE Transactions on Pattern Analysis and Machine Intelligence, 2007, 29(6): 1080-1085.

[85] LENSER S, VELOSO M. Visual sonar: Fast obstacle avoidance using monocular vision[C]// 2003 IEEE/RSJ International Conference on Intelligent Robots and Systems. Piscataway, USA: IEEE, 2003: 886-891.

[86] SOLEA R, CERNEGA D C. Obstacle avoidance for trajectory tracking control of wheeled mobile robots[J]. IFAC Proceedings Volumes, 2012, 45(6): 906-911.

[87] MATVEEV A S, WANG C, SAVKIN A V. Real-time navigation of mobile robots in problems of border patrolling and avoiding collisions with moving and deforming obstacles [J]. Robotics and Autonomous Systems, 2012, 60(6): 769-788.

[88] LWOWSKI J, SUN L, MEXQUITIC-SAAVEDRA R, et al. A reactive bearing angle only obstacle avoidance technique for unmanned ground vehicles[J]. Journal of Automation and Control Research, 2014(1): 31-37.

[89] TANG S H, ANG C K, NAKHAEINIA D, et al. A reactive collision avoidance approach for

mobile robot in dynamic environments[J]. Journal of Automation and Control Engineering, 2013, 1(1): 16-20.

[90] MATVEEV A S, HOY M C, SAVKIN A V. A globally converging algorithm for reactive robot navigation among moving and deforming obstacles[J]. Automatica, 2015(54): 292-304.

[91] SAVKIN A V, WANG C. Seeking a path through the crowd: robot navigation in unknown dynamic environments with moving obstacles based on an integrated environment representation[J]. Robotics and Autonomous Systems, 2014, 62(10):1568-1580.

[92] ZHAO J, ZHU L, LIU G, et al. A modified genetic algorithm for global path planning of searching robot in mine disasters[C]//2009 International Conference on Mechatronics and Automation. Piscataway, USA: IEEE, 2009: 4936-4940.

[93] 张超群，郑建国，钱洁. 遗传算法编码方案比较[J]. 计算机应用研究，2011，28(3): 819-822.

[94] 刘国栋，谢宏斌，李春光. 动态环境中基于遗传算法的移动机器人路径规划的方法[J]. 机器人，2003(4): 327-330.

[95] MOHANTA J C, PARHI D R, PATEL S K. Path planning strategy for autonomous mobile robot navigation using Petri-GA optimisation[J]. Computers & Electrical Engineering, 2011, 37(6): 1058-1070.

[96] VISTA F P, SINGH A M, LEE D, et al. Design convergent dynamic window approach for quadrotor navigation[J]. International Journal of Precision Engineering and Manufacturing, 2014, 15(10): 2177-2184.

[97] ZHANG H, DOU L, FANG H, et al. Autonomous indoor exploration of mobile robots based on door-guidance and improved dynamic window approach[C]//2009 IEEE International Conference on Robotics and Biomimetics. Piscataway, USA: IEEE, 2009: 408-413.

[98] ÖGREN P, LEONARD N E. A provably convergent dynamic window approach to obstacle avoidance[J]. IEEE Transactions on Robotics, 2005, 21(2): 188-195.

[99] LI X, LIU F, LIU J, et al. Obstacle avoidance for mobile robot based on improved dynamic window approach[J]. Turkish Journal of Electrical Engineering & Computer Sciences, 2017, 25(2): 666-676.

[100] FOX D, BURGARD W, THRUN S. The dynamic window approach to collision avoidance [J]. IEEE Robotics & Automation Magazine, 1997, 4(1): 23-33.

[101] BROCK O, KHATIB O. High-speed navigation using the global dynamic window approach[C]//1999 IEEE International Conference on Robotics and Automation. Piscataway, USA: IEEE, 1999: 341-346.

[102] TURPIN M, MICHAEL N, KUMAR V. Decentralized formation control with variable

shapes for aerial robots[C]//2012 IEEE International Conference on Robotics and Automation. Piscataway, USA: IEEE, 2012: 23-30.

[103] GINSBERG J H. Advanced engineering dynamics[M]. Cambridge: Cambridge University Press, 1998.

[104] RAJAMANI R. Vehicle dynamics and control[M]. New York: Springer Science & Business Media, 2011.

[105] FOSSEN T I. Guidance and control of ocean vehicles[M]. Chichester, England: John Wiley & Sons, 1999.

[106] GOERZEN C, KONG Z, METTLER B. A survey of motion planning algorithms from the perspective of autonomous UAV guidance[J]. Journal of Intelligent and Robotic Systems, 2010, 57(1): 65-100.

[107] KELLY A, NAGY B. Reactive nonholonomic trajectory generation via parametric optimal control[J]. The International Journal of Robotics Research, 2003, 22(7-8): 583-601.

[108] XU W, WEI J, DOLAN J M, et al. A real-time motion planner with trajectory optimization for autonomous vehicles[C]//2012 IEEE International Conference on Robotics and Automation. Piscataway, USA: IEEE, 2012: 2061-2067.

[109]URMSON C, ANHALT J, BAGNELL D, et al. Autonomous driving in urban environments: boss and the urban challenge[J]. Journal of Field Robotics, 2008, 25(8): 425-466.

[110] LI X, SUN Z, ZHU Q, et al. A unified approach to local trajectory planning and control for autonomous driving along a reference path[C]//2014 IEEE International Conference on Mechatronics and Automation. Piscataway, USA: IEEE, 2014: 1716-1721.

[111] ZHANG S, DENG W, ZHAO Q, et al. Dynamic trajectory planning for vehicle autonomous driving[C]//2013 IEEE International Conference on Systems, Man, and Cybernetics. Piscataway, USA: IEEE, 2013: 4161-4166.

[112]Mettler B. Identification modeling and characteristics of miniature rotorcraft[M]. New York: Springer Science & Business Media, 2013.

[113] JOHNSON E N, KANNAN S K. Adaptive trajectory control for autonomous helicopters[J]. Journal of Guidance, Control, and Dynamics, 2005, 28(3): 524-538.

[114] BRYSON A E, HO Y. Applied optimal control: optimization, estimation, and control[J]. IEEE Transactions on Systems, Man, and Cybernetics, 1979, 9(16): 366-367.

[115] YU X, JIANG J. A survey of fault-tolerant controllers based on safety-related issues[J]. Annual Reviews in Control, 2015(39): 46-57.

[116] ZHANG Y, JIANG J. Bibliographical review on reconfigurable fault-tolerant control systems[J]. Annual Reviews in Control, 2008, 32(2): 229-252.

[117] TALEBI H A, KHORASANI K, TAFAZOLI S. A recurrent neural-network-based sensor

and actuator fault detection and isolation for nonlinear systems with application to the satellite's attitude control subsystem[J]. IEEE Transactions on Neural Networks, 2008, 20(1): 45-60.

[118] ZHANG Y M, JIANG J. Active fault-tolerant control system against partial actuator failures[J]. IEE Proceedings-Control Theory and Applications, 2002, 149(1): 95-104.

[119] CHEN R H, SPEYER J L. Sensor and actuator fault reconstruction[J]. Journal of Guidance, Control, and Dynamics, 2004, 27(2): 186-196.

[120] CARLSON J, MURPHY R R, NELSON A. Follow-up analysis of mobile robot failures[C]// 2004 IEEE International Conference on Robotics and Automation. Piscataway, USA: IEEE, 2004: 4987-4994.

[121] KAWABATA K, OKINA S, FUJII T, et al. A system for self-diagnosis of an autonomous mobile robot using an internal state sensory system: fault detection and coping with the internal condition[J]. Advanced Robotics, 2003, 17(9): 925-950.

[122] ROUMELIOTIS S I, SUKHATME G S, BEKEY G A. Sensor fault detection and identification in a mobile robot[C]//1998 IEEE/RSJ International Conference on Intelligent Robots and Systems. Piscataway, USA: IEEE, 1998: 1383-1388.

[123] BARSHAN B, DURRANT-WHYTE H F. Inertial navigation systems for mobile robots[J] IEEE Transactions on Robotics and Automation, 1995, 11(3): 328-342.

[124] CHUNG H, OJEDA L, BORENSTEIN J. Sensor fusion for mobile robot dead-reckoning with a precision-calibrated fiber optic gyroscope[C]//2003 IEEE International Conference on Robotics & Automation. Piscataway, USA: IEEE, 2001: 3588-3593.

[125] GOEL P, DEDEOGLU G, ROUMELIOTIS S I, et al. Fault detection and identification in a mobile robot using multiple model estimation and neural network[C]//1998 IEEE International Conference on Robotics and Automation. Piscataway, USA: IEEE, 2000: 2302-2309.

[126] HASHIMOTO M, KAWASHIMA H, NAKAGAMI T, et al. Sensor fault detection and identification in dead-reckoning system of mobile robot: interacting multiple model approach[C]//2001 IEEE/RSJ International Conference on Intelligent Robots and Systems. Piscataway, USA: IEEE, 2001: 1321-1326.

[127] VERMA V, GORDON G, SIMMONS R, et al. Real-time fault diagnosis [J]. IEEE Robotics & Automation Magazine, 2004, 11(2): 56-66.

[128] LONG M T, MURPHY R R, PARKER L E. Distributed multi-agent diagnosis and recovery from sensor failures[C]//2003 IEEE/RSJ International Conference on Intelligent Robots and Systems. Piscataway, USA: IEEE, 2003: 2506-2513.

[129] LAMINE K B, KABANZA F. History checking of temporal fuzzy logic formulas for

monitoring behavior-based mobile robots[C]//12th IEEE Internationals Conference on Tools with Artificial Intelligence. Piscataway, USA: IEEE, 2000: 312-319.

[130] SCHEDING S, NEBOT E, DURRANT-WHYTE H. The detection of faults in navigation systems: a frequency domain approach[C]//1998 IEEE International Conference on Robotics and Automation. Piscataway, USA: IEEE, 1998: 2217-2222.

[131] FERRELL C. Failure recognition and fault tolerance of an autonomous robot[J]. Adaptive Behavior, 1994, 2(4): 375-398.

[132] VISINSKY M L, CAVALLARO J R, WALKER I D. A dynamic fault tolerance framework for remote robots[J]. IEEE Transactions on Robotics and Automation, 1995, 11(4): 477-490.

[133] LUO R C, YIH C C, SU K L. Multisensor fusion and integration: approaches, applications, and future research directions[J]. IEEE Sensors Journal, 2007, 2(2): 107-119.

[134] GAO Y, KRAKIWSKY E J, ABOUSALEM M A, et al. Comparison and analysis of centralized, decentralized, and federated filters[J]. Navigation, 1993, 40(1): 69-86.

[135] ZHANG Y, JIANG J. Integrated design of reconfigurable fault-tolerant control systems[J]. Journal of Guidance, Control, and Dynamics, 2001, 24(1): 133-136.

[136] ZHOU Z, ZHONG M, WANG Y. Fault diagnosis observer and fault-tolerant control design for unmanned surface vehicles in network environments[J]. IEEE Access, 2019(7): 173694-173702.

[137] WANG N, PAN X, SU S. Finite-time fault-tolerant trajectory tracking control of an autonomous surface vehicle[J]. Journal of the Franklin Institute, 2020, 357(16): 11114-11135.

[138] JOSE K, PRATIHAR D K. Task allocation and collision-free path planning of centralized multi-robots system for industrial plant inspection using heuristic methods[J]. Robotics and Autonomous Systems, 2016(80): 34-42.

[139] YAN Z, JOUANDEAU N, ALI-CHÉRIF A. Multi-robot heuristic goods transportation[C]// 2012 6th IEEE International Conference Intelligent Systems. Piscataway, USA: IEEE, 2012: 409-414.

[140] AMATO C, KONIDARIS G, CRUZ G, et al. Planning for decentralized control of multiple robots under uncertainty[C]//2015 IEEE International Conference on Robotics and Automation. Piscataway, USA: IEEE, 2015: 1241-1248.

[141] OMIDSHAFIEI S, AGHA-MOHAMMADI A A, AMATO C, et al. Decentralized control of multi-robot partially observable Markov decision processes using belief space macro-actions[J]. The International Journal of Robotics Research, 2017, 36(2): 231-258.

[142] FONG T, THORPE C, BAUR C. Multi-robot remote driving with collaborative control[J]. IEEE Transactions on Industrial Electronics, 2003, 50(4): 699-704.

[143] HOWARD A, PARKER L E, SUKHATME G S. Experiments with a large heterogeneous

mobile robot team: exploration, mapping, deployment and detection[J]. The International Journal of Robotics Research, 2006, 25(5-6): 431-447.

[144] QU Z. Cooperative control of dynamical systems: applications to autonomous vehicles[M]. New York: Springer Science & Business Media, 2009.

[145] BAI X, YAN W, CAO M, et al. Distributed multi-vehicle task assignment in a time-invariant drift field with obstacles[J]. IET Control Theory & Applications, 2019, 13(17): 2886-2893.

[146] CHEN X, ZHANG X, HUANG W, et al. Coordinated optimal path planning of multiple substation inspection robots based on conflict detection[C]//2019 Chinese Automation Congress. Piscataway, USA: IEEE, 2019: 5069-5074.

[147] PREISS J A, HÖNIG W, AYANIAN N, et al. Downwash-aware trajectory planning for large quadrotor teams[C]//2017 IEEE/RSJ International Conference on Intelligent Robots and Systems. Piscataway, USA: IEEE, 2017: 250-257.

[148] DEBORD M, HÖNIG W, AYANIAN N. Trajectory planning for heterogeneous robot teams[C]//2018 IEEE/RSJ International Conference on Intelligent Robots and Systems. Piscataway, USA: IEEE, 2018: 7924-7931.

[149] CHEN X, LI G, CHEN X. Path planning and cooperative control for multiple UAVs based on consistency theory and Voronoi diagram[C]//2017 29th Chinese Control And Decision Conference. Piscataway, USA: IEEE, 2017: 881-886.

[150] CUI R, LI Y, YAN W. Mutual information-based multi-AUV path planning for scalar field sampling using multidimensional RRT[J].IEEE Transactions on Systems, Man, and Cybernetics: Systems, 2015, 46(7): 993-1004.

[151] SOLANA Y, FURCI M, CORTÉS J, et al. Multi-robot path planning with maintenance of generalized connectivity[C]//2017 International Symposium on Multi-Robot and Multi-Agent Systems. Piscataway, USA: IEEE, 2017: 63-70.

[152] SUN J, TANG J, LAO S. Collision avoidance for cooperative UAVs with optimized artificial potential field algorithm[J]. IEEE Access, 2017(5): 18382-18390.

[153] SONG B D, KIM J, MORRISON J R. Rolling horizon path planning of an autonomous system of UAVs for persistent cooperative service: MILP formulation and efficient heuristics[J]. Journal of Intelligent & Robotic Systems, 2016, 84(1-4): 241-258.

[154] BIENSTOCK D. Computational study of a family of mixed-integer quadratic programming problems[J]. Mathematical Programming, 1996, 74(2): 121-140.

[155] LUIS C E, VUKOSAVLJEV M, SCHOELLIG A P. Online trajectory generation with distributed model predictive control for multi-robot motion planning[J]. IEEE Robotics and Automation Letters, 2020, 5(2): 604-611.

[156] GLASIUS R, KOMODA A, GIELEN S C. Neural network dynamics for path planning and obstacle avoidance[J]. Neural Networks, 1995, 8(1): 125-133.

[157] BAE H, KIM G, KIM J, et al. Multi-robot path planning method using reinforcement learning[J]. Applied Sciences, 2019, 9(15). DOI:10.3390/app9153057.

[158] QIE H, SHI D, SHEN T, et al. Joint optimization of multi-UAV target assignment and path planning based on multi-agent reinforcement learning[J]. IEEE Access, 2019(7): 146264-146272.

[159] ZAMUDA A, SOSA J D H. Success history applied to expert system for underwater glider path planning using differential evolution[J]. Expert Systems with Applications, 2019(119): 155-170.

[160] ÖZDEMIR A, GAUCI M, BONNET S, et al. Finding consensus without computation[J]. IEEE Robotics and Automation Letters, 2018, 3(3): 1346-1353.

[161] OLFATI-SABER R, MURRAY R M. Consensus problems in networks of agents with switching topology and time-delays[J]. IEEE Transactions on Automatic Control, 2003, 49(9): 1520-1533.

[162] 樊琼剑，多无人机协同编队仿生飞行控制关键技术研究[D]. 南京：南京航空航天大学，2008.

[163] ZHANG X, DUAN H, YU Y. Receding horizon control for multi-UAVs close formation control based on differential evolution[J]. Science China Information Sciences, 2010, 53(2): 223-235.

[164] TANNER H G, PAPPAS G J, KUMAR V. Leader-to-formation stability[J]. IEEE Transactions on Robotics and Automation, 2004, 20(3): 443-455.

[165] FARINELLI A, IOCCHI L, NARDI D. Multirobot systems: a classification focused on coordination[J]. IEEE Transactions on Systems, Man, and Cybernetics, Part B (Cybernetics), 2004, 34(5): 2015-2028.

[166] LEWIS M A, TAN K. High precision formation control of mobile robots using virtual structures[J]. Autonomous Robots, 1997, 4(4): 387-403.

[167] LAWTON J R T, BEARD R W, YOUNG B T. A decentralized approach to formation maneuvers[J]. IEEE Transactions on Robotics and Automation, 2003,19(6): 933-941.

[168] BALCH T, ARKIN R C. Behavior-based formation control for multirobot teams[J]. IEEE Transactions on Robotics and Automation, 1998,14(6): 926-939.

[169] TAKAHASHI H, NISHI H, OHNISHI K. Autonomous decentralized control for formation of multiple mobile robots considering ability of robot[J]. IEEE Transactions on Industrial Electronics, 2004, 51(6): 1272-1279.

[170] WANG P K. Navigation strategies for multiple autonomous mobile robots moving in

formation[J]. Journal of Robotic Systems, 1991, 8(2): 177-195.

[171] DESAI J P, OSTROWSKI J, KUMAR V. Controlling formations of multiple mobile robots[C]//1998 IEEE International Conference on Robotics and Automation. Piscataway, USA: IEEE, 1998: 2864-2869.

[172] TEE K P, GE S S. Control of fully actuated ocean surface vessels using a class of feedforward approximators[J]. IEEE Transactions on Control Systems Technolog, 2006, 14(4): 750-756.

[173] COUZIN I D, KRAUSE J, JAMES R, et al. Collective memory and spatial sorting in animal groups[J]. Journal of Theoretical Biology, 2002, 218(1): 1-11.

[174] VICSEK T, CZIRÓK A, BEN-JACOB E, et al. Novel type of phase transition in a system of self-driven particles[J]. Physical Review Letters, 1995, 75(6): 1226-1229.

[175] LI L, HUANG W, GU I Y, et al. Statistical modeling of complex backgrounds for foreground object detection[J]. IEEE Transactions on Image Processing, 2004, 13(11): 1459-1472.

[176] BOUWMANS T. Traditional and recent approaches in background modeling for foreground detection: an overview[J]. Computer Science Review, 2014(11): 31-66.

[177] ENGELCKE M, RAO D, WANG D Z, et al. Vote3deep: fast object detection in 3D point clouds using efficient convolutional neural networks[C]//2017 IEEE International Conference on Robotics and Automation. Piscataway, USA: IEEE, 2017: 1355-1361.

[178] BOUSETOUANEL F, DIB L, SNOUSSI H. Improved mean shift integrating texture and color features for robust real time object tracking[J]. Visual Computer, 2013, 29(3): 155-170.

[179] GALL J, YAO A, RAZAVI N, et al. Hough forests for object detection, tracking, and action recognition[J]. IEEE Transactions on Pattern Analysis and Machine Intelligence, 2011, 33(11): 2188-2202.